김성원 지음·남궁철 그림

소나무

시골, 돈보다 기술

초판 발행일 2017년 6월 25일
2쇄 발행일 2020년 11월 30일

지은이 | 김성원
그림 | 남궁철
펴낸이 | 유재현
출판감독·디자인 | 박정미
편집 | 강주한
마케팅 | 유현조
인쇄·제본 | 영신사
종이 | 한서지업사

펴낸곳 | 소나무
등록 | 1987년 12월 12일 제2013-000063호
주소 | 412-190 경기도 고양시 덕양구 대덕로 86번길 85(현천동 121-6)
전화 | 02-375-5784
팩스 | 02-375-5789
전자우편 | sonamoopub@empas.com
전자집 | blog.naver.com/sonamoopub1
책값 20,000원

ⓒ 김성원, 2017

ISBN 978-89-7139-832-6 03540

시골, 돈보다 기술

| 들어가는 말 |

시골, 돈보다 기술

　도시를 떠나 시골로 온 이유를 하나 꼽으라 하면 '제작 본능' 때문이다. 나는 늘 내 손을 놀리고 내 몸을 굴려 뭔가를 만들고 싶었는데 도시에서는 그게 어려웠다. 물건을 소비하는 것만으로 내 마음의 공허함을 채울 수 없었다. 시골에 살려 한다면 또 시골에서 잘 살고 싶다면, 다른 무엇보다 생활기술자가 되어야 한다는 것이 이 책의 주장이다.

　돈을 좇다 보면 자기 삶의 주인이 되기 어렵고 자기 시간의 주인이 되기는 더욱 어렵다. 돈으로 생활의 편의를 사서 행복한 삶에 도달하겠다는 꿈은 로또만큼이나 확률이 희박하다고 생각한다. 오히려 그 반대편에 서서 나와 내 가족, 내 마을의 필요를 스스로 해결하는 데 필요한 것을 만드는 작업이 충만한 삶으로 가는 첫걸음이라고 나는 믿는다.

　시골은 다행스럽게 아직 생활기술자들의 공동체다. 시골 사는 이들이 모두 농부는 아니다. 또 농부라고 오로지 농사만 할 줄 아는 것은 아니다. 지금은 농촌에서도 웬만한 물건이나 도구를 사서 쓰지만, 예전이나 지금이나 시골 사는 이들은 어느 정도 생활기술자들이다. 집 짓기는 물론 농사 도구와 일상 도구·기물을 제 손으로 만들어 쓸 줄 아는 생활기술자들이 적지 않다.

　특별히 어떤 분야에 재주가 좋아 그 일을 업으로 삼는 기술자가 없는 것은 아니다. 또 적지 않은 이들이 농사 외에도 겸업으로 한두 가지 재주나 기술을 가지고 있다. 꼭 가진 재주로 돈벌이를 하지 않아도, 제 살림 몫을 하거나 품앗이로 이웃을 도울 정도의 어깨너머 실력은 가지고 있다. 이러한 이들이 어울려 사는 시골은 제각각 조금은 다른 기술과 솜씨를 나누며 사는 기술 공동체이다. 아쉽게도 지금 농촌은 그런 모습을 점점 잃어가고 있다.

농촌에서 태어나 1960년대 가난을 뒤로하고 상경한 나의 아버지는 재주 좋은 손을 가지고 있었다. 그는 뚝방동네에 자신의 손으로 집을 지었고, 가내수공업을 하며 필요한 각종 도구와 기계를 만드셨다. 이미 중년이 된 자식들 집에 놀러 와서도 몸을 놀리지 않고 이곳저곳 낡은 곳에 칠을 하고 고치셨다. 그 솜씨를 나를 비롯한 자식들은 따라갈 수 없었다. 굵고 거친 손에도 불구하고 못하는 일이나 못 만드는 것이 없는 아버지의 손이 부러웠다.

반면 어느새 중년의 소비 세대가 되어버린 나는 손과 몸으로 무엇인가 만들려 할 때 엄두를 내야만 하게 되었다. 삶에 필요한 물품과 다른 사람이 제공하는 서비스에 기대어 사는 데 익숙해졌기 때문이다. 지금 이삼십대 젊은 세대는 스마트폰과 컴퓨터 자판을 두들기는 가냘프고 하얀 손가락으로 가상 세계에 몰두하고 있다. 만약 이런 재주 없는 손을 가진 이들이 시골로 가서 제대로 살아갈 수 있을까? 응당 기술 한두 가지는 익혀두어야 한다.

재주 많은 시골 사람들처럼, 솜씨 좋은 아버지처럼 나에게 필요한 기술은 무엇일까? 시골의 자연과 공존하며 화석에너지에 기대지 않고 살기 위해 필요한 재주는 무엇일까? 자신의 신념이나 희망대로 살아가기 위해 나의 몸과 손에 익혀두어야 할 기술은 무엇일까? 시골에서 돈에 연연하지 않으면서도 여유 있게 살아갈 방도는 무엇일까? 동네에서 작은 역할이라도 하며 이웃과 더불어 살아가는 데 필요한 재주는 무엇일까? 이런 질문에 대한 답이 될 만한 도구와 기술을 정리해보았다.

이 책은 단지 기술과 도구의 목록이 아니다. 이 책은 '기술 공동체였던 시골'의 회복을 꿈꾸는 기술 탐구서라 할 수 있다. 만드는 즐거움으로 유혹하는 시골 생활기술 안내서이기도 하다. 만약 귀농하거나 귀촌하려는 이가 있다면 여전히 시골은 돈보다 기술을 갖고 있는 것이 정착하며 살아가는 데 도움이 될 수 있다는 경험과 사례를 모은 책이기도 하다.

시골에 내려가 살 집을 짓거나 고쳐 사는 이들이 있게 마련이다. 그 경험을 살려 '어깨너머 동네 건축가'가 된 사람들이 적지 않다. 구들이나 화덕, 벽난로, 난로를 만드는 '불장난하다 화덕 장인'으로 먹고사는 문제를 해결한 이들도 있다. 조금이라도 냉난방비, 연료비를 줄이려 하다 보니 먹거리 농부가 덤으로 '어쩌다 에너지 농부'가 된 이들도 있다. 지하수 개발도 어렵고 수도도 연결되지 않는 촌구석에 살다 보면 '물 관리 기술자'가 될 수도 있다.

남자들이 흔히 갖는 시골 생활 로망 중 하나가 목수가 되는 일이다. 대안장터에 나오는 생태의식 투철한 자가생산자들과 소상공인에게 필요한 손 도구들을 만들다 얼치기 목수에서 '비전력 도구 장인'이 되거나 '도구 목수'가 된 이들도 있다. 시골에 내려와 일없는 시간이나 농한기 한가한 손을 놀려 이것저것 만들다 '소소한 생활기술자'가 된 이들은 자기 재주 자랑하기에 바쁘다.

아직도 찾고 정리할 시골 생활에 필요한 기술은 너무도 많다. 하지만 이 책에 소개된 몇 가지 기술들을 도전하고 만들다 보면 어느새 시골 기술자가 되어 여유 있게 살아가고 있을지도 모른다. 누군가 나와 다른 곳에서 인간과 기술에 대해 질문하는 이를 만나길 기대한다. 우리는 함께 새로운 기술의 여행자가 될지도 모른다.

이 책을 내는 데 계기를 마련해준 천안 작은손적정기술협동조합의 안병일 대표와 항상 지속적 후원과 조언을 마다치 않는 소나무출판사 유재현 선배, 두말하지 않고 삽화와 도면 작업을 담당해준 남궁철, 늘 곁에서 날 보살피고 도와주는 아내 김정옥에게 감사한다.

2017년 전남 장흥에서
김성원

목 차

| 들어가는 말 | 시골, 돈보다 기술 ▶ 4

| 제1부 | 시골 생활과 기술 ▶ 10
    1. 시골, 유유자적 기술   12
    2. 만드는 인간의 귀환   20
    3. 적정기술이란 무엇인가?   28
    4. 농촌 생활기술 공방   34

| 제2부 | 어깨너머 동네 건축가 ▶ 40
    1. 자갈도랑 기초   43
    2. 흙집 벽체 수리   47
    3. 마른돌담 쌓기   58
    4. 자연 냉방과 환기   71
    5. 자연 채광과 솔라 튜브   79

| 제3부 | 불장난하다 화덕 장인 ▶ 84
    1. 침대구들, 캉   88
    2. 로켓매스히터   98
    3. 고효율 농민난로   107
    4. 품안의 숯난로   113
    5. 고효율 개량화덕   117

| 제4부 | 에너지 농부를 기다리며 ▶ 124
    1. 햇빛온풍기   128
    2. 무가온 비닐하우스   133
    3. 물레방아 발전기   140
    4. 바이오가스 장치   147
    5. 드럼통 숯가마   156

| 제5부 | 물관리 기술자 ▶ 166

1. 빗물 집수통 170
2. 비전력 수격펌프 176
3. PVC파이프 펌프 182
4. 자전거 세탁기 190
5. 안개잡이 그물 202

| 제6부 | 비전력 도구 장인 ▶ 212

1. 나무틀 압착기 216
2. 밧줄 제작 권선기 222
3. 화물 자전거와 자전거 수레 227
4. 칼갈이 장인의 자전거 234
5. 다용도 스타돔 239
6. 자연물 빗자루 245

| 제7부 | 소소한 생활기술자 ▶ 252

1. 밧줄매듭과 장대 구조물 256
2. 도르래의 원리와 활용 272
3. 천연페인트와 색토미장 280
4. 소금카페와 전통음식 보관법 289
5. 식물성 오일램프 300

| 나가는 말 | ▶ 306

참조 목록 ▶ 308

〈어디선가 누군가에 무슨 일이 생기면 틀림없이 나타난다 홍반장〉이란 영화가 개봉된 때가 2004년 3월이다. 나로선 막상 이 영화를 본 때가 2006년쯤이다. 김주혁과 엄정화가 주연을 맡았다. 뻔한 로맨스 코미디지만 김주혁이 맡은 홍반장 캐릭터가 워낙 독특해 지금까지 기억에 남는다.

홍반장은 동네일을 도맡아 한다고 붙여진 별명일 뿐 제대로 된 직업이 없다. 허술해 보이지만 키도 크고 잘생긴 데다 모르는 일도 없고 못하는 일도 없이 시골에서 그럭저럭 살아가는 홍반장. 그에겐 뭔가 특별한 것이 있었다. 이 영화를 처음 봤을 때가 장흥으로 귀촌하기 직전이었기 때문일까? 어느새 홍반장은 내 롤 모델이 되었다. 귀촌하면 못하는 일 없는 김반장이 되고 싶었다.

01

시골 생활과 기술

벌써 귀촌한 지 10년이 지났다. 그동안 여러 기술도 갖추게 되었다. '마음만 먹으면 못하는 게 없는 사람'이란 가당치 않은 환상을 갖고 나를 바라보는 사람들도 있다. 이런 환상은 참 부담스럽다. 내 기술은 제대로 된 장인과 견줄 수 없다. 하지만 겁 없이 이것저것 손대다 보니 잘하는 것도 없지만 못하는 일도 없게 되었다.

아쉽게도 홍반장 같은 김반장이 되지는 못했다. 술도 먹지 못하고 낯을 가리는 데다 사람 관계가 서툴다 보니 그렇게 된 모양이다. 그래도 귀촌해서 익히게 된 여러 기술 덕분에 그럭저럭 10년 가까이 유유자적 살아온 건 분명하다. 시골에서 내가 살아온 방식이 유별나다면 그렇다고 말할 수도 있다. 하지만 내 이야기는 뒤로 미루고 다른 이 얘길 하는 게 좋겠다.

1. 시골, 유유자적 기술

1.

　시골엔 유유자적 마음 편히 지내는 사람들이 적지 않다. 우선 한마을 사는 엄 씨 형님이 그렇다. 물론 다르게 볼 사람도 있을 테지만, 내가 보기에 그렇단 얘기다. 그는 부인이 출산하다 죽는 바람에 아들 하나 혼자 키우며 살았다. 힘들고 외롭지 않았을 리 없다. 종종 술에 취해 동네를 어슬렁거리는 모습이 목격되고 소소한 사고도 일으키지만 엄 씨 형님은 못하는 일도 모르는 일도 없다.

　나와는 사이가 좋은 편이라 담배가 떨어질 때면 종종 얻어 피우러 가는데, 그늘에 앉아 듣게 되는 엄 씨 형님의 경험담은 완전 버라이어티다. 도자기 공장에서도 일했다 하고, 화물 차량을 운전했다고도 했다. 배에서 선원으로 일했다는 것 같기도 한데 길게 얘기를 꺼내지 않는 모양새로 보아 아주 잠깐이었나 보다. 건축 현장에도 있었는지 뒷집 방촌 아짐 집 고칠 때는 시멘트 미장 일로 일당을 벌었다.

　농한기에는 아랫동네 형님과 부산까지 건축 현장 일을 떠나기도 했다. 아크 용접도 하는지 소막 짓는 현장에서 철골 프레임 작업도 한다. 적지 않은 논농사며 밭농사를 짓느라 창고에는 갖가지 대형 농기계와 도구들이 널려 있는데, 웬만한 트럭과 트랙터, 경운기는 부속을 사다 자신의 손으로 고친다. 아주 잘하는 것은 없어도 못하는 일도 없는 엄 씨 형님. 어슬렁거리거나 놀고 있는 때가 적지 않은데도 그럭저럭 살아갈 수 있는 것은 내 생각에 '아주 잘은 못해도 못하는 게 없는 기술' 덕분이다.

2.

 장흥 용산면에 김반장이 살았다. 김 씨는 내가 귀촌한 지 몇 해 지나 장흥으로 내려왔다. 함께 내려온 이와 함께 인근 폐교에 살다가 그곳을 나오게 되었다. 오갈 데 없게 된 처지라 몇 개월 정도 김 씨와 동료에게 뒷방을 내주어 살게 했다. 함께 살던 동료가 훌쩍 떠나 버리고 혼자 남게 된 김 씨는 용산면 초입 용두마을 빈집을 소개받아 나가 살게 되었다.
 이때부터 김 씨는 김반장이 되어 활약한다. 제대로 된 목수라고 하기엔 좀 부족하지만 소소한 일을 제법 많이 했다. 인터넷에서 내려받은 각종 목공 관련 자료와 도면을 바탕으로 이것저것 흉내 내며 소품을 만드는 모양새가 나보단 나았다. 집 짓는 일에 참여한 경험이 적지 않으니 집 짓는 큰일을 맡아서 하면 제법 돈도 벌 수 있으련만, 김 씨는 그런 일은 머리 복잡하다며 마다했다. 오히려 돈 되는 일만 좇아다니느라 대목수들이 거들떠보지도 않는 독거노인 사는 집 문짝 고쳐주기, 비 새는 지붕 땜질하기, 이웃 농사 거들기, 야외 탁자 만들기 외에도 마을 소방대원, 청년방범대 등 끼지 않는 일이 없었다.
 김 씨는 술을 잘하지는 못하지만 술자릴 마다하지도 않고 주변머리도 좋았다. 어느새 마을 토박이들과 호형호제하며 지내게 되었다. 어딜 가나 김 씨 활약상을 듣지 않는 때가 드물었고, 일손이 필요하면 늘 사람들은 김 씨를 찾았다. 우리 집 창고는 폐교에서 뜯어온 마루바닥재를 재활용해서 만들었는데 그때도 김 씨가 일을 도왔다. 사실 김 씨가 일을 주도하고 내가 거들었다고 해야 정확하다. 어느새 동네 김반장이 된 그는 마을 사람들에게 인정을 받는 터라 집 지을 땅을 내주겠다는 이들도 있었다. 김 씨는 곧 제 집을 짓겠노라 말하고 다녔다.
 하지만 김 씨는 지금 장흥에 없다. 최근 차 사고를 크게 당해 부모 형제가 있는 고향 부산으로 돌아갔다. 남에게 해 끼치는 일 없고 붙임성도 좋은 편이라 많은 이들이 김 씨를 그리워한다. 나도 종종 김 씨가 생각난다. 어쩌면 철부지 동생 같기도 한데 그런 그에게 적지 않은 사람들이 크고 작은 도움을 받으며 살았다는 것을 깨달은 것이다. 몸이 다 나으면 다시 장흥으로 돌아온다는 얘기를 했다는데 언제 김반장이 장흥으로 돌아올 수 있을까?

3.

"재주 많은 사람 굶어 죽는다"란 속담이 있다. 한 우물을 파지 않고 이 일 저 일 하다 보면 전문성도 떨어지고 경쟁력도 잃게 되어 살아가기 어렵다는 뜻일 것이다. 하지만 시골에 와 살다 보니 딱히 이 속담이 맞는 말도 아닌 듯싶다. 큰돈은 못 벌어도 시골에서는 절대 굶어 죽지 않는다. 아니 되려 성가신 일, 머리 복잡한 일 없이 나름 속 편하게 실속 있게 살 수 있다.

왜 그럴까 생각해보니 답은 곧 나온다. 시골엔 젊은 일손이 부족하다. 농번기엔 "부지깽이도 가져다 쓴다"는 말이 있을 정도로 사람 손이 귀할 때 젊은이는 소중한 보물이다. 농사야 평생 농부로 살아온 노인을 따라갈 수 없다. 하지만 힘쓸 일에 어찌 젊은이를 당할까? 하물며 기술 있고 재주 좋은 사람이라면 어떨까?

시골엔 기술이 필요한 일들이 부지기수다. 지하수 관정 고치는 일, 보일러 고치는 일, 전기 배선, 무너진 담장 고치는 일, 비 새는 지붕 고치는 일, 고장난 농기계 고치는 일, 비닐하우스 세우는 일, 축사 세우는 일, 고장난 컴퓨터 고치는 일, 세탁기 손보는 일 등등.

물론 읍내나 제법 큰 면에 가면 이런 일 하는 전문점이나 기술자가 없는 것은 아니다. 하지만 차 없는 노인들이 읍내까지 고장난 물건을 들고 가기는 어렵다. 서비스맨을 부르면 되지 않느냐 생각할 수도 있겠지만 사정이 그렇지 않다. 시골도 시골 나름. 한참 들어간 시골까지 사람을 부르면 무얼 고치든 말든 무조건 출장비 3만 원이다. 급하게 고칠 일 있어 서비스맨을 부르면 제때 오는 법도 드물다. 며칠씩 기다리는 건 기본이다.

사정이 이런데 가까운 이웃에 기술 있고 재주 많은 이가 있으면 인기 만점. 귀찮을 정도로 부름을 받는다. 거저 일을 도울 때가 많지만 때때로 노인들은 몇 푼이라도 고맙다고 쥐여준다. 그것도 아니면 찬거리나 농작물로 갚는다. 노인들이 재주 많은 이를 굶어 죽게 놔두지 않는다. 머슴도 살게 해줘야 일을 시킬 수 있다는 걸 알기 때문이다. 이런 사정을 잘 아는 내 또래 토박이들을 찬찬히 관찰해보니 투 잡 쓰리 잡은 기본이고 농번기에는 농사꾼, 농한기엔 자기 특기를 살려 기술자로 살아간다.

4.

남이 아니라 자신을 위한 기술이 중요하다. 도시에 살 때처럼 이 일 저 일 남에게 시켜가며 살려면 시킬 일이 너무 많고 그만큼 적지 않은 돈이 든다. 설사 돈 걱정이 없다 해도 전문 기술자 찾기가 도시처럼 쉽지 않다. 일을 시켜보면 딱 맘에 드는 경우가 드물지만 어쩔 수 없다. 맘에 들게 일을 하려면 전문 기술자들을 부르거나 제 손으로 해야 한다. 하지만 제 손으로 한다고 없는 솜씨가 당장 튀어나오는 것도 아니다. 미리 준비하는 것이 정답이다.

제 손으로 하는 이점은 잘하든 못하든 비용은 줄일 수 있다는 점이다. 제 몸을 굴려 일을 하나둘 하다 보면 돈 주고 사람 불러 일을 할 때보다 돈 나가는 구석이 확실히 줄어든다. 더 중요한 것은 적게 벌어도 살아갈 수 있다는 자신감을 얻게 된다는 것이다. 돈 나가는 구석이 줄고 돈 벌려는 일이 적어지다 보면 여유로워진다. 버는 돈은 적을지 몰라도 자유 시간이 많아진다.

가진 기술이나 재주가 있어 이웃 일을 돕다 보면 거꾸로 도움을 받을 수도 있다. 농사일만 품앗이가 있는 게 아니라 재주도 기술도 품앗이로 돌고 돈다. 시골 생활이란 게 그렇다. 그러니 어설퍼도 하나둘 기술과 재주를 늘려가다 보면 시골 생활에 자신감도 생기고 걱정도 줄어든다. 시골에 내려오기 전부터 몇 가지 재주를 배워 내려오면 후회가 없을 것이다. 이제 귀농 귀촌자들이 늘어 쉽게 농토를 구하기도 어렵다. 요즘 귀농 귀촌하는 이들은 사실 크게 농사지으려는 사람들도 드물다. 사정이 이러니 시골에 내려와 살라치면 어찌 되었든 기술이나 재주가 있어야 한다.

5.

노후를 위해 기술이 필요하다. 충분한 연금과 재산을 가지고 이곳 전남 장흥까지 내려오는 이들이 내 주변에는 없다. 하지만 설령 넉넉한 형편이라도 소일거리가 없다면 쉽게 답답하고 따분해질 수 있는 곳이 시골이다. 사정에 여유가 있든 없든 도시보다 시간이 많은 이들은 이곳저곳 염색이며, 직조며, 목공이며, 바구니 짜기, 전통 한지 만들기 등 각종 전통기술은 물론 제빵, 요리, 봉재, 칠기 등을 취미 삼아 일삼아 배우러 다닌다.

이런 것을 배우려 하는 이들이 도시 못지않게 시골에서도 늘어나고 있다. 도시 살던 이들이 시골로 내려와 살다 보면 문화적 답답함을 그렇게 풀어낸다. 배우러 다니는 사람이 있다면 가르치는 사람도 있다. 어떤 기술이 있고 가르치는 재주가 있다면 시골살이가 조금은 더 쉬워진다.

충분한 은퇴자금을 가지고 시골에 내려와 전원생활을 시작한 중년이라도, 새로운 기술에 도전할 필요가 있다. 은퇴 후 인생이 너무 많이 남았기 때문이다. 50대 중반에서 60대에 은퇴한다고 해도 평균수명이 늘어난 탓에 20~30년 이상을 살아가야 한다. 일없이 은퇴자금을 축내며 사는 경우와 조금이라도 벌면서 사는 것은 전혀 다르다. 아주 조금이라도 벌면서 살면 생활에 여유도 생기고 활력을 가질 수 있다. 50~60대라도 어떤 기술을 익히기에는 결코 늦은 나이가 아니다.

하동에 사는 박홍순 씨는 60세가 넘었다. 은퇴 후에야 용접도 배우고 화덕과 난로 만들기를 시작했다. 실력을 인정받아 적지 않은 이들에게 자신이 만든 화덕과 고효율 난로를 만들어 설치해 주었다. 게다가 화덕을 만든 김에 제빵까지 배워 현재 자신의 집을 카페와 공방으로 개조해서 커피와 자신이 구운 빵을 팔고 있다.

눈을 일본으로 돌려보자. 기쿠치 다케오는 늦깎이 수제 구두 장인이다. 그는 원래 구두 소매업자였다. 그런 그가 구두 제작을 하게 된 계기는 귀여운 셋째 딸이 발이 아프다고 호소하면서부터였다. 다양한 구두를 신겨 봤지만 나아지지 않았다. 그때부터 딸에게 맞는 구두를 만들기 위한 연구에 골몰했다. 1979년 기쿠치는 55세 나이에 도쿄예술대학에 입학했다. 하지해부학, 생체학, 구두 디자인을 배우기 위해서였다.

그렇게 공부하기를 10년. 현재 90대 노인이 된 그는 아직도 현장에서 발 측량 기법을 연구하고 손수 목형을 깎는다. '일본 최초의 주문 구두 선구자'라는 칭호도 얻었다. '기쿠치가 만든 브랜드 구두는 11~30만 원대, 맞춤 구두는 300만 원 정도다. 백화점 구두보다 10배가 비싸도 주문이 끊이질 않는다.

시골은 고령 인구가 점점 더 늘어나고 있다. 나이가 들면서 발은 물론 몸 전체의 저항력이 떨어지고 예민해진다. 구두나 신발 모두 가볍고 잘 맞아야 한다. 옷도 기성복은 아무래도 마땅치 않다. 50대 중반이 된 아내 역시 신발을 고를 때 무척이나 신경을 쓴다. 옷도 기성복을 사기보다는 천연 염색한 천을 사서 목포까지 가 바느질 잘하는 이에게 맞춰 입기 시작했다. 기성복은 아무래도 몸에 맞지 않고 시골 생활에 적합치 않은 데다, 몸이 예민해졌기 때문이다. 아내가 찾아가는 목포에 산다는 그이는 바느질 솜씨와 옷 만드는 솜씨가 좋기로 이름이 나 있다. 일감이 끊이지 않는다.

농사짓느라 이것저것 살피지 않고 몸을 혹사시켜온 촌로들과 달리 이제 새로 시골로 내려와 노후를 지내려는 이들이 많아지고 있는데 이들은 다양한 요구를 갖고 있다. 베이비붐 세대들이 대량 은퇴하고 고령자가 많아지면서 다양하고 소소한 직업들이 생겨날 것이다. 노후를 길게 보고 이런 변화를 예측하며 자신만의 기술과 재주를 익히고 쌓아간다 해도 결코 늦지 않다. 만약 지금 50대라면 최소 30년 이상 익힌 기술을 써먹을 수 있다. 더 이상 육체적 노동을 하기 힘들 때에라도 쌓은 경험과 지식을 가지고 후배들을 가르치는 일을 할 수 있다.

6.

여자에게 칭찬 받을 때처럼 기분 좋은 때는 없다. 내가 처음 만든 것을 칭찬 받은 건 고등학교 때였다. 교회 학생회에서 행사를 위한 모금함을 만들었다. 어설픈 솜씨로 송판을 자르고 못을 박고 칠을 해서 만들었는데 짝사랑이랄까 그런 감정을 느끼고 있던 또래 소녀에게 "너는 참 솜씨가 좋아"란 말을 들었다. 울랄라.

사십이 넘어서야 다시 내 손으로 만든 것은 옷걸이였다. 서낭당에 걸린 천 쪼가리처럼 옷을 걸어 놓는 버릇 때문에, 그동안 써 왔던 기성품 옷걸이들은 옷 무게를 견디지 못했다. 고리가 꺾이거나 한쪽으로 기울어 무용지물이 되었다. 한두 개가 아니었다. 언젠가 절대 쓰러지거나 부러지지 않는 옷걸이를 만들어보리라 다짐하고 있었다.

마침 서울 부암동 직장엔 마당이 있었는데 그곳에 있던 나무를 베어야 했다. 베어낸 나무의 껍질을 벗기고 적당히 옷걸이 모양새로 다듬었다. 그것을 가지고 지하철을 타고 일산에 있던 집까지 가지고 왔다. 전철 승객들 중 몇몇은 한마디씩 건네며 그거 무엇에

쓸 것이냐고 물었다. 나는 당당히 "옷걸이 만들려고요"라며 답했다. 아내와 함께 목공을 배우러 다니던 공방으로 그 나무를 가져가 사각형 박스 형태로 밑받침을 만들어 붙여서 튼튼한 옷걸이를 만들었다. 이 옷걸이는 10년이 지났어도 아직도 부러지지 않고 잘 사용하고 있다. 십여 벌 넘는 작업복들이 척척 걸려 있다.

    시골에 내려와 집을 짓고 나서 마침 갖가지 그릇을 올려놓을 장이 필요했다. 당시 아내와 나는 이것저것 쓰레기를 주워다 재활용하는 취미를 가지고 있었는데 마침 버려진 원목 장롱을 구했다. 서울 백화점에서 보았던 가구 디자인을 흉내내어 그릇장을 만들었다. 장롱을 수직으로 잘라내고, 자투리 원목 송판으로 칸막이를 만들고 칠을 했다. 조금 거칠어 손맛이 나고 어딘가 엔틱한 느낌이 지금 보아도 만족스럽다.

    아내는 내 어설픈 솜씨를 자랑할 때면 늘 이 그릇장과 옷걸이 이야기를 한다. 투박한 목공 실력으로 이렇게 만든 선반과 연필통, 책꽂이, 책상과 의자가 집 구석구석을 차지하고 있다. 다시 분명히 말해두지만 잘 만든 것들은 아니다. 남자는 나이가 들면서 칭찬 받을 일이 줄어든다. 하지만 기술을 익혀서 무엇을 만들게 되면 여자한테 칭찬 받을 가능성이 조금은 높아진다.

    울랄라.

2. 만드는 인간의 귀환

셀프 메이드 맨(Self Made Man)은 미국이 만들어낸 신화다. 건국한 지 240년밖에 지나지 않은 미국에 신화라니 가당치 않다. 막상 이 신화가 자수성가한 사람에 관한 신화라니 살짝 헛웃음이 나온다. '미국다운 신화'란 생각도 든다. 아메리칸 드림을 상징하는 '셀프 메이드 맨' 조각상은 미국 전역에 세워져 있다. 그런데 그 형상이 좀 기이하다. 근육질인 한 남자가 한 손에 망치를, 다른 손에 정을 들고 있다. 하반신 일부는 아직 바위 속에 묻혀 있다. 남자는 망치와 정으로 바위를 쪼며 아직 드러나지 않은 자신의 허벅지를 조각하고 있다.

그림 2-1 보비 칼라일의 '셀프 메이드 맨' 청동조각상

'성공 신화'라는 본래 상징과 달리 조각상은 내게 다른 의미로 다가온다. 인간은 자신이 만든 도구와 기술로 자신의 정체와 삶을 조각하는 존재, 말 그대로 셀프 메이드 맨이다. 인류가 등장한 이래 수만 년 동안 인간 자신이 가진 능력을 확장하기 위해 발달시켜 온 도구와 기술은 인간의 삶을 규정하고 인간 정체성을 변화시켜 왔다.

인간은 도구와 기술로 자신의 정체성을 조각하는 존재

도구와 기술은 생산과 작업의 도구 이전에 인간성의 도구다. 도구와 기계가 손에서 너무 멀리 떠나지 않았을 때까지, 작업과 생산이 집 마당을 벗어나지 않은 수공예의 시대까지, 좀더 나아가 대부분 나무로 도구와 수많은 기계를 만들며 산업혁명을 준비하던 17세기 나무기계의 시대까지 어쩌면 인간은 제법 성공한 듯하다. 그때까지 발전시켜온 도구와 기술로 인간 자신을 적당히 확장하며 인간 자신의 삶을 그럴듯하게 조각해온 듯하다.

화석연료를 사용하는 증기엔진, 철강산업에 힘입은 철제기계의 확산, 공장제 대량생산이 특징인 산업혁명은 인간에게 물건을 소비하는 데 과거 그 어느 시대보다 평등한 풍요로움을 선사했다. 그러나 이때부터 진보하는 기술과 공장제 생산에 대한 불안과 비판이 일기 시작했다. 산업혁명 시기 공예부흥운동을 주도했던 윌리엄 모리스(William Morris)의 스승인 존 러스킨(John Ruskin)은 산업혁명의 영향에 대해 실천적으로 저항하며 강력하게 비판했다. 존 러스킨은 다음과 같이 말했다.

"우리는 최근에 노동 분업이라는 최신 문명의 발명품을 깊이 연구하고 다듬어 왔다. 솔직히 말해서 나뉜 건 노동이 아니라 사람이다. 사람들이 여러 부분으로 나뉘고 삶은 부서져 작은 파편과 부스러기가 된 것이다. 그래서 한 사람 안에서도 지성은 조각조각 갈라져 이젠 핀이나 못을 만들지 못하고 핀 끝을 다듬거나 못대가리를 만드는 데에만 소모된다."(『고딕의 본성』, 1852년)

그는 공장제 노동 분업을 이처럼 강력하게 비판했다. 현대에도 여전히 데이비드 왓슨(David Watson)과 같은 이들은 기술지배문명을 강력하게 반대한다. 그는 자신의 책(Against The

Megamachine, 1998)에서 "토착 기술은 제한되고, 다각적이며 그 기술이 등장한 문화와 개인들의 특성이 새겨져 있다. 현대 기술은 모든 토착적이고 개인적인 조건을 기술 자체의 이미지로 바꾼다. 그것은 점차 획일화되고 거대해진다. 개성적이었던 토착 사회에 소외와 박탈을 낳고 사람들을 원자화시키며 기술을 상실한 단조로운 기술문명의 이미지로 바꾼다"며 경고한다. 하지만 되돌이킬 수 없을 것 같은 발전과 진보를 거듭해온 기술·기계적 생산방식과 소비에 익숙한 현대인들은 러스킨이나 왓슨 같은 이들의 경고를 간단히 무시해왔다. 대다수 현대인들이 마찬가지일 것이다.

기술·기계적 생산방식과 소비에 대한 경고를 무시하다

상황은 바뀌었다. 이제 인간의 손은 로봇의 손으로 대체되기 시작했다. 1970년대 이후 줄곧 추진된 생산자동화는 사실 인력감축 기술이었다. 제조 분야에 로봇이 투입되면서 생산인력은 더욱 급격하게 줄어들었다. 2만 명이 근무하던 중국 공장에 생산 로봇이 투입된 뒤 100명만 남았다. 로봇과 함께 진행되고 있는 자동화는 제조분야를 넘어 서비스 분야로 확장되기 시작했다. 미국 다빈치연구소의 토머스 프레이 소장은 "2030년에는 일자리 20억 개가 사라진다"고 밝혔다.(『중앙일보』 2015. 3. 16)

영국 영란은행 수석 이코노미스트인 앤디 홀데인은 "영국은 현재 1,500만 개 일자리가 로봇 때문에 없어질 위험에 처해 있다"면서 "미국은 무려 8천만 개가 없어질지 모른다"고 주장했다. 오스트레일리아 산업부는 '2014 오스트레일리아 산업보고서'에서 로봇의 보급과 자동화로 자국에서 약 50만 개의 일자리가 위협받고 있다고 밝혔다.(『한겨레신문』 2015. 11. 13)

산업혁명 이후 기계화가 숙련 장인노동을 대체했다면 지금은 로봇을 앞세운 자동화가 단순 생산노동은 물론 서비스분야 인지적 노동까지 대체할 상황이다. 일자리를 잃을 대다수 사람들은 도대체 무엇을 하며 살아야 할까, 절망할 수밖에 없다.

반론이 없는 것은 아니다. 새로운 일자리가 출현하거나, 로봇은 단순 반복적인 작업을 맡고 인간은 창조적인 일만 하게 될 거라는 낙관론도 만만치 않다. 설령 낙관론이 맞다 해도, 다행히 인구 감소와 일자리 축소가 맞물려 균형을 유지한다 해도 과연 인간은 행복할 수 있을까 의심하지 않을 수 없다.

지금까지 대개 생산과 서비스 활동은 인간이 갖는 보편적 욕구와 필요를 반영하는 것들이었다. 만약 로봇과 자동화 기계가 대다수 생산과 서비스를 담당한다면 인간이 맡게 될 나머지 새로운 창조적 일이란 도대체 무엇일까? 삶의 근본적 욕구와 필요에 직접 닿아 있지 않는 일이라면 과연 인간은 행복할 수 있을까? 로봇과 자동화로 생산되는 제품과 서비스에 만족하며 여가를 즐기는 존재가 될까, 아니면 남아도는 잉여가 될까? 로봇에게 생산을 빼앗긴 인간의 손은 이제 무엇을 해야 할까?

기계가 인간 노동을 대신하는 시대, 이제 무엇을 해야 할까?

호모 파베르(Homo Faber)의 귀환, 만드는 인간을 다시 불러내야 한다. 그것이 구원이다. 일본의 공예가 이데카와 나오키는 『인간 부흥의 공예』에서 삶에 필요한 기물을 제 손으로 만드는 인간의 부활을 호소한다. "호소하고 싶다. 모든 것을 공장에 맡겨 그로부터 제조된 물건으로 생활을 때우고, 기기의 스위치를 누르는 것만으로 일생을 보내서는 안 된다. 현대인들도 만들지 않으면 안 된다. 만들고 생각하고 꾸미고, 그리고 창조하지 않으면 안 된다. 왜냐하면 그것이 인간이며, 인간의 자연스러운 모습이기 때문이다."

메이커 스페이스(Maker Space) 운동이 세계 전역으로 번지고 있다. 디자인 장비, 3D 프린터, 레이저 커팅기 등 다양한 생산장비와 공구류를 비치한 작업 공간을 협력하는 개인들이 함께 사용하자는 것이다. 기업에 속하지 않은 지역공동체의 자가제작자 운동을 촉발시킨 테크숍(Techshop)의 CEO 마크 해치는 더욱 분명한 목소리로 선언한다. "만드는 일은 인간의 본성이다. 우리는 만들고, 창조하고, 느끼는 모든 것을 표현해야만 한다. 만드는 일에는 무언가 특별한 것이 있다. 제작물은 우리 자신의 작은 부분이며 우리 영혼의 일부를 구성한다."

도시학자이자 기계문명에 대해 비판적 시각을 견지한 루이스 멈퍼드는 그의 저서들에서 기계와 인간에 대한 깊은 통찰력을 보여준다. "인간은 다른 생물종들이 갖고 있는 안정성과 타고난 겸손을 포기하였다." "기계적 힘을 무한정 추구하다 보니 인간의 개인적 힘은 박탈되었다. 기계에 우리의 자유를 복속시켜버린 것이다." "기술 변화의 속도는 우리가 적응할 수 없는 상황을 만들어낸다. 변화에 중독되어, 느리고 안정된 삶을 누릴 능력을 잃게 되었다." "기술의 목적은 노동의 절약이 아니라 노동에 대한 사랑에 있다." 로봇과 자동화 기계가 인간이 설 자리를 위협하는 시대 자신의 손으로 삶에 요구되는 것들을 만들어내는 호모 파베르는 과연 다시 등장할 것인가?

호모 파베르는 과연 다시 등장할 것인가?

만드는 개인들이 늘어나고 있다. 어찌된 일일까. 물건을 사기만 하던 소비자들의 반란이 일어나고 있는 것일까. 산업적으로 양산된 제품에 질려버린 것일까. 필요한 물건을 자신이 직접 만드는 사람들이 늘고 있다. 증가하는 귀촌자들과 청년 실업자들은 활로를 찾아 수공예, 생활기술 분야에서 자가제작자들의 대열에 합류하기 시작했다. 2년 전부터 한국에서 한 해에 '수공예', '핸드 메이드'를 주제로 한 박람회와 전시회가 10여 차례 넘게 개최되고 있다. 대안장터, 프리마켓에는 수공예품과 자가제작들이 만든 다양한 물건이 판매되고 있다. 이 현상은 전 세계적으로 가히 신공예부흥이라 할 수 있다.

자가제작의 흐름은 그동안 예술과 공예 부분에 제한되었지만 이제 좀더 전문적으로 여겨지는 테크놀로지로 확대되기 시작했다. 'DIY 테크놀로지'는 개인들이 기본적인 전기, 전자, 컴퓨터, 조금은 전문적인 생산설비와 제조기술을 이용하여 다양한 제품을 취미로 만들거나 소량 생산한 제품을 판매하는 데까지 발전하고 있다. 창조적인 제작자들은 제조의 혁신을 가져온 3D프린터, CNC, 레이저 절단기, 3차원 스캐너, 설계와 디자인을 자유롭게 만드는 소프트웨어 등을 이용하여 제품을 만든다. 인터넷 커뮤니티를 통해 개인 제작자들은 다른 사람들과 디자인, 기술정보, 경험을 공유한다.

때로는 각종 생산시설을 공유하는 메이커스페이스(Makerspaces)라 불리는 작업장에 함께 모여 공동 작업하고 그 결과를 공유한다. 기술의 공유는 개인들의 구상이 제품화되는 장애들을 제거하기 시작했다. 그동안 생산은 기업의 전유물이었다. 과거 대중은 단지 소비자일 뿐이었다. 본능적으로 공유하고 만들기를 좋아했던 사람들은 이제 최첨단 미디어와 디지털 제조기계들을 사용하면서 생산의 주체로 다시 등장하고 있다. 이제 개인들은 얼마든지 소량 맞춤 제품과 시제품을 손쉽게 만들 수 있게 되었다.

수공예가와 자가제작자들 다시 등장하다

팹랩(FabLap : fabrication laboratory)은 대안적 제작 실험 공방이다. 이곳은 창조적 개인 엔지니어들을 위해 소규모 제작 실험실을 제공한다. 주로 다양한 소재를 다룰 수 있는 디지털 제작 설비를 갖추고 있다. 아직 산업적 대량생산과 경쟁할 수 없지만 머지않아 광범위하게 분산된 제품을 생산할 때 경제적 규모를 이룰 수 있을 것이다. 대량생산에는 적합하지 않지만 개인이나 지역 요구 맞춤형 제품을 생산할 수 있다. MIT가 작성한 전 세계 모든 공식 팹랩 목록(fablabs.io)에 따르면 2016년 2월 기준으로 전 세계 총 610개 팹랩이 활동하고 있다. 현재 남극 대륙을 제외한 모든 대륙에 팹랩이 있다. 팹파운데이션(fabfoundation.org)이 웹 사이트와 SNS 등 온라인 연락처를 가진 공식, 비공식 팹랩을 조사했는데 천여 곳 이상이다.

산업혁명 이후 계속된 공장제 생산의 거센 공격으로 사라졌던 가내수공업은 현대에 와서 디지털 생산시설은 아니지만 전통적 소규모 생산설비를 갖춘 지역공동체의 다양한 회원제 제작공방과 생산협동조합, 마을기업들이 되어 곳곳에서 등장하기 시작했다. 산업적 대량생산에 자리를 내주었던 개인과 지역공동체가 이제 다시 제작과 생산과정에 주인공으로 등장하기 시작한 것이다. 과연 새롭게 등장하고 있는 호모 파베르족들은 얼마나 자신들의 영토를 확장해 나갈 것인가? 이들이 만드는 세상은 어떠한 모습일까? 앞으로 이십여 년 동안 우리는 호모 파베르와 로봇의 대결을 손에 땀을 쥐고 바라보게 될 것이다.

실험적 소규모 생산공방 곳곳으로 확산되다

인간은 자신이 발전시킨 도구와 기술로 정체성을 조각하고 삶을 만들어가는 존재다. 인간은 자신의 생활을 위해 만들고 창조해야만 행복해지는 본성을 지녔다. 인간은 호모 파베르일 때 행복하다. 산업혁명 이후 공장의 기계들은 인간에게 풍요를 선사했지만 한편에서 인간을 소외시켰다. 파편화했다. 급격한 변화 가운데 안정성을 잃게 했다. 생활의 필요를 충족시킬 수 있는 자급의 기술 가운데 많은 것들을 이제 우리의 손은 기억하지 못한다. 자존감은 축소되었다. 우리의 삶을 가능케 하던 무수한 물건과 기물에 대한 이해를 잃어버렸다. 대중들은 그 속에 담겨진 원리를 망각하고 말았다. 이런 와중에 완전히 산업화된 이 사회에 로봇을 앞세운 자동화는 인간이 마지막 설 자리마저 위협하고 있다.

그대로 가만히 있어야 할까. 창조적인 개인들이 세계 여러 곳에서 '창조하고 만드는 개인'으로 새롭게 등장하고 있다. '기술과 인간'이 관건적 주제가 될 수밖에 없는 시대가 온 것이다. 만약 누군가 인간다운 삶과 정체성을 스스로 조각하려 한다면 그 시작은 무엇이라도 자신이 직접 만들어보는 것이어야 한다. 그 과정을 통해 느끼고 깨닫고 한 개인으로서, 인간으로서 정체성과 삶을 만들어갈 수 있을 것이다. 이런 목적을 위해 우선 수공예와 쉽게 도전해볼 수 있는 로우테크(Low Tech), 지역의 자원과 재료를 활용하는 로컬테크(Local Tech), 비용이 많이 들지 않을 뿐 아니라 환경을 고려하는 적정기술(Appropriate Tech)을 떠올릴 수 있다.

거창한 시대 인식이 아니더라도 그저 만들고 도전하는 일은 오랜 본능을 충족할 때 갖게 되는 행복감, 균형, 안정, 절제와 한계, 다양성을 느끼게 할 것이다. 다시 멈퍼드의 격언을 떠올려본다. "기술의 목적은 노동의 절약이 아니라 노동에 대한 사랑에 있다." 이 팍팍한 세상은 우리가 일과 노동을 사랑할 때 바뀔 수 있을 것이다.

3. 적정기술이란 무엇인가?

　귀농 귀촌자들 사이에 적정기술이 유행이다. 하지만 적정기술이 도대체 어떤 기술인지 오리무중이다. 적정기술과 비슷한 듯 아닌 듯 각양각색 이름으로 다르게 불린다. 대안기술, 적당기술, 중간기술, 공동체기술, 생태기술, 자급자족기술, 생활기술, 인간화된 기술, 인간의 얼굴을 가진 기술, 자유기술, 저자본 기술, 값싼 기술, 작은 기술, 진보적 기술, 급진적 기술, 부드러운 기술, 로우테크(Low Tech), 토착기술, 로컬테크(Local Tech) 등등 다양한 명칭만큼이나 해석도 분분하다. 도대체 적정기술은 무엇인가.

　적정기술은 상대적으로 제작하기 쉽고, 배우기 쉽고, 유지관리가 편한 기술이자 에너지 집약적이지 않은 노동집약적 기술이다. 화석에너지보다는 대안에너지나 축력, 인력을 사용하는 경우가 많다. 적정기술은 사람의 손 기술과 숙련된 기능에 의존하고 소규모 기업 또는 지역공동체에 부합하는 지역기술(Local Tech)이고 환경적으로 건강하고 자원을 절약할 수 있는 친환경 기술이다. 이 점에서 특별히 시골 생활에 적합한 기술이라 할 수 있다.

　적정기술에 대한 다양한 정의에도 불구하고 공통 핵심은 기술과 지역 환경 및 조건이 적절하게 어울리는 데 있다. 적정기술은 완전히 합의된 정의가 없음에도 최소한 특정 공간과 시간 속에서 물리적이고 생태적인 환경과 사회적 맥락에 적합한 기술을 의미한다. 종종 적정기술은 구체적 기술, 도구, 기계, 장비로 이해되기도 하지만, 적정기술은 오히려 기술에 대한 철학이자 기술 선택의 기준이다.

적정기술은 기술을 선택하는 철학이자 태도와 기준

적정기술에 대해 좀더 명확하게 이해하기 위해서는 기술을 선택하는 기준을 몇 가지 살펴볼 필요가 있다.

1970년대 적정기술 기준

1970년대 미국의 적정기술 활동가들이 세운 기준은 "생태적으로 건전하고, 에너지 소모가 적으며, 공해 발생 수치가 낮거나 없고, 재생가능한 원료와 에너지 공급원을 사용하고, 잘 작동하고, 수공예적이고, 전문지식을 많이 요구하지 않으며 … 자연과의 융합, 민주 정치, 자연이 정한 기술적 한계, 지역의 물물교환 등과 양립 가능하고, 지역문화와 조화를 이루고, 오용 가능성이 없으며, 다른 생물 종의 복지를 고려하고, 국가 경제를 안정적으로 유지할 정도에 맞춰 기술혁신이 제한되고, 노동집약적이고 … 분산적이고, 소형으로 운영되지만 전체적으로 효율적이고, 누구나 이해할 수 있는 작동 형식을 가지는 것"이었다. 1970년대 적정기술 활동가들은 꽤 까다롭고 복잡한 기술 선택 기준을 갖고 있었던 셈이다.

농민작가 웬델 베리의 기술 기준

시골에서 농사를 지으며 현대 산업기술문명에 비판적 입장을 취해온 농부철학자 웬델 베리가 제시한 기술의 기준도 살펴볼 필요가 있다. 웬델 베리는 농민의 입장에서 기술 선택의 기준을 제시하고 있다.

하나, 새로운 도구는 이전 것보다 경제적이어야 한다.

둘, 규모에서 이전 것에 비해 작아야 한다.

셋, 이전 것보다 분명하고 명백하게 더 작업 효율이 좋아야 한다.

넷, 이전 것보다 에너지 소비가 적어야 한다.

다섯, 가능하면 인간의 노동력이나 자연에너지를 이용해야 한다.

여섯, 보통 사람들이 기본적인 도구를 가지고 수리할 수 있어야 한다.

일곱, 가능하면 집 가까운 곳에서 구입할 수 있고 수리할 수 있어야 한다.

여덟, 수리를 맡길 수 있는 작은 개인 가게나 상점에서 생산되어야 한다.

아홉, 가족이나 공동체 관계 등을 포함한 기존의 어떤 좋은 것들을 대체하거나 파괴하지 않아야 한다.

킥스타트(Kick Start)의 적정기술 디자인 원칙

적정기술을 활용해 지역의 사회적기업을 육성하는 활동으로 유명한 킥스타트의 적정기술 디자인 원칙 또한 우리가 적정기술을 이해하려면 살펴볼 필요가 있다. 이 기준은 지역에서 사회적기업을 육성하는 데 초점을 맞추고 있다는 걸 알 수 있다.

1. 소득발생 : 비즈니스 모델을 수반해야 한다.
2. 투자회수 : 수천 명에게 기회를 제공하되 6개월 내 투자를 회수해야 한다.
3. 낮은 가격 : 100달러 이하로 판매한다.
4. 저에너지 : 인력을 이용하되 기계에너지로 전환효율이 높아야 한다.
5. 인체공학 : 안전하고 인체공학을 반영해야 한다.
6. 이동성 : 맨발이나 자전거로 운송할 수 있을 정도로 작고 가벼워야 한다.
7. 설치, 사용 편리성 : 추가적인 도구나 교육 없이 사용하고 설치해야 한다.

8. 강도와 내구성 : 극한 환경에서 충분한 내구성을 보장해야 한다.
9. 생산능력에 맞춘 디자인 : 지역사회의 원자재와 공정을 반영한다.
10. 문화적 수용 : 지역문화와 관습에 맞아야 한다.
11. 환경적 지속 가능성 : 환경에 부정적 영향을 주어서는 안 된다.

적정기술연구소의 적정기술 정의

한밭대 적정기술연구소 홍성욱 교수는 저서 『적정기술이란 무엇인가?』에서 적정기술에 대해 다음과 같이 정의하고 있다. 홍성욱 교수가 제시하고 있는 기준은 지역기술(Local Tech)이어야 한다는 점과 쉬운 기술(Low Tech)을 강조한다.

1. 작은 비용으로 활용한다.
2. 가능하면 현지에서 나는 재료를 사용한다.
3. 현지의 기술과 노동력을 활용하여 일자리를 만든다.
4. 제품의 크기는 작아야 하고 사용방법은 간단해야 한다.
5. 특정 분야의 지식이 없어도 이용할 수 있어야 한다.
6. 지역주민 스스로 만들 수 있어야 한다.
7. 사람들의 협동을 이끌어내며 지역 발전에 공헌해야 한다.
8. 분산된 재생가능한 에너지 자원을 활용한다.
9. 기술을 사용하는 사람들이 해당 기술을 이해할 수 있어야 한다.
10. 상황에 맞게 변화할 수 있어야 한다.

슈마허, 현대기술이 아닌 중간기술을 제안하다

적정기술의 본질이 무엇인가에 대해 이야기하려면 아무래도 슈마허(E. F. Schumacher)를 언급하지 않을 수 없다. 적정기술의 아버지 슈마허는 산업주의에 반대하는 급진적 생각을 갖고 있었다. 1955년 UN 사절단 일원으로 버마(현 미얀마)와 1961년 농촌개발 자문으로 인도를 방문했던 슈마허는 서구적 산업화, 기계화에 반대했다. 그는 제3세계 농촌사회의 자주적 경제발전을 이끌어내기 위한 기술로 '현대적 산업기술'이 아닌 '중간기술'이라는 새로운 개념을 창안했다. 그가 제안한 중간기술은 호미와 트랙터의 중간에 해당한다. 인간이나 동물의 노동력을 최대한 활용하는 기술이다. 작은 규모로 생산 가능하며 지역의 상황에 적합한 기술이다. 1966년 슈마허는 중간기술개발집단(ITDG)을 설립하여 제3세계의 빈곤 문제를 해결하고 자립을 도울 수 있는 기술을 개발하는 데 주력했다.

1970년 이후 슈마허의 뒤를 이은 활동가들은 '중간기술'이라는 용어보다 '적정기술'이라는 용어를 주로 사용했다. 중간기술 개발집단이 만들어진 후 근 50년이 지나는 동안 적정기술은 시대적 요청에 따라 다양하게 변화해왔다. 적정기술은 슈마허에서 출발했지만 무수한 개인, 단체, 조직, 기관에 의해 회자되면서 적정기술은 끊임없이 새롭게 정의되어왔다. 다양한 의미부여 때문에 혼란스러울 정도의 유연성을 가진 적정기술은 기술과 도구, 인간과 환경적 한계를 적절하게 조화시키는 예술이자 권리가 될 수 있다. 국제원조기구나 해외무상지원을 결정해야 하는 정책 당국에게는 제3세계 특정 지역과 문화에 대한 적용성이 높은 저투자, 저비용의 경제개발 기술이자 일자리를 만들어내기 쉬운 경제개발 도구일 수 있다. 농촌에서는 자급자족과 자생력을 높일 수 있는 생활기술이 될 수 있다.

최근 적정기술은 제3세계 원조용 기술을 넘어 현대 산업사회가 직면한 세계적 문제의 기술적 해결책으로 중요성이 증가했다. 상당히 산업화된 한국 사회 내부에서도 농촌에서 시작하여 도시까지 적정기술이 주목받고 있다. 적정기술 운동은 생태적 전환을 꿈꾸는 사람들이 붙잡을 수 있는 희망 중 하나이기도 하다. 슈마허나 1970년대 미국의 적정기술 활동가들은 자신들이 살고 있던 산업사회에 대한 문제의식으로 적정기술에 주목했다.

오늘날 현대인들도 자신들이 살고 있는 고도 산업사회의 내부를 향한 적정기술은 무엇인가 질문할 필요가 있다. 기후 변화와 에너지 위기, 지역의 협력적 경제 구축, 사회의 생태적 전환에 기여하기 위해서 어떤 적정기술이 필요한지 숙고해야 한다. 물론 기술의 선택과 개발에 있어 적정기술은 늘 혼란스럽거나 좋은 뜻에서 열려 있다. 적정기술의 선택에 앞서 지역적 맥락과 환경적·사회적 요구를 읽을 수 있는 통찰력이 필요하다. 적절한 기술의 선택은 7세대 후손까지 생각하던 인디언처럼 오랜 시간 충분한 숙고와 질문을 통해서 가능하다.

4. 농촌 생활기술 공방

시골은 전통 생활기술의 보고다. 시골조차 이제는 산업화되었지만 적지 않은 생활기술자들이 살아가고 있다. 그곳에 사는 주민들의 생활 속에 다양한 전통 생활기술이 촘촘히 남아 있다는 점은 분명하다. 시골이 도시에 비해 뒤처져 있기 때문이 아니다. 시골의 삶과 환경이 그러한 기술을 필요로 하기 때문이다. 또한 자신의 손으로 무엇인가를 만들고 다양한 기술을 익히고 사용할 만한 공간과 시간의 자유가 있기 때문이다. 농촌의 생활기술에 관심을 갖다 보니 다른 나라는 어떻게 농촌기술을 보존하고 있는지 궁금해졌다.

영국왕립농업대학(RAU) 농촌기술과정

북미와 유럽 사회는 농촌의 생활기술과 공예를 대중적으로 교육하고 보존하기 위한 다양한 노력을 기울이고 있다. 노스하우스민속학교(Northouse Folk School), 캠프벨민속학교(John C. Camp Bell Folk School)와 같은 북미와 유럽의 대안학교들은 산업혁명 이후 지속되어온 공예부흥운동의 영향을 받았다. 이들 학교들은 아동, 청소년, 성인 모두를 위한 개방형 학교로 운영된다. 주로 지역의 전통기술과 공예에 근거해 자급자족을 위한 삶의 기술, 전통공예, 예술과 문화를 가르친다.

민속학교와 달리 좀더 농촌에 특화된 실용적인 기술을 가르치는 대학들도 적지 않다. 농촌생활 기술과정을 교과목으로 개설하고 있는 대표적인 대학은 영국왕립농업대학(RAU)이다. 이 대학은 1845년부터 영어권 국가들 중에서 가장 먼저 농업교육을 실시한 대학이다. 이곳에서는 농촌혁신센터를 운영하고 있는데 이곳에서 개설하고 있는 기술과정을 살펴보면 꽤 다채롭다. 이 센터에서는 오프로드 차량 운전, 칼이나 낫 연마 기술, 노새나 말 다루기, 대장작업, 벽돌 쌓기, 토양과 물 관리, 작물 보호, 병충해 관리, 생물다양성, 벌목 및 목재 관리, 톱 관리와 수리, 등반 및 구조, 가축 관리, 돌담 쌓기, 정원 관리, 중장비 운전, 긴급 구조, 울타리 설치와 보수, 축사보호망 제작, 농기구 조작, 농기계 운전, 금속공예, 용접 등 다양한 기술을 다루고 있다. 그러고 보면 시골 생활에 필요한 기술이 적지 않다. 그런 기술들을 익혀두면 아무래도 시골 생활이 좀더 여유롭게 될 것이다. 여유는 익숙함과 자신감에서 나오기 때문이다.(rau.ac.uk/study/training-courses/rural-skills)

레이먼드빌의 농촌기술 인큐베이팅센터

우리나라 농촌에 농업기술센터가 있다면 북미와 영국 곳곳에는 농촌생활기술센터가 있다. 우리 농촌의 농업기술센터가 관행농업기술 전파에 주력한다면 농촌기술센터는 다루는 기술 영역이 넓다. 유기농업은 물론 전통적인 수공예와 농촌에 필요한 생활기술을 보존하고 체계적으로 보급하고 있다. 농업기술센터와 농촌기술센터란 이름에서 나타나는 차이가 무엇을 의미하는지 곱씹어봐야 한다.

농촌기술센터는 시골 생활을 단지 농업으로 축소하지 않고 시골 생활에 필요한 다양한 기술을 다룬다. 미국 텍사스주 레이먼드빌에는 농촌기술 인큐베이팅센터(Raymondville Rural Technical Skills Incubator Center)가 있다. 이곳에서는 농촌기술에 기반한 창업을 지원한다. 우리 농촌의 경우 귀농 귀촌자들이 늘어나면서 농토를 확보하기 어려워지고 있다. 시골로 내려가더라도 모두 농부로 살아가기 쉽지 않다는 얘기다. 정부는 농사짓기도 바쁜 농부들에게 6차 산업을 얘기하며 생산, 가공, 마케팅, 유통, 서비스까지 요구한다. 이런 상황에 레이먼드빌의 사례를 통해 우리는 어떤 상상을 할 수 있을까.(raymondvilletx.us/Rural_Tech.html)

사회적기업 도르셋 농촌기술센터

영국 도르셋 농촌기술센터는 2003년 농촌기술을 보존하기 위해 만들어진 비영리훈련기관이다. 2009년에는 도르셋 지역 최초의 사회적기업으로 인증받았다. 10년 이상 이곳에서는 석회를 이용해서 건물을 복원하는 전통 건축 방법을 가르치는 전문가 과정을 운영해왔다. 또한 단열성이 높고 자연친화적 볏짚단 건축 방법을 가르치는 과정도 개설해왔다. 용접, 대장작업, 도끼 제작, 칼 제작, 바구니 짜기, 나무수저 깎기, 흙집 수리, 울타리 만들기, 흙 오븐 제작, 유리공예, 금속공예, 재활용 장신구 제작도 이곳에서 가르치는 농촌기술이다.(dorsetruralskills.co.uk)

우리 농촌에도 도르셋처럼 종합적이지 않지만 생태건축이나 적정기술, 전통공예를 가르치는 마을학교와 마을 적정기술 협동조합이 곳곳에 생겨나고 있다. 순창에는 귀촌한 김석균 씨가 '흙건축연구소살림'이란 이름으로 생태건축을 가르치는 마을학교를 운영한다. 곡성에는 이재관, 문영규 씨 등 한마을로 귀농한 이들이 농사도 함께 짓고, 난로와 화덕을 만들고, 적정기술을 가르치는 협동조합과 마을 카페를 운영하고 있다.

코츠월드 지역기술

영국의 아름다운 경관을 자랑하는 농촌지역인 코츠월드보존위원회는 사람들에게 코츠월드 지역의 농촌기술과 공예를 교육하기 위한 과정과 프로그램을 개설하고 있다. 프로그램 참여는 유료다. 이곳에서 개설하고 있는 농촌기술 목록을 살펴보면 대형 낫으로 풀베기, 석회미장, 반죽 없이 쌓는 마른돌담, 자연목책 만들기, 숲 가꾸기, 대장간 작업, 지붕 이엉 얹기, 석공, 농촌경관 사진촬영, 풍경화 그리기, 양모 실 잣기, 돌 조각 등이다.

이곳의 프로그램들은 단순한 체험 수준이 아니다. 대부분 실질적인 기능을 배울 수 있고, 나아가 전문가 양성을 목적으로 한 아카데미 프로그램도 운영하고 있다. 특히 해당 워크숍 참가자들과 함께 코츠월드에서 주요한 경관을 이루는 돌담과 역사적 가치가 있는 전통가옥을 보존하는 활동을 전개한다.(cotswoldsruralskills.org.uk)

브라질 농촌의 누범(nuvem)

누범은 문래동에서 활동하고 있는 언메이크랩(Unmake Lab) 최빛나 씨로부터 소개받았다. 누범은 브라질에서 활동하고 있는 농촌 제작자 그룹이다. 누범은 포르투갈어로 '구름'이란 낭만적인 의미를 갖고 있다. 시골 하늘을 지나는 구름이란 뜻이다. 지금까지 농촌기술을 다루던 조직들과는 결이 다르다. 누범은 농촌에서 기술과 지속 가능성과 관계된 실험, 연구, 창조 작업을 위한 제작 플랫폼이다. 이곳은 지식을 공유하고 자율적 문화를 확산하기 위한 모임과 토론을 위한 집이기도 하다. 장소가 아닌 집이라고 말한 이유는 이곳이 예술가와 프로젝트 작업자들을 위한 거주 공간(레지던시 센터) 역할도 하기 때문이다. 게다가 라디오 방송센터이다.

그림 4-1 브라질 시골 제작공방 누범의 작업실 모습

    이들은 자신들이 외딴 지역에서 자율적 반란을 위한 사상, 사람, 욕망, 행동을 결집시키기 위해 활동한다고 밝히고 있다. 이쯤 되면 정체가 궁금해진다. 이들이 관심 갖는 영역을 보면 환경, 경제, 사회, 문화, 영양, 건강, 몸, 지역, 신재생 에너지, 통신 네트워크, 교통, 무용, 연극, 예술, 지도 제작, 온라인 콘텐츠, 가상공간 등등. 이쯤 되면 세상 모든 것이 이들의 관심 영역이다.

    누범이 운영하는 위키 사이트에 가면 이들의 다양한 실험과 활동을 엿볼 수 있다. 이들이 한 작업 중 재미난 사례는 프린터를 해킹해서 자전거 발전기를 만든 것이다. 고장난 프린터 모터를 활용해서 자전거용 소형 발전기를 만들어 안전표시등과 연결했다. 또 다른 예는 안전한 시위를 위한 헬멧이다.

다소 반항적인 성향에도 불구하고 누범은 포드재단의 지원을 받고 있다. 그렇다. 자동차로 유명한 포드그룹이 설립한 재단이다. 그런데 이 재단은 지난 80년 동안 세계의 빈곤, 불의, 난민, 인권, 교육, 민주적 가치를 증진시키는 분야를 지원하고 있다. 누범의 협력기관으로는 일종의 녹색채권(기금)인 SITAWI가 있다. 브라질 기업의 부채 발생과 환경기금을 연계하여 운영하는 재단이다. 브라질 시골에 이런 기술단체가 있다는 것도 뜻밖이고 이런 단체에 후원을 하고 있는 기관들도 의외다. 우리 농촌에도 누범과 비슷한 청년들의 제작공방, 제작실험실 팹랩을 상상해본다.

02

어깨너머 동네 건축가

나의 부모 세대들은 "기술이 있어야 먹고산다"는 말을 입에 달고 사셨다. 자식이나 후배에게 인생 선배로 한 말씀 하실 때 즐겨 하는 레퍼토리였다. "배운 게 도둑질인데 이것밖에는 할 게 없다"는 말도 자주 하셨다. 한 번 배운 기술을 평생 직업 삼아 살아오신 나의 부모 세대들이 즐겨 하던 말이다.

기술로 먹고산다는 말이나 소싯적 배운 한 가지 기술이 직업이 된다는 말이나 곱씹어보면 기술이 삶을 결정한다는 얘기다. 무엇인가 기술 하나를 익히면 그 기술로 인해 인연 맺는 사람도 바뀌고 인생 경험도 달라진다. 세상 보는 안목도, 세상 살아가는 태도도 달라진다. 내 경우도 마찬가지다. 나는 쌀부대에 흙을 담아 벽돌처럼 척척 쌓아 집을 짓는 흙부대집을 지었다. 그 이후 인생이 바뀌었다.

수십 권 건축 책도 읽고 집 짓기를 시작했지만 지식과 실제는 달랐다. 실수도 많고 우여곡절도 많고 아쉬움도 많았다. 하지만 내 손으로 집을 지었기 때문에 지금까지 시골에 살 수 있는 용기와 자신감도 얻었다. 집 지으며 익힌 기술이 한두 가지가 아니다. 집을 다 짓고 짐을 옮기기 전 텅 빈 거실에 나란히 누워 아내가 내게 건넨 첫마디는 "음, 무너지지 않네"였다.

처음 집 짓는 남편 모습이 미덥지 않았을 것이다. 하지만 나는 결국 아내에게 '무너지지 않는 집을 지은 남자'로 마침내 인정을 받았다. 또 흙부대집 때문에 목포대 황혜주 교수나 김순웅 교수, 강민수, 건축공방 '살림'의 김석균 대표와 인연을 맺어 지금까지 이어오고 있다. 벽체 미장 때문에 인연이 되어 카일과 가즈코 부부도 만나게 되었다. 카일과 가즈코는 히로시마에서 생태건축가로 활동하고 있다. 독일계 미국인인 카일은 드물게 일본에서 미장장인 공인 자격을 갖고 있는 외국인이다. 이렇게 인연을 맺게 된 사람들이 달라지다 보니 내 인생도 어느덧 달라져 있었다.

기술을 익히다 보니 원리와 지식 습득이 $1/3$, 몸으로 직접 실행하며 갖게 되는 제작 경험이 $1/3$, 반복된 작업을 통해 얻게 되는 기능 숙련이 $1/3$이다. 부족한 경험과 일솜씨를 대신하기 위해 나로선 집을 짓는 도중에도 수많은 책과 자료를 찾아봐야 했다. 건축에 대해 상당히 많은 지식을 쌓을 수 있었다.

집 짓는 과정에서 어설픈 경험도 쌓게 되었다. 내 집을 짓고 나서 들뜬 기분에 대여섯 채 정도 남의 집 수리를 도왔다. 더불어 내 집 사랑채도 짓고, 창고도 지었다. 뒷방도 만들고 토방도 증축했다. 물론 나 혼자 지은 것은 아니고 주변 도움을 많이 받았다. 함께 일한 장인들 어깨너머로 적지 않게 배웠다. 물론 여전히 나는 어설프다.

집을 지으면서 조금이라도 돈을 아끼려 흙미장, 석회미장, 천연페인트에 대해 공부하고 직접 미장재를 만들고 천연페인트를 만들었다. 본채며 사랑채, 토방, 뒷방 미장과 도색을 내 손으로 했다. 집 짓는 일을 직업으로 삼지 않았으니 반복된 작업을 통해 쌓게 되는 기능 숙련은 내 몫이 아니었다. 그래도 그동안 쌓은 지식과 경험을 바탕으로 『이웃과 함께 짓는 흙부대집』이란 책도 쓰게 되었다.

집을 다 짓고 나서도 생태건축과 미장, 천연페인트에 대한 공부와 관심을 놓지 않은 덕분에 (사)한국흙건축연구회 기술이사로 이름을 올리기도 했다. 초기엔 종종 귀농 귀촌자들을 대상으로 생태건축에 대한 강의나 워크숍을 개최했다. 최근엔 일본 미장을 견학하기도 했다. 일본 미장 장인과 내 권유로 독일 미장을 배운 송목수와 함께 한국에서 여러 차례 천연페인트와 색토미장 워크숍도 하게 되었다. 한번 경험으로 놔두지 않고 느리지만 끊지 않고 공부도 하고 종종 내 손으로 해볼 기회를 의도적으로 만들어왔기 때문이다.

만약 내게 좀더 여유가 생긴다면 다시 한 번 새집을 짓고 싶다. 그때는 현재 살고 있는 집보다 더 낫게 지을 자신이 있다. 시골로 귀촌한 지 10년이 지나는 동안 그럭저럭 살아갈 수 있었던 바탕은 내가 내 손으로 집을 지었다는 자부심이다. "나는 내 손으로 집 지은 남자다." 이 말은 내가 아직도 제 손으로 집을 지어보지 못한 이들에게 내세울 분명한 자랑거리다. 하지만 용산면 척산마을에 가면 나는 명함도 내밀지 못한다. 그 동네 귀농 귀촌자들 가운데 다섯 채 이상 집 짓는 일에 참여하지 않은 이가 없다.

그렇다고 이 마을 사람들이 건축으로 먹고사는 사람들도 아니다. 대개 농사꾼들인데 서로 집 짓거나 고칠 때마다 품앗이를 하다 보니 그렇게 되었다. 품앗이라 해도 적당히 품삯을 받고 하는 일이니 돈벌이도 된다. 다들 대충 목수, 너도나도 미장공, 동네 건축가쯤 된다. 건축 공법도 다양한데 흙집부터 샌드위치 판넬 조립주택, 통나무 주택까지 각양각색이다. 이처럼 품앗이를 하다 보면 저절로 익히게 되는 기술도 있다. 최근엔 영삼 씨가 집을 거의 다 지었고, 종섭 씨도 집 지을 준비를 하고 있다. 아주 잘하지는 못해도 못하는 게 없는 이웃들이다.

건축에 필요한 기술은 한두 가지가 아니다. 그중 몇 가지라도 기술을 익혀두거나 지식을 쌓아두면 시골 생활에 요긴하다. 제 집을 짓거나 수리할 수도 있고, 품앗이 패에 끼여 협동도 하고 푼돈도 벌 수 있다. 개중에는 자기 집 지은 경험을 살려 아주 집 짓는 쪽으로 길을 튼 이들도 있다. 집 짓는 일을 직업으로 삼는다는 말이다. 무안에서 나와 같은 시기 흙부대집을 지었던 토가 서영진 씨는 전문 흙부대 건축가로 살아가고 있다. 이 책에서 건축에 필요한 모든 기술을 다룰 수 없다. 다만 시골집을 고치거나 집 짓는 이들에게 꼭 일러두고 싶었던 적정기술 몇 가지를 소개한다.

1. 자갈도랑 기초

시골집을 고쳐 살려는 귀농 귀촌자가 많다. 시골집을 고를 때는 집 뒤편을 잘 살펴야 한다. 집 뒤편 상태를 보면 습기 많은 집인지 알 수 있기 때문이다. 맑은 날 집 뒤편 땅을 보아 젖어 있거나 습기가 많으면 일단 주의. 더불어 집을 둘러싼 전체 지형을 살펴 빗물이 어디서 내려와 어떻게 배수되는지 알아볼 필요가 있다.

집 뒤편 기둥 밑이나 벽체 아래를 잘 살피면, 습기가 올라오거나 빗물이 차는 곳은 물 얼룩 흔적이 있다. 벽체에 물 자국이 있거나, 젖어 있거나, 나무 기둥이 썩어 있다면 습기가 많다는 증거다. 습기가 올라오는 집은 방바닥이나 벽에 곰팡이가 피기 쉬우니 피하는 게 좋다.

시골집을 고를 때는 집 뒤편을 살펴라

하지만 100% 조건을 만족하는 시골집은 드물다. 다른 조건은 다 좋은데 습기가 있다면 어떻게 하든 해결해야 한다. 좋은 방법은 무엇일까. 배수용 자갈도랑, 일명 프렌치 배수도랑은 마당이나 집 주변에 빗물이 고이거나 벽을 타고 너무 많은 습기가 타고 오를 때 유용한 해결 방법이다.

집 둘레에 배수용 자갈도랑을 팔 때는 자연스럽게 물이 흐르도록 배수도랑의 한쪽 끝은 낮고 경사지게 한다. 여유가 있다면 도랑에 유공관을 채워 묻는다. 이때에도 유공관의 한쪽 끝은 낮은 곳을 향하게 한다.

배수용 자갈도랑 시공방법

1. 지하 매설물 확인
배수용 자갈도랑을 파기 전에 지하에 묻혀 있는 전선, 상하수도관의 위치를 확인한다. 도랑을 파다 자칫 파손시킬 수 있기 때문이다.

그림 1-1 도랑을 파기 전 기존 매설물을 파악

2. 자갈도랑 계획 세우기
자갈도랑의 끝은 가장 낮은 곳으로 빗물을 배수할 수 있도록 열려 있어야 한다. 빗물 배출을 어떤 위치에서 할지, 자갈도랑을 어느 위치에 만들지 등 전반적인 계획을 세운다.

3. 경사면 확인
집 주변의 경사면을 확인한다. 자갈도랑은 약간 경사진 곳에 만드는 게 효과적이다. 자연스런 경사가 없을 경우엔 도랑을 팔 때 최종 배출 위치를 향해 조금씩 경사를 주면서 파야 한다. 효과적인 경사도는 10° 이다.

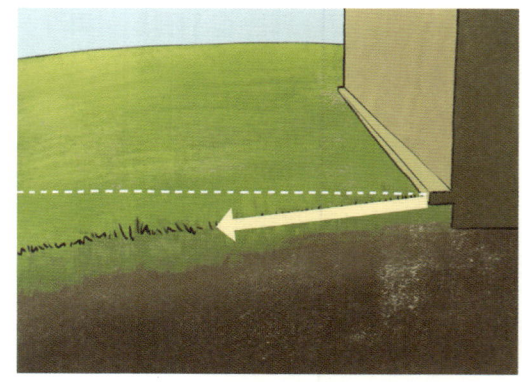

그림 1-2 건물 외부 지면 경사

4. 필요한 도구와 재료

삽, 곡괭이, 자갈, 유공관(여러 개의 구멍이 뚫린 PVC 관), 부직포(배수는 되고 흙은 밀려들지 않는 재질)

5. 도랑 파기

적절한 도랑의 크기는 폭 약 15cm, 깊이 45~60cm이다.

그림 1-3 도랑의 깊이와 폭

6. 부직포 깔기

부직포를 도랑의 양옆과 바닥에 깐다. 이때 양측면 지면으로 25cm 정도 여유 있게 깐다. 부직포는 임시로 작은 못을 이용해서 도랑 옆면에 고정한다.

7. 자갈 밑 깔기

부직포를 깐 도랑 바닥에 자갈을 바닥에서 5~8cm 높이까지 깐다.

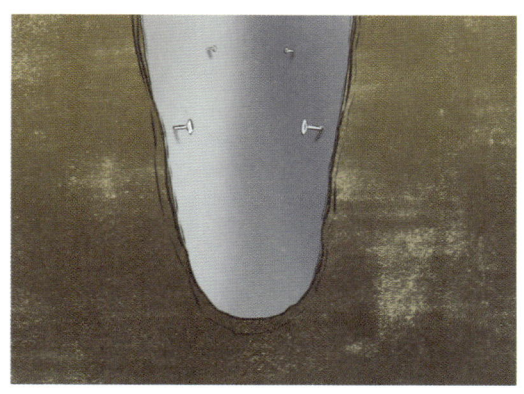

그림 1-4 자갈도랑 안쪽에 부직포 깔기

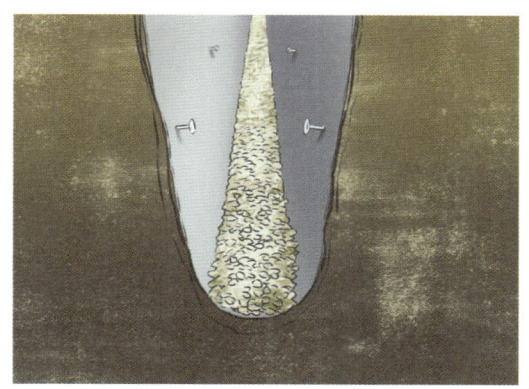

그림 1-5 도랑 밑바닥에 자갈 깔기

8. 유공관 매설

유공관을 도랑에 놓고 그 위에 자갈을 다시 덮는다. 이때 유공관의 구멍이 반드시 도랑 밑쪽으로 향하게 한다.

9. 자갈 덮기

유공관 위에 자갈을 덮는다. 지면에서 7~12cm 높이까지 덮고, 여유 있게 깔아두었던 양옆의 부직포로 도랑의 자갈을 덮는다. 검불이나 흙 등 이물질로 도랑이 막히는 걸 방지한다.

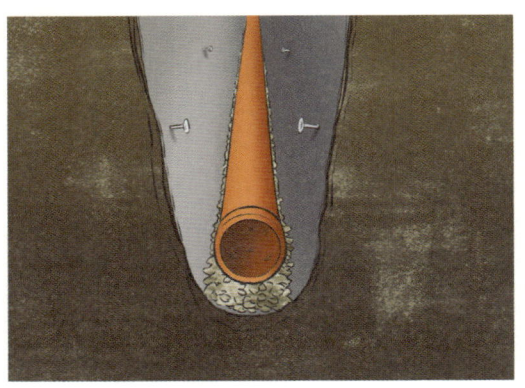

그림 1-6 도랑에 유공관 매설

그림 1-7 유공관 위를 다시 자갈로 덮음

10. 도랑 마감

부직포를 덮은 자갈도랑 위에 다시 잔돌이나 모래, 흙 등 그 밖의 다른 투습성 재료를 덮어 마감한다.

그림 1-8 가장 낮은 곳으로 유공관의 한쪽 끝을 개방

2. 흙집 벽체 수리

귀농하거나 귀촌하는 이가 처음 해결해야 할 문제는 집을 마련하는 일이다. 새로 집을 짓기보다 헌집을 사서 수리하거나 빈집을 빌려 적당히 고쳐 사는 이들이 더 많다. 대개 도시에 살던 이들이라 집 고치는 일을 해본 적이 없다. 농가 대부분이 흙집이거나 나무 골조에 윗대를 엮고 흙반죽을 붙인 초벽(심벽) 집이다.

흙일 한번 제대로 해본 적이 없는 이들은 어찌 고칠지 모른 채 당황한다. 오래된 시골 농가도 잘만 보수하면 시간의 흔적을 간직한 멋진 집으로 되살릴 수 있다. 문제는 제대로 된 흙집 보수 안내서나 전문가가 부족하다는 데 있다.

반면 영국 데본의 고가보존협회는 문화적 가치가 있는 전통 흙집을 보존하기 위해 흙집 보수방법을 자세히 소개하고 있다. 일본의 민가재생협회는 일본 전역에 걸쳐 지부가 조직되어 있는데 오래된 전통 농가를 재생하는 워크숍과 강좌를 개최하고 있다. 우리 농촌에도 이러한 단체와 장인들이 등장하기를 기대해본다. 청년과 귀농자들이 시골에서 이런 일 한번 해보면 어떨까.

벽체 하부 습기 방지

흙집을 수리할 때 가장 신경 써야 하는 부분은 벽체 하부다. 벽체 하부에서 습기가 올라오면 흙벽을 약하게 만든다. 그뿐 아니다. 습기는 벽체 밑에 곰팡이가 생기게 만든다. 장마철 집 주변으로 물이 찬다든지 본래 습기가 많은 대지라면 이 문제부터 해결해야 한다.

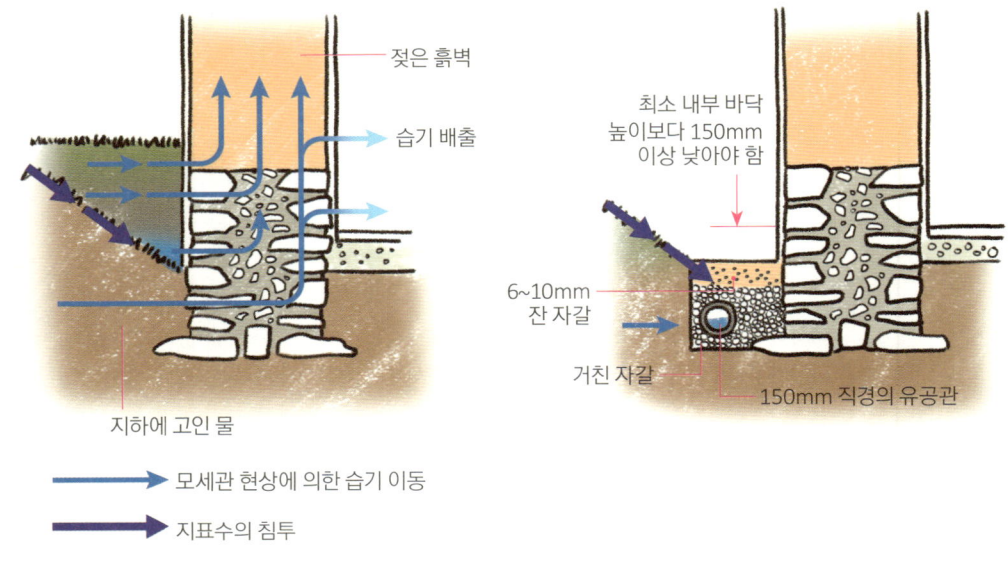

그림 2-1 벽체 하부 습기 제거를 위한 자갈도랑 @DEBA

 습기를 확실하게 방지하는 방법이 있다. 벽체 기단 주위로 구덩이를 파고 유공관과 자갈을 채우는 자갈도랑을 만드는 것이다. 집 주변의 습기나 빗물을 유공관과 자갈을 채운 도랑을 이용해서 좀더 낮은 곳으로 흘려보낼 수 있다. 이 방법은 유럽에서 수백 년 동안 사용되며 검증된 습기 방지법이다. 자세한 시공방법은 앞 장을 참조하기 바란다.

가볍게 손상된 벽체 보수

 흙집 벽체 보수는 벽체가 손상된 상태나 균열이 어느 정도 크기냐에 따라 대처방법이 다르다.

벽체를 관통하지 않는 잔 균열과 거칠어진 벽체를 보수하는 방법을 먼저 소개한다. 이미 생긴 요철은 그대로 놔두고 부슬거리는 부분을 거칠게 긁어 새로운 요철을 만든다. 요철이 있어야 새롭게 덧붙이는 흙미장을 물리적으로 잡아줄 수 있다. 요철을 만들었으면 먼지를 털어낸 후 미리 농업용 분무기로 물을 뿌려 적셔 놓아야 한다. 단, 이때 물이 너무 줄줄 흐르지 않을 정도여야 한다. 벽체 보수를 위해 보통 3회에 걸쳐 미장한다.

첫 번째 미장반죽은 석회 1, 모래 3, 전분 풀 0.5~1을 물과 섞어 되직하게 만든 석회반죽을 얇게 바른다. 깊이 팬 곳을 처음부터 채우려 해서는 안 된다. 첫 번째 미장은 부슬거리는 낡은 흙벽에 단단하게 접착된 바탕면을 형성하는 데 주력한다.

두 번째 미장은 채에 친 황토 1, 모래 2~2.5, 잘게 썬 볏짚 1~1.5를 물과 함께 섞은 후 최소 1주일 정도 숙성시킨 반죽을 사용한다. 반죽은 공처럼 뭉친 후 1m 정도 높이에서 떨어뜨렸을 때 호빵처럼 형태를 유지하면서 퍼지지 않는 정도가 적당하다. 움푹 팬 곳은 두 번째 미장을 하며 메운다. 팬 곳을 채우느라 처음부터 두껍게 미장하면 건조하면서 다시 균열이 발생하기 때문이다. 모래와 볏짚을 충분히 넣으면 균열을 방지해준다. 앞서 했던 흙미장이 적당히 말라 꾸덕꾸덕해졌을 때 마감미장을 위해 나무흙손으로 반드시 평평하게 다듬어주어야 한다. 굴곡이 생기면 마감미장을 제대로 할 수 없다.

마지막 마감미장은 고운 채에 친 황토 1, 고운 채에 친 모래 1, 손가락 한 마디 정도로 잘게 잘라 1주일 이상 물에 발효시킨 볏짚을 섞어 만든 반죽을 1주일 정도 숙성시켜 사용한다. 만약 숙성시킬 시간이 충분치 않다면 EM효소나 막걸리를 물의 양을 고려해서 적당히 넣고 이삼 일 숙성시킨 후 사용한다. 마감미장은 절대 2~3mm를 넘지 않도록 최대한 얇게 바른다. 두껍게 바르면 균열이 생길 수 있다.

마감미장에서 모래를 적게 넣는 까닭은 모래 함량이 많을 경우 빗물에 부스러지기 쉽기 때문이다. 건조되어 물기가 살짝 빠졌을 때 물이 마르는 정도인 물때를 보아 쇠흙손으

그림 2-2 손상된 흙벽체를 가볍게 긁어 요철을 만든 후 석회반죽을 바른다. @saviukumaja

로 압력을 주어 문질러주면 발수성이 높아진다. 반죽에 석회를 흙양의 0.2~0.3 정도 추가해주면 내수성과 발수성이 높아진다. 석회는 미리 물과 같은 비율로 섞어서 숙성시켜 사용한다. 흙손질이 익숙하지 않은 사람은 완전 고무코팅된 장갑을 끼고 손으로 발라도 된다. 거친 면을 잡기 위해서는 살짝 물을 축여 짜낸 스폰지로 문질러 다듬을 수 있다. 면이 부드러워진다.

넓게 움푹 팬 벽체 보수

손상 부위가 넓고 심할 때 무작정 흙반죽을 채워서는 안 된다. 흙반죽이 두껍고 무거우면 쉽게 떨어지거나, 밑으로 처지거나, 마르면서 심한 균열이 생길 수 있다. 우선 움푹

그림 2-3 깊게 손상된 흙벽에 흙벽돌을 쌓은 후 흙미장으로 보수한다. @saviukumaja

팬 벽체에 잔나무 쐐기를 벽체가 깨지지 않을 정도 간격으로 촘촘히 박아둔다. 그래야 잔나무 쐐기가 두꺼운 흙반죽을 물리적으로 잡아준다. 쐐기 길이는 팬 깊이를 고려해서 정한다.

움푹 팬 곳을 채우는 흙반죽은 가볍고, 균열이 없어야 한다. 모래를 넣지 않고 황토 1, 거칠고 길게 자른 볏짚 2~3 정도를 혼합한 볏짚거섶반죽을 사용한다. 황토는 미리 물과 섞어 질은 상태로 만든 것을 사용한다. 이 정도면 볏짚에 황토를 양념처럼 묻힌 상태다.

팬 곳을 채우고 물기가 적당히 빠져 꾸덕꾸덕해졌을 때 나무 쐐기로 촘촘히 찔러 깊은 요철을 만든다. 다시 이 위에 황토 1, 모래 2~2.5, 잘게 썬 볏짚 1~1.5를 섞은 흙반죽을 바른다. 이때도 마감미장을 위해 평평하게 다듬어주어야 한다. 마감미장법은 가볍게 손

그림 2-4 대거 손상된 벽체를 보수할 때는 나무 쐐기를 박은 후 흙반죽을 채운다. @saviukumaja

상된 벽체를 수리할 때와 같다.

    벽을 관통할 정도는 아니지만 지나치게 깊이 팬 벽체를 수리할 때는 미리 만들어 건조시킨 황토벽돌이나 적벽돌을 쌓아 채운 후 볏짚거섶반죽을 바른다. 이후 수리방법은 앞서 설명한 바와 같다.

큰 구멍이 뚫린 벽체를 보수할 때

벽체에 큰 구멍이 날 정도로 뚫렸을 때는 구멍 바닥면을 고른 후 잘 건조된 황토벽돌이나 적벽돌을 쌓아 채워야 한다. 이렇게 해야 다시 균열이 생기지 않는다. 적벽돌로 다 메우지 못한 틈새는 황토 1, 거칠고 길게 자른 볏짚 2~3 정도를 혼합한 볏짚거섶반죽으로 채운다. 이 위에 다시 앞서 설명한 대로 황토반죽을 바른 후 마지막으로 아주 얇게 마감미장한다.

그림 2-5 잘 마른 황토벽돌로 구멍을 채운 후 흙반죽으로 보수한다. @Rebearth

관통 균열이 생긴 벽체 보수

안팎이 훤히 보일 정도로 관통 균열이 생긴 벽체는 신중하게 보수해야 한다. 만약 관통 균열이 5cm 이상인 경우 구조적 문제가 있을 수 있다. 지속해서 균열을 만드는 물리적 힘을 차단하거나 견딜 수 있도록 보수해야 한다. 균열이 지나치게 크고 광범위한 경우는 차라리 완전히 털어내고 크게 구멍이 난 벽을 메울 때처럼 흙벽돌이나 적벽돌을 채워 보수한다. 균열이 더 이상 진행되지 않도록 수직으로 참나무 각목을 벽체에 파낸 장부홈에 끼워 넣고 보수한다.

벽체에 수직으로 균열이 생긴 부분은 벽체 안팎에 서로 수평으로 벽체 두께의 $\frac{1}{2}$ 깊

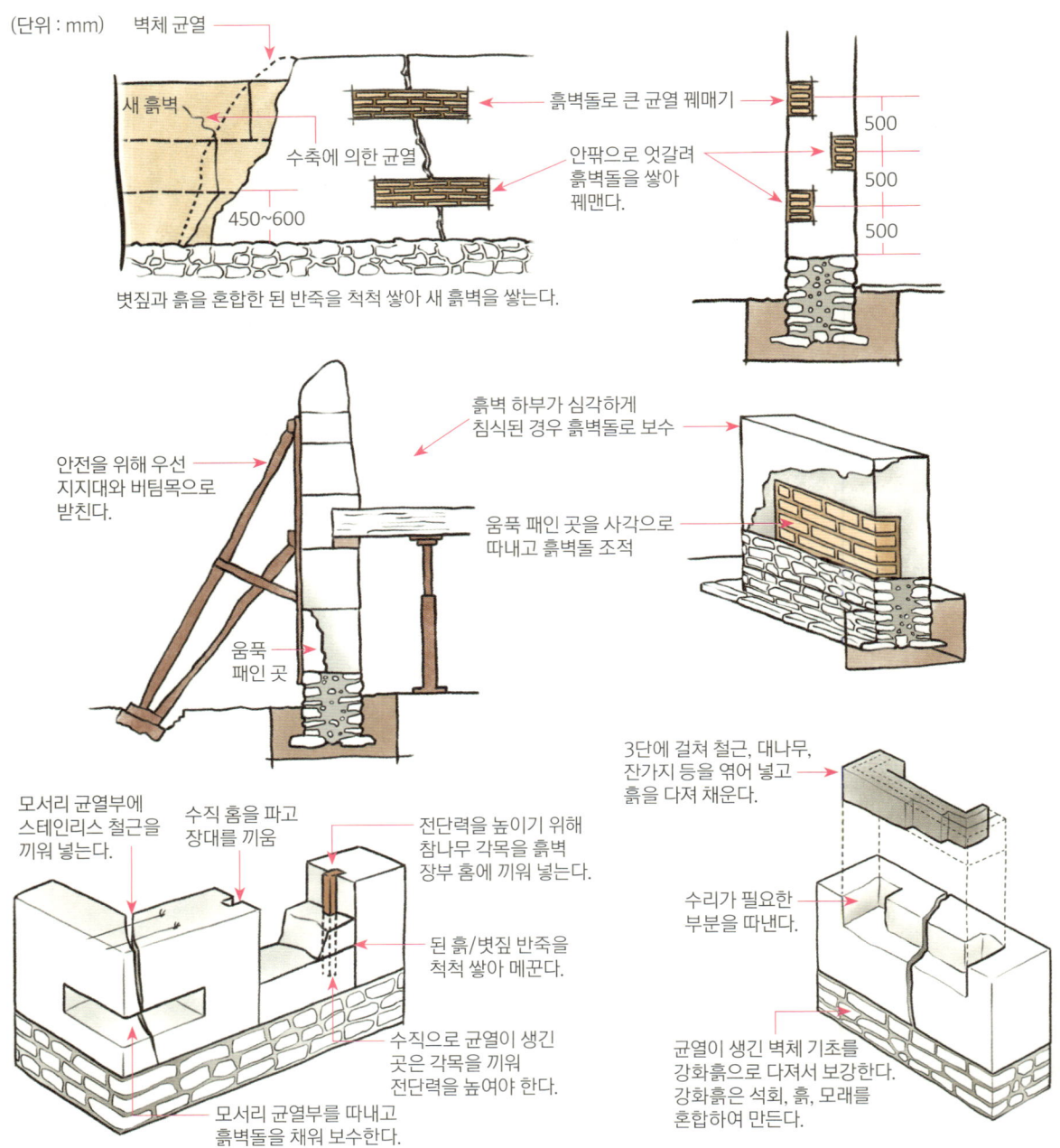

그림 2-6 관통 균열이 발생한 흙벽체의 보수방법

이로 ㄷ자 형태의 홈을 파내고 여기에 벽돌을 쌓아 보수한다. 안팎에 보수를 위한 수평 홈은 50cm 정도 차이를 두며 어긋나게 파야 한다. 만약 벽돌이 없을 경우는 철근, 잔가지, 대나무를 수평으로 철근처럼 끼우며 볏짚거섶반죽을 채워 보수한다.

흙벽(초벽) 수리

오래된 농가들은 대부분 생활한옥 목구조에 대나무나 잔가지 윗대를 엮고 여기에 흙반죽을 바른 초벽이다. 맞벽, 심벽이라고도 부른다. 벽체가 흔들거린다면 우선 성근 윗대를 짱짱하게 보강하는 것이 우선이다. 보강목과 말뚝, 새 윗대, 새끼줄을 이용하여 단단하게 해야 한다.

그 다음 최소 1주일 이상 흙과 볏짚을 섞어 숙성시킨 반죽을 우선 윗대에 붙인다. 빠른 숙성을 위해 막걸리나 EM효소를 섞어 넣기도 한다. 이때 흙반죽은 점성 있는 흙 1 : 볏짚(5cm 길이) 0.5~1 이상 : 모래 0~1과 물을 섞어 만든다. 이렇게 만든 반죽을 우선 바른 후에 채에 친 흙 1 : 채에 친 모래 2~2.5 : 잘게 썬 볏짚 1~1.5를 섞은 흙반죽을 바른다. 이때도 마감미장을 위해 평평하게 다듬어야 한다.

마감미장법은 가볍게 손상된 벽체를 수리할 때와 같다. 단계별로 미장을 할 때 꾸덕꾸덕 말라 있어야 한다. 너무 말랐을 경우는 물을 미리 축여주고 덧미장한다. 다음 단계 미장을 하기 전에 바탕면을 반반히 다듬되 벽면을 긁어 요철을 만들어야 한다. 요철은 물리적 접착을 돕는다.

한국이나 일본의 오래된 농가는 인방과 나무 기둥 사이에 대나무 윗대를 엮은 경우가 많다. 대나무를 잘게 쪼개어 앞뒤 수직으로 교차하도록 하되 새끼줄이나 삼줄로 엮어 고정한다. 윗대를 단단히 고정한 후 흙미장을 바른 후 마지막으로 석회로 마감할 수 있다.

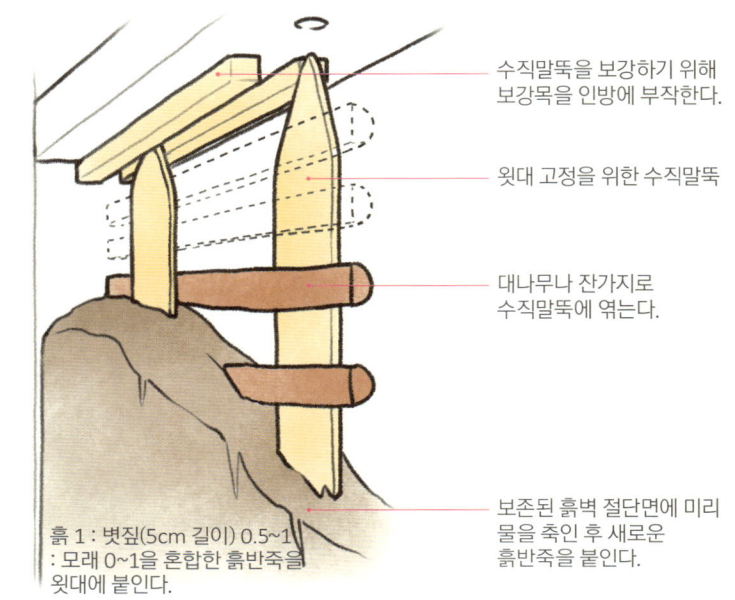

그림 2-7 초벽(심벽) 수리방법

그림 2-8 대나무와 새끼줄로 엮은 전통가옥의 초벽 욋대 @真壁瓦工業有限会社

그림 2-9 윗대에 거친 흙반죽을 바른 후 고운 흙미장 반죽으로 덧바른다. ⓒやってまおう会

목구조와 흙벽 사이 틈새 메우기

목구조와 흙벽 사이는 종종 틈이 발생한다. 나무와 흙이 서로 신축하는 정도가 다르기 때문이다. 이 틈 사이를 아무리 흙반죽으로 메꾼다 해도 틈은 또다시 벌어진다. 이 틈을 메꾸기 위해서는 풀물에 적신 한지를 말아 끼워 넣거나 신축성 있는 솜을 끼워 넣은 후 미장한다. 또 다른 방법은 조경 마대나 모기장 같은 얇은 망을 테이프처럼 길게 잘라 목구조에 타카핀으로 고정한 후 덧미장한다. 이렇게 하면 틈이 벌어지는 것을 막을 수 있다.

3. 마른돌담 쌓기(Dry Stone Walling)

돌담길 좋아하지 않는 이들이 있을까? 돌담길 보러 제주도니 청산도니 먼 곳까지 가는 이들도 있다. 그럴 바에야 내 집, 내 동네, 내 아파트 담장을 돌담으로 쌓고 일상으로 즐기면 될 일 아닌가. 하지만 돌담이 여간 돈 들고 품 드는 일이 아니란 생각에 대부분 상상도 못한다. 그렇다 해도 제 손으로 돌담 쌓을 줄 아는 이들이 늘어난다면 못할 일도 아니다. '마을 만들기'가 유행인 요즘 동네 돌담 쌓기 워크숍을 해봐도 좋다. 안타깝게 제대로 돌담 쌓을 줄 아는 이가 드물다는 게 문제다.

옛날 돌담 쌓기는 기본 생활기술이었다. 돌이나 자갈은 두말할 필요 없이 대표 자연건

그림 3-1 캐나다 스톤 트러스트의 돌담 쌓기 워크숍 @The Stone Trust

축 자재다. 풍부한 데다 쉽게 구할 수 있고 단단한 자재다. 물론 요즘은 상황이 달라졌지만 시멘트나 콘크리트가 등장하기 오래전부터 돌은 담을 쌓고, 집을 짓고, 길을 놓는 데 사용되었다. 농민들은 돌로 산비탈이나 경사지에 옹벽이나 축대를 쌓고 그림처럼 아름다운 다랑이 논밭을 만들었다. 농수로 만드는 데도 돌이 사용되었다. 하지만 돌을 다룰 줄 아는 그 많던 이들이 거의 사라져버렸다.

서구에서도 마찬가지였지만 최근 영국을 중심으로 곳곳에 결성된 돌담협회가 돌담워크숍을 개최하고 있다. 영국 DSWA(Dry Stone Walling Association of Great Britain)나 캐나다 스톤 트러스트(Stone Trust)의 활동은 주목할 만하다.

돌담 쌓기 도구

돌담을 쌓을 때 필요한 도구의 상당수는 일반 가정에 있는 것들이다. 평범한 삽, 쇠망치, 장도리, 실, 수레 같은 장비들이다. 여기에 지렛대용 쇠막대나 각재, 돌을 고정하거나 쪼갤 때 사용하는 나무 쐐기, 돌을 쪼는 정이나 석공용 끌, 철 쐐기, 쇠지레, 수평자도 인근 철물점에서 쉽게 구할 수 있다.

어떤 도구를 사든지 단단하고 질 좋은 제품을 사야 한다. 자칫 실수로 도구 조각이 깨져서 날아오면 다칠 수 있다. 돌 작업을 할 때는 안전이 최고. 신발 앞꿈치에 강철 보호판이 들어 있는 안전화는 필수다. 질긴 가죽장갑, 보안경 역시 필수품이다.

큰 돌 옮기는 방법

흙 속에 파묻힌 큰 돌을 파서 옮길 때는 두 개의 각재나 쇠막대를 지렛대 삼아 들어올

그림 3-2 굴림판으로 큰 돌 굴리기

린다. 반대 방향에서 두 개의 지렛대로 서로 받쳐서 올리는데 한쪽 지렛대는 받치고 한쪽 지렛대는 잡아채 올린다. 이때 돌 밑에 발을 넣고 서 있다가는 발등을 크게 다칠 수 있다. 쇠사슬이나 튼튼한 밧줄로 고리를 걸어서 끌어당기면서 지렛대로 돌을 뒤집는 것이 요령이다. 큰 돌을 끌 때에는 돌 밑에 사슬이나 밧줄을 깔아야 무거운 돌이 땅으로 파고드는 것을 막을 수 있다.

둥근 큰 돌은 쉽게 굴려서 움직일 수 있다. 하지만 맨손으로 움직일 수 없을 정도로 크다면 상황이 다르다. 목재 파레트 바닥에 함석띠를 붙여서 큰 썰매처럼 만들어 그 위에 돌을 올려서 끌면 비교적 쉽게 옮길 수 있다.

'굴림판으로 옮기기'는 오랜 전통을 가진 돌 옮기기 방법이다. 굴림판을 이용하면 웬만한 바위나 돌들도 옮길 수 있다. 편편하고 단단한 구조재 2개로 바닥 깔판을 만들어 돌을 옮기고자 하는 방향을 향해서 수평으로 나란히 깐다. 그 위에 깔판과 수직 방향으로 손목 굵기의 둥근 굴림 통나무 여러 개를 간격을 두고 올려놓는다. 이 위에 편편하고 단단하지만 바닥 깔판보다 짧은 구조재 2개로 위 깔판을 깐다. 이 위에 큰 돌을 올려놓고 밀면서 앞으로 나가며 뒤쪽에 있던 둥근 굴림 통나무를 빼서 앞쪽에 놓기를 반복하며 굴린다.

담장 위로 큰 돌을 올리기 위해서는 길고 단단한 2×6″ 이상의 구조 판재 2개를 나란히 담장 위에 걸쳐 놓고 그 위에 큰 돌을 올려 밀어 굴리며 올릴 수 있다. 이때 길고 단단한 구조재가 완만하게 담장 위에 걸쳐 있어야 지나치게 큰 힘을 들이지 않고 돌을 올릴 수 있다. 돌을 굴려 올릴 때는 2~3개의 나무 쐐기를 바위 밑에 끼워 넣어 밑으로 미끄러지지 않게 고정하며 밀어 올린다.

수레에 큰 돌을 담기 위해서는 받침목이나 받침 벽돌과 지렛대가 필요하다. 돌을 옮길 때 가장 유용한 장비는 지렛대. 중간치 돌을 옮기더라도 자칫 맨손으로 들어 올리다 보면 허리를 다치는 경우가 있는데 한번 허리를 다치면 몇 달을 고생해야 할 수도 있으니 조심해야 한다.

돌 모양내기

돌담을 쌓다 보면 돌을 자르고 깎아서 모양을 낼 필요가 있다. 돌을 깎거나 갈고 자르는 일은 거칠고 힘든 일이다. 가능하면 있는 돌 그대로 사용하는 편이 낫다. 사실 다듬은 돌보다 그대로의 느낌이 훨씬 자연스럽고 아름답다. 그렇다 하더라도 간혹 돌을 약간 갈거나 쪼개거나 깎을 필요가 있다. 이때는 석공용 끌을 이용해서 튀어나온 모서리나 돌기를 깎거나 석공용 쇠망치로 뾰족한 모서리를 무디게 만든다.

그림 3-3 돌 쪼개는 방법

 돌을 쪼갤 때는 반드시 가죽 장갑을 끼고 보안경을 써야 한다. 튄 돌 조각에 실명할 수도 있다. 돌을 쪼갤 때는 결을 따라 선을 긋고 뾰족한 석공망치의 뾰족한 끝이나 석공용 끌을 망치로 쳐서 선을 따라 살짝 틈이 벌어질 정도로 쪼아낸다. 금이 더 크게 벌어질 수 있도록 몇 군데 작은 틈에 쐐기를 박아 넣고 금이 벌어지면 쇠지레를 이용해서 더 크게 벌려 돌을 쪼갤 수 있다.

 화강암이나 일정한 조직이 있는 돌은 쪼개기가 쉽지 않다. 석공용 드릴로 먼저 군데군데 자르고자 하는 선을 따라 구멍을 낸다. 우선 구멍과 구멍을 이어가며 날이 좁은 끌로 쪼아 금을 낸다. 한 번에 금을 내려 하지 말고 망치로 끌을 칠 때마다 위치를 바꿔가며 여러 번 쪼아내서 금을 내고 그 다음 좁은 쐐기를 구멍 안에 박아 넣는다. 틈이 더 크게 벌어지는 정도에 따라 더 큰 쐐기를 박아 넣으면 바위를 둘로 쪼갤 수 있다.

마른돌담 쌓기 기초

옛 토담 벽이나 돌담은 찰진 논흙이나 진흙 반죽으로 돌을 접착하며 쌓기도 했다. 만리장성은 찹쌀 풀과 섞은 회반죽으로 돌을 쌓았다. 요즘은 시멘트 반죽을 사용하는 이들도 있다. 하지만 이런 방법은 번거롭다. 논밭의 옹벽, 축대, 경계 돌담은 대부분 흙반죽 없이 쌓는다. 이렇게 쌓은 돌담을 강담 또는 마른돌담이라고 부른다. 마른돌담 쌓기라면 도시에서도 해볼 만하다.

우선 돌담 쌓기 기초부터 알아보자. 마른돌담 쌓기는 돌끼리 부딪치는 마찰력을 활용한다. 마찰력은 주변의 돌들과 최대한 넓은 면적을 서로 맞대고 있을 때 커진다. 돌담은 위아래 좌우로 돌을 맞물려 쌓아야 한다. 벽돌 '어긋쌓기'와 같다.

돌담 안팎으로 돌을 마주 놓아 안쪽으로 경사지게 쌓는다. 만약 쌓는 돌을 바깥으로 경사지게 쌓으면 결국은 무너진다. 크고 널찍한 돌 위아래로 작은 돌 2~3개를 받쳐 마찰력이 커지도록 쌓는다. 무엇보다 돌담의 중심선이 완벽하게 수직으로 세워져야 한다. 구조가 잘 짜인 돌담은 겹쳐 쌓은 돌의 무게를 땅바닥에 고스란히 수직으로 전달한다. 돌담 기초는 위보다 폭이 넓어야 하므로 커다랗고 넓은 방석돌을 사용한다.

돌담의 구조와 명칭

제대로 돌담을 쌓으려면 이것만으로는 부족하다. 돌담의 구조와 돌의 용도별 명칭을 알아야 한다.

- '모서리돌'은 돌담 모서리에 놓는 묵직하고 크고 노출면이 각진 돌이다.
- '세움돌'은 벽돌로 치자면 두세 단 높이로 세울 수 있는 키 큰 돌이다.
- '묶음돌'은 돌담 안팎으로 가로질러 놓는 길고 편편한 돌이다. 위로 40~50cm 높이마다 묶음돌을 놓아 안팎으로 쌓은 돌이 벌어지지 않게 만든다.
- '잡음돌' 역시 돌담 안팎 면을 서로 잡아준다. 돌담 폭의 ⅔ 정도 길이인 길고 편편한 돌을 안팎 양쪽에서 서로 어긋 마주보게 놓아서 묶음돌을 대체할 수 있어 '맞잡음돌'이라고도 부른다.
- '덮개돌'은 돌담 맨 위에 올려놓는 머리 돌이다. 정초석을 뜻하는 머릿돌과 자칫 헷갈릴 수 있어 덮개돌 또는 돌머리라고 부른다. 덮개돌을 놓는 방식은 여러 가지인데 잔돌을 세우거나 닭벼슬 모양으로 놓거나, 기와를 얹거나 시멘트 몰탈을 얹어 덮개돌을 대신한다. 이엉을 엮어 얹거나 너와 기와나 작은 판석을 얹어 놓은 사례도 있다.
- '틈막음돌'은 안팎으로 벌어진 틈을 막는 쐐기 형태의 잔돌이다.
- '속채움돌'은 돌담 안쪽에 채우는 잔돌이나 자갈이다.

일머리 있게 돌담을 쌓으려면 다양한 용도에 따라 적당한 크기와 모양을 보며 돌을 먼저 분류해두어야 한다. 무작정 쌓기부터 시작하면 우선은 빠르지만 뒤로 갈수록 처진다.

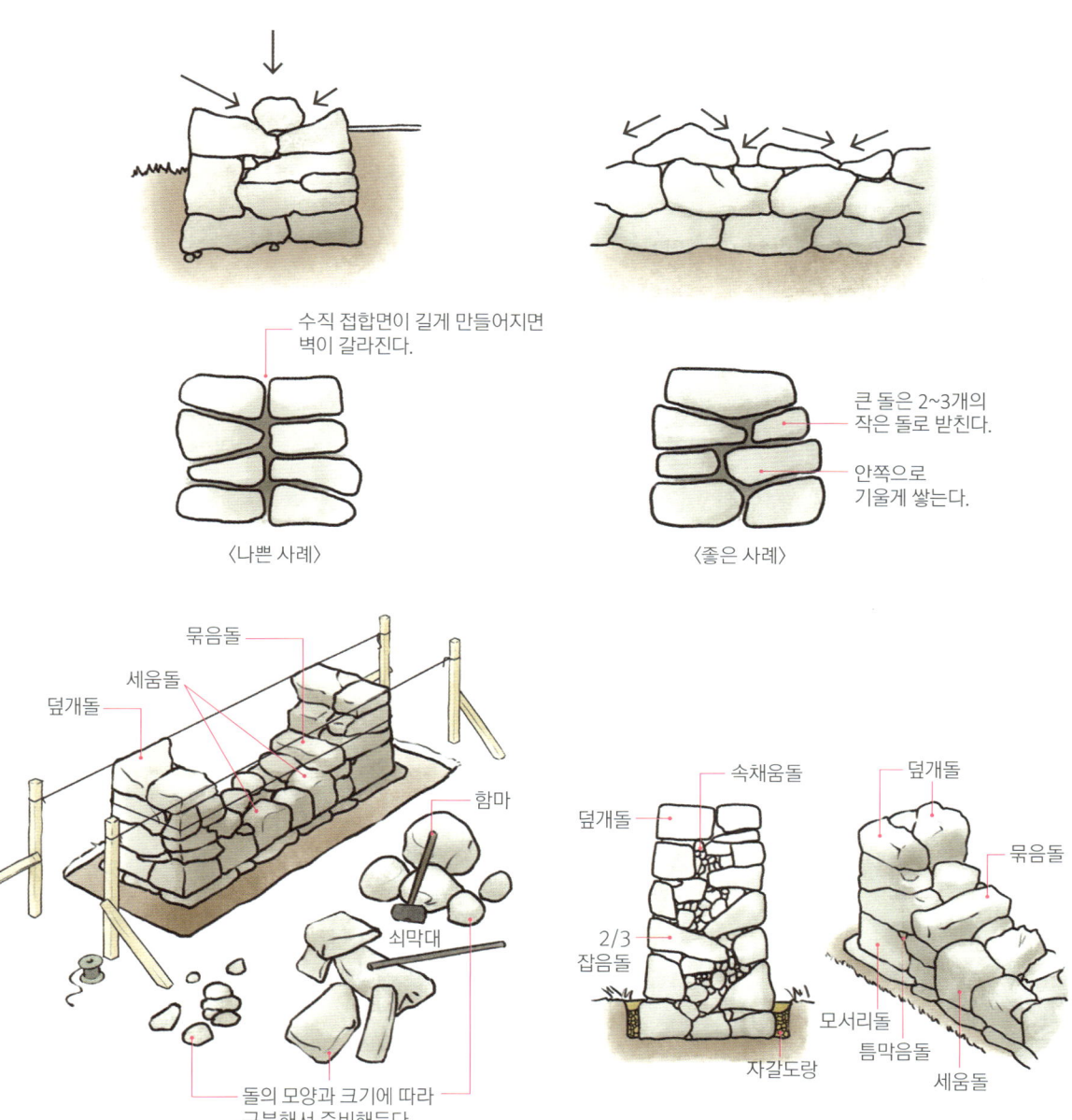

그림 3-4 마른돌담 쌓기의 기본과 구조, 용도별 명칭

돌담 세워 높이 쌓기

돌담을 높이 쌓으려면 돌담 밑이 위보다 폭이 넓어야 안정된다. 돌담을 높이 쌓다 보면 중심선이 흐트러지기 쉽다. 사다리꼴 기준대를 사용해 위아래 돌담 폭넓이로 줄을 띄워서 쌓거나 자주 수평자를 이용해서 돌담 중앙선이 수직이 되도록 쌓아야 한다. 단면을 볼 때 아래 폭이 넓고 위로 갈수록 좁아지는데 대략 10° 경사가 나도록 쌓는다.

돌담의 폭은 돌담 높이에 따라 달라진다. 돌담 높이가 90cm 이상이라면 너비는 높이의 2/3 정도다. 돌담의 최소 너비는 60cm가 적당하다. 높이가 1.2~1.4m라면 돌담 기초는 폭이 최소 70~90cm 이상이어야 한다. 이때 돌담 위 넓이는 40~50cm 정도가 적절하다.

비탈밭 옹벽 내어쌓기

'내어쌓기'는 비탈진 곳의 흙이 흘러내리지 않도록 돌로 보도를 깔 듯 덮으며 쌓는 방식이다. 이렇게 쌓으면 비탈진 아랫면이 배를 툭 내민 모양이기 때문에 내어쌓기라 부른다. 주로 경사진 밭둑은 내어쌓기로 쌓는다. 주로 완만한 경사면 밑에서부터 돌을 덮듯이 쌓아서 흙의 유실을 막는 데 이용한다. 경사면이 너무 높아 한 번에 다 쌓을 수 없는 경우는 우선 쌓을 수 있는 만큼 쌓은 후 몇 주가 지나 충분히 옹벽이 자리를 잡은 후 다시 더 높이 쌓아야 한다. 큰 돌들 틈에는 쐐기 모양의 틈막음돌을 끼워 넣는다. 구멍 틈에 다시 흙을 채운 후 풀씨를 뿌려서 흙의 유실을 예방한다.

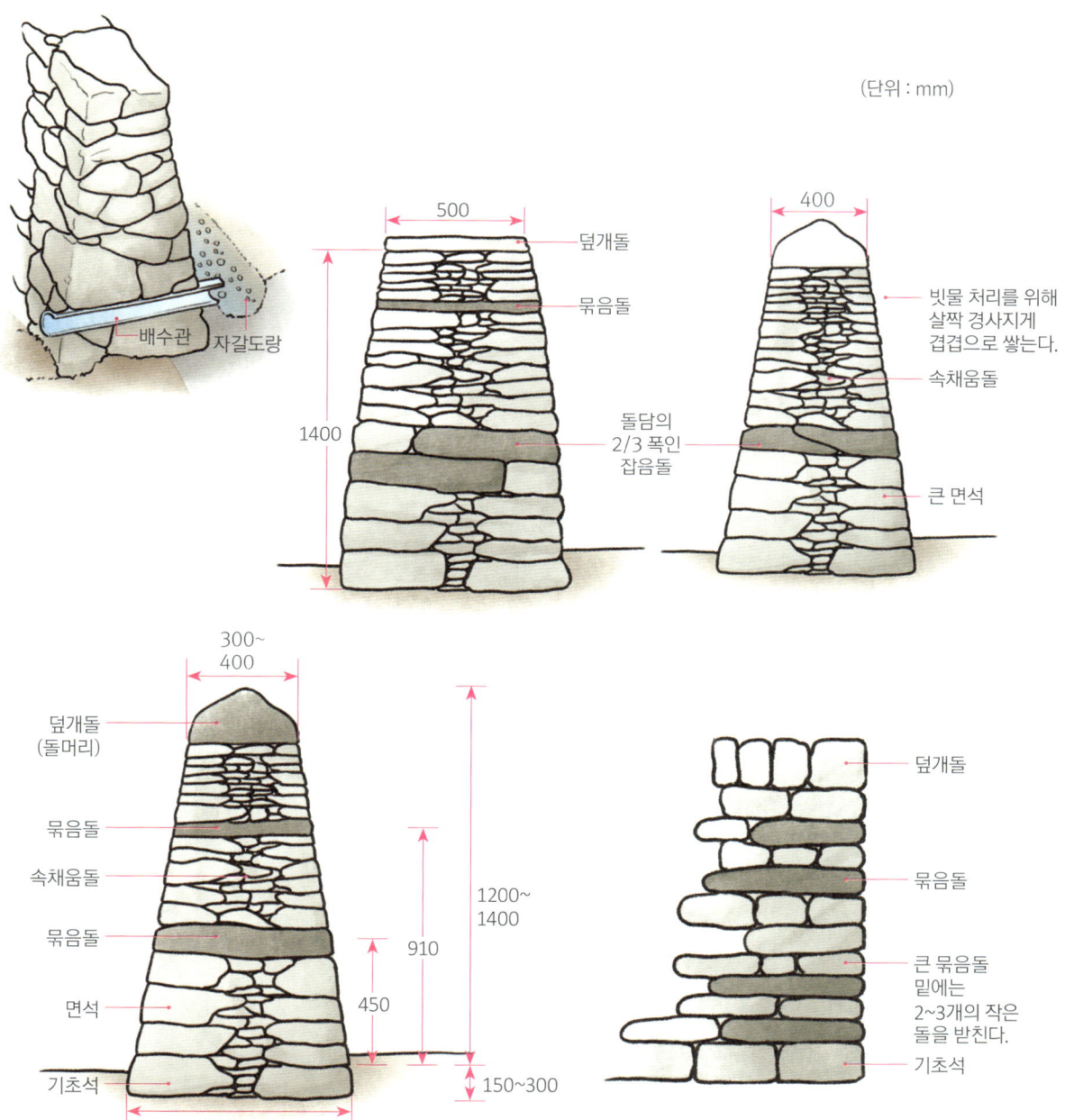

그림 3-5 돌담의 폭과 적절한 높이

절단면 축대 쌓기

깎아지른 듯한 절단면 축대는 '기대어 쌓기'로 만든다. 돌 축대를 경사면에 기댄 듯 쌓아 올린다는 말이다. 축대는 일반 돌담보다 기초석의 폭이 더 넓고 깊어야 한다. 축대 하부 기초석이 지면 깊이 박혀 있어야 절단면의 압력을 충분히 버틸 수 있다. 축대 높이에 따라 다르겠지만 보통 폭 60~90cm 이상 땅을 파고 옹벽을 쌓기 시작한다.

옹벽 역시 밑부분을 윗부분보다 폭이 넓게 쌓아야 안정적이다. 절단면과 돌 축대 사이에는 잔 뒷채움돌을 채워 넣고 중간중간에 축대를 가로질러 배수관을 끼워 넣어야 한다. 이렇게 시공해야 토압과 비 올 때 수압으로 옹벽이 무너지는 것을 막을 수 있다. 빗물 외에도 땅이 얼면서 옹벽을 밀어낸다. 지면과 옹벽 사이에 작은 뒷채움돌은 이러한 압력을 완충시켜준다.

기대어 쌓는 축대에도 '붙잡기돌'이 있는데 돌 축대와 경사면을 더욱 단단하게 잡아주는 역할을 한다. 붙잡기돌은 기초바닥에서부터 위로 30cm 간격으로 경사면 쪽으로 찔러 넣어 쌓는다. 만약 돌 축대 밑으로 논밭이 있다면 배수를 위해서 축대를 따라 자갈도랑을 파야 한다. 경사면에 접해 건물이 들어설 경우에는 경사면의 옹벽 뒤와 밑 부분에 배수관을 미리 끼워 넣어 경사면에서 흘러드는 빗물이나 지표수를 건물로부터 먼 다른 곳으로 배출될 수 있도록 해준다.

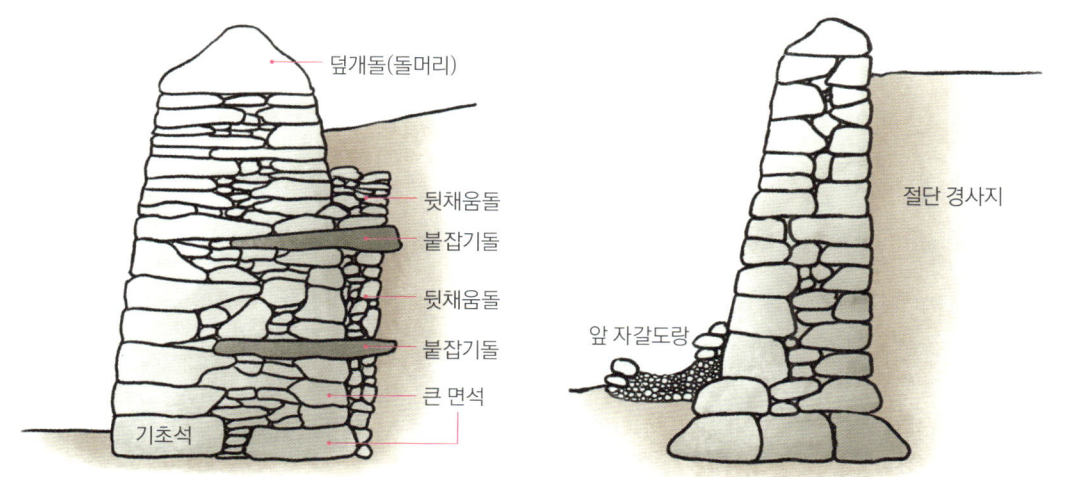

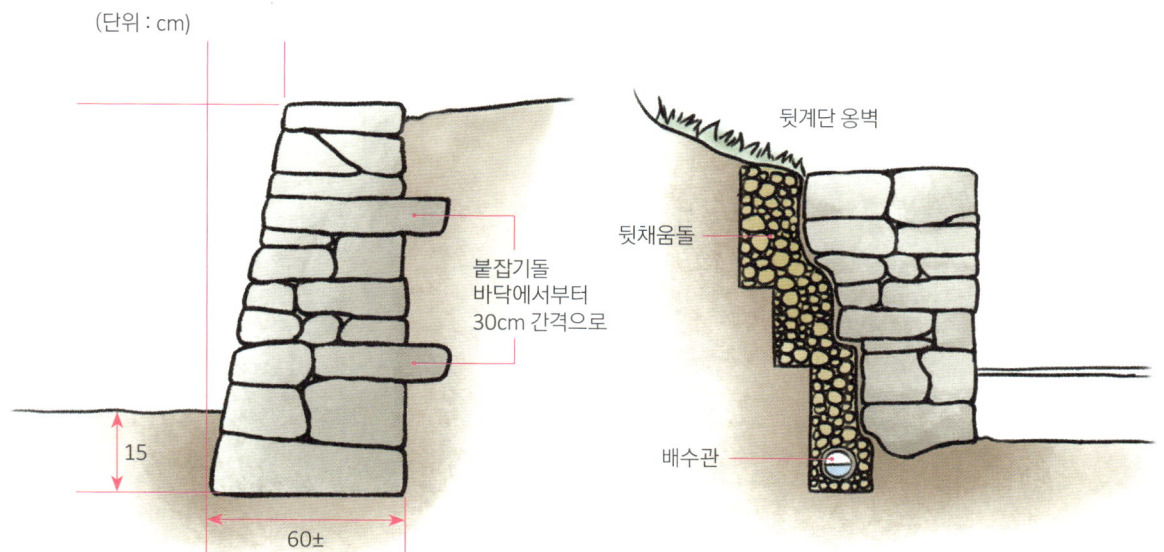

그림 3-6 절단면 축대 쌓기

불규칙 경사면을 따라 돌담 쌓기

경사가 심하거나 불규칙한 경사면을 따라 돌담을 나란히 쌓을 경우는 높낮이 차에 따라 흙을 채우거나 깎아내야 한다. 경사를 완만하게 한 후 돌담을 쌓아 돌담 위 덮개돌이 전체적으로 완만한 경사를 이루면서 흘러가도록 만든다. 돌을 쌓을 때는 바닥 경사에도 불구하고 각 단은 수평을 이루면서 진행되게 쌓아야 한다. 급경사면일 경우 돌담은 계단처럼 경사면을 나누어 차근차근 올라가며 쌓는다.

가장 기본이 되는 돌담 쌓기 방법을 소개했다. 그림 같은 돌담을 지나쳐 보기만 하며 감탄할 뿐 도전해볼 생각을 못했다면 한번 엄두를 내보자. 이제 농촌마을조차 돌담 장인을 찾아보기 어렵다. 허술한 듯하지만 여유와 틈이 넉넉해서 소박한 멋을 가진 돌담을 앞으로 누가 쌓을 수 있을까. 전통 생활기술은 지속가능한 세상을 위해서도, 마을 만들기를 위해서도 도전해볼 만하다. 전통 생활기술은 오랫동안 세대를 거쳐 검증되고 개선되며 전승된 기술이기 때문이다.

그림 3-7 경사면을 따라 돌담 쌓는 방법

4. 자연 냉방과 환기

기후 변화로 인해 겨울은 더 춥고 여름은 더 뜨거워지고 있다. 여름철 더위와 습기가 걱정이다. 에어컨이나 선풍기를 사용하지 않고 건축물을 시원하게 만들 수 있는 패시브 냉방(Passive Cooling)의 3대 요소는 환기, 그늘, 단열이다. 손쉬운 방법임에도 간과해왔던 환기와 그늘의 효과에 대해 알아두면 유용하다.

자연 환기의 이해

자연 환기는 예부터 사용한 냉방과 제습 방법이다. 한옥에서는 뜨겁게 달궈진 마사토 깔린 앞마당의 상승기류를 이용해서 그늘진 뒤뜰의 서늘한 공기를 끌어들여 집 안을 시원하게 했다. 대류 원리를 여름 더위에 활용한 것이다. 옛날 여름철에는 문을 닫고 지낸 적이 없다. 요즘에는 에어컨 때문에 여름철에도 문을 닫고 산다. 에어컨은 종종 냉방병을 일으킨다. 건강에도 좋은 자연 환기에는 어떤 방법들이 있을까.

흡기구와 환기구

차갑고 무거운 공기는 가라앉는다. 당연히 〈그림 4-1〉, 〈그림 4-2〉와 같이 서늘한 공기가 들어오는 흡기구는 건축물의 하부나 각층의 하부에 뚫려 있어야 한다. 해가 들지 않는 곳이면 더욱 좋다. 나무를 심어 그늘을 만들어주거나 베란다에 화분을 두면 서늘하게 냉각된 공기를 집 안으로 끌어들일 수 있다. 차양을 쳐서 그늘을 만들 수도 있다. 습기가

〈다양한 주택 환기 지도〉

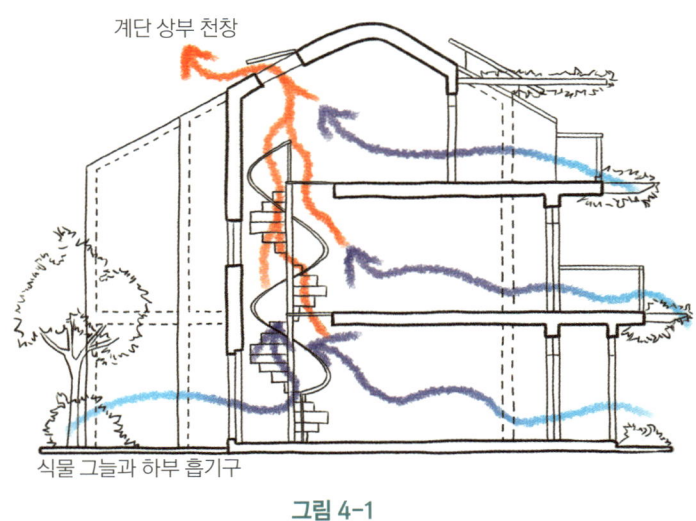

계단 상부 천창

식물 그늘과 하부 흡기구

그림 4-1

흡입구는 항상 하부에 있고 환기구는 항상 상부에서 개방해야 한다.

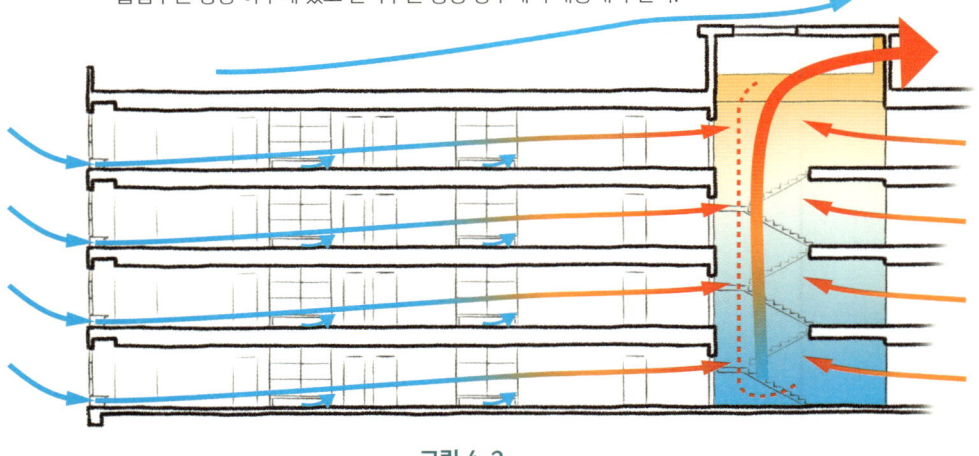

그림 4-2

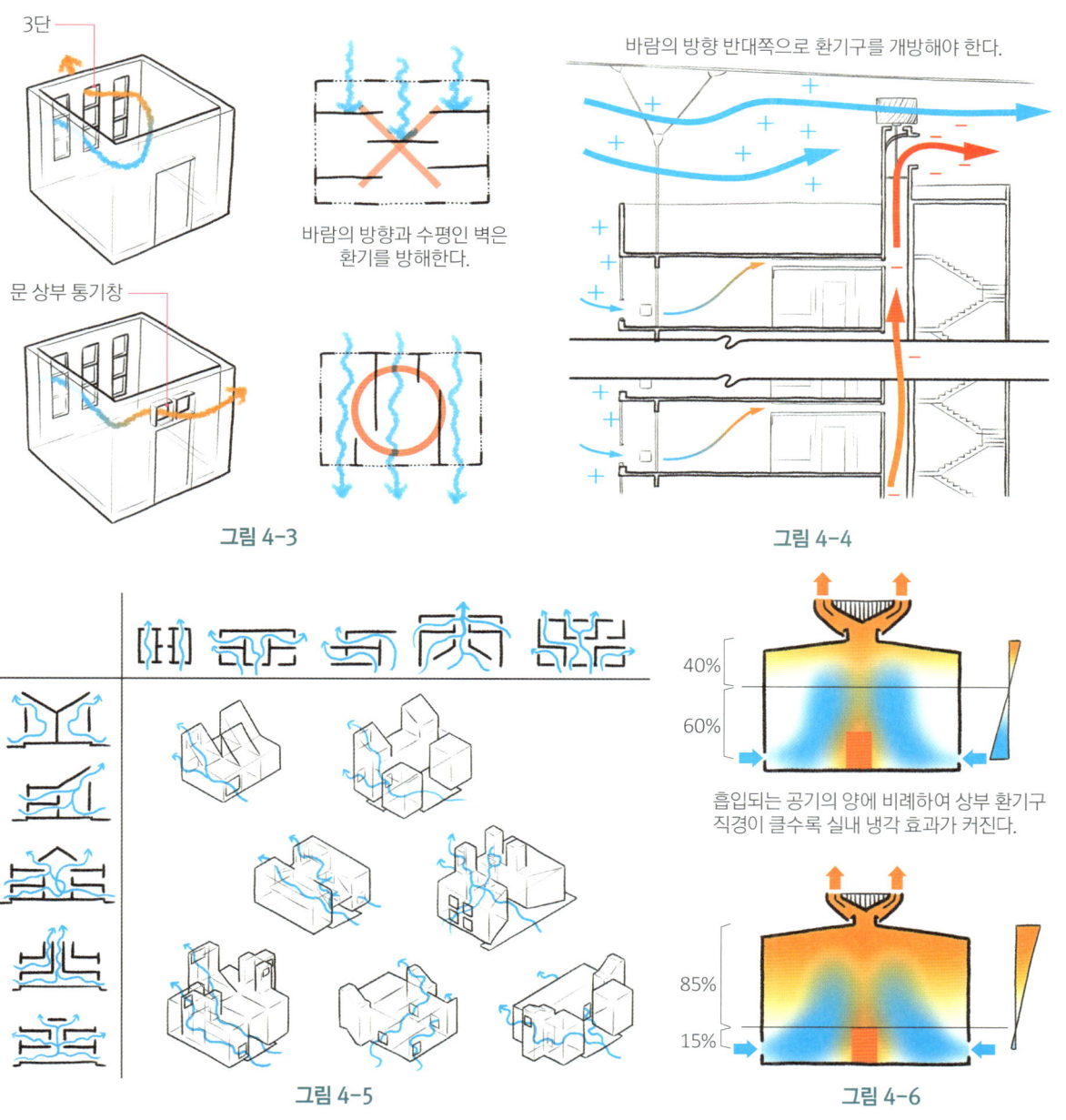

그림 4-3

그림 4-4

그림 4-5

그림 4-6

제2부 | 어깨너머 동네 건축가

많은 일본 전통 가옥이나 우리나라 남부 지방 한옥에도 이렇게 서북면 하부에 환기창이 뚫려 있는 것을 종종 발견할 수 있다. 현대건축에서 자연 환기구조는 사라지고 강제 환기장치로 대체되어 버렸다.

아파트나 다세대 주택의 경우 여닫을 수 있는 천창을 계단 최상부에 설치하거나 옥상으로 통하는 문을 열어 두면 굴뚝처럼 뜨거운 공기를 한곳으로 모아서 배출할 수 있다. 〈그림 4-4〉와 같이 계단 상부의 배기부는 바람이 불어오는 방향과 반대쪽에 있어야 한다. 이와 같이 수직 공간으로 뜨거운 열기가 상승하는 굴뚝 효과를 적극 이용한 자연 환기장치를 설치하는 사례가 늘어나고 있다.

독일 패시브하우스는 더욱 강력한 상승기류를 만들어내는 태양 굴뚝(solar chimney)과 건물 옥상 높은 곳에서 불어오는 시원한 바람을 거꾸로 집 안으로 끌어들이는 바람잡이탑(wind catcher)을 적극적으로 자연 환기에 이용한다. 〈그림 4-4〉에서 볼 수 있는 표시(+, -)는 공기의 양압과 음압을 나타낸 것이다. 환기 굴뚝을 만들면 뜨거워진 공기가 상승하면서 하부엔 음압이 발생하고 차가운 공기를 실내로 빨아들인다. 패시브 냉각 기법을 적용한 아파트나 사무 빌딩에 각 층, 각 호마다 계단 공간과 연결된 환기구를 설치해서 자연 환기가 일어나도록 만들 수 있다. 계단 쪽 현관문 상부에 개폐할 수 있는 환기구멍을 뚫기만 해도 실내의 더운 공기를 외부로 배출할 수 있다.

환기에 적합한 구조

바람이 불어오는 방향과 창과 문, 간벽의 위치에 따라 통풍이 잘되기도 하고 방해받기도 한다. 습기를 제거하거나 냉방을 위해서는 한쪽 방향에서 바람이 들어와 반대쪽 방향으로 관통하는 횡단 환기구조가 효과적이다. 만약 〈그림 4-3〉에서 보듯 바람이 들어오는 방향 반대쪽에 환기창이 없다면 공기 흐름은 방해를 받는다. 어느 정도 자연 환기를 위해서 상하로 개폐할 수 있는 3단창이 필요하다. 바람이 불어오는 방향 반대쪽 문 위에 환기창을 두면 횡단 환기가 자연스럽게 일어난다. 그 결과 집 안의 더운 공기를 외부로 몰아낼 수 있다. 간벽이 있는 경우 바람이 들어오는 창과 수평으로 간벽을 세우면 자연 환기는 방해받는다. 간벽을 바람이 불어오는 방향과 수직으로 배치하면 횡단 환기가 원활하게 일어난다.

상부 환기구

집 안 높은 곳에 환기구를 만들면 집을 시원하게 하는 데 효과적이다. 더운 공기는 위로 올라가기 때문이다. 〈그림 4-6〉에서 보듯이 집으로 들어오는 공기의 양을 감안해서 환기구의 직경을 크게 만들면 더운 공기가 차지하는 면적을 줄일 수 있다. 그만큼 서늘한 공기를 집 안으로 충분히 끌어들일 수 있다. 흡입구를 통해 들어오는 서늘한 공기의 양은 환기구(배기구)의 높이와 직경에 의해 좌우된다. 환기구의 직경이 크거나 높으면 내부 기압이 낮아지므로(음압 형성) 더 많은 시원한 공기를 실내로 끌어들일 수 있다. 겨울철에 대비하기 위해 환기구는 패쇄 장치를 갖추어야 한다.

자연 환기는 건물 내외부의 기압, 흡입되는 공기의 양, 환기구 또는 환기창의 직경이나 단면적과 높이, 배출되는 공기의 양, 공기의 흐름을 방해하지 않는 간벽 위치 등 다양한 요소에 의해 영향을 받는다. 우선 '주택 환기 지도'를 가족들과 함께 그려보자. 실내외 공기의 흐름을 대략 파악하고 나면 환기 대책도 마련할 수 있다.

냉방에 효과적인 그늘

　패시브 냉방에선 '단열'보다 '그늘'이 우선이다. 대개 단열엔 상당한 비용이 들지만 그늘을 활용하면 비용을 줄일 수 있다. 콘크리트로 지어진 현대 주택은 뜨거운 태양열에 달궈졌다가 밤에 집 안으로 그 열을 배출한다. 만약 단열이 되어 있지 않은 집이라면 아마도 찜통이 되고 말 것이다. 집을 시원하게 만들려면 우선 낮 동안 태양열로 집이 달궈지지 않도록 만들어야 한다. 집을 덮는 그늘이 필요하다. 집 안으로 들어오는 뜨거운 햇빛을 막는 여러 방법이 있다.

창호 차양

　여름철 창문을 통해 들어오는 열은 주택 가열 원인의 40%에 이른다. 창이나 문을 통해 실내로 들어오는 햇빛만 잘 막아줘도 냉방에 도움이 된다. 한옥에선 긴 처마가, 현대 건축에선 창과 문 위의 차양이 볕을 막아준다. 〈그림 4-7〉의 우측에서 보듯 창호 차양(window overhang)을 만드는 방법에 따라 집 안으로 침투하는 여름철과 겨울철 햇볕을 조절하거나 차단할 수 있다. 차양이 길면 여름철 높은 고도의 햇빛을 차단할 수 있고 겨울철 낮은 고도의 햇빛은 집 안으로 끌어들일 수 있다. 차양을 창과 문으로 들이치는 빗물을 막는 구조물 정도로 이해하지만 또 다른 역할은 햇빛 차단에 있다.

　차양은 형태가 다양한데 약간의 경사를 가진 일반 차양이나 수평 차양 외에도 창과 나란히 수직으로 수평대를 여러 개 걸치는 갤러리 차양(그림 4-8) 또는 창과 나란한 수직으로 그늘을 만드는 수직 차양(그림 4-9)이 있다. 갤러리 차양이나 수직 차양은 의외로 햇빛 차단 효과가 높다. 해가 이동하는 방향을 고려하여 ㄱ자 형태(그림 4-10)로 만들어진 차양 역시 효과가 있다. 햇빛을 차단하기 위해 실내 커튼이나 블라인드를 사용하는데 사실

창 외부와 창 내부 그늘의 냉각 효과 비교   여름과 겨울철 차양의 그늘과 햇빛 침투

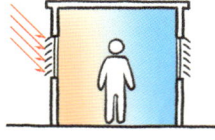 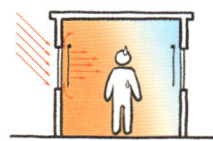  

그림 4-7

그림 4-8

그림 4-9

그림 4-10

그림 4-11

그림 4-12

그림 4-13

그림 4-14

그림 4-15

〈다양한 형태의 창문 차양과 음영 스크린〉

실내 냉방 효과가 그리 높지 않다. 오히려 창밖에 투시성 음영 스크린(그림 4-13, 4-14)을 설치하면 상당한 실내 냉각 효과를 볼 수 있다. 검은색의 음영 스크린에 흡수된 열은 집 안으로 침투하지 않고 실외로 나가기 때문이다. 음영 스크린은 재질에 따라 효과는 다르겠지만 미국에서 제품으로 만들어진 음영 스크린의 효과는 대략 아래에 정리한 내용과 같다. 독일 주택은 거의 창 외부에 차광 셔터가 설치되어 있다. 농촌에서는 값싼 차광막(그림 4-12, 4-15)으로도 음영 스크린을 만들 수 있으니 한번 시도해봄 직하다.

- 70~90% 해로운 UV 차단
- 단열 조건에 따라 실내 온도 하강 효과
- 여름철 25~30% 냉방비 절감
- 재질 또는 투시성 타공 밀도에 따라 방충망 효과

효과적인 차광막 그늘

여름철 뜨거운 직사광선에 주택이 가열되지 않도록 만드는 것이 냉방의 기본이다. 그늘의 효용을 잘 이해한 사람들은 집 지붕이나 옥상을 완전히 그늘막으로 덮거나(그림 4-12), 볕을 많이 받는 벽체에 차양막을 친다(그림 4-15). 뜨거운 햇빛에 가열될 수 있는 벽면을 차광막 그늘로 가리거나, 테라스에 별도의 차광 포렴(그림 4-13)으로 가리면 집 안을 좀더 시원하게 만들 수 있다.

예전엔 집집마다 여름철 볕을 가리기 위해 대나무 발이나 왕골 발을 많이 사용했다. 농사용 차광막은 워낙 싸기 때문에 3만 원 정도면 웬만한 집 전체를 감쌀 수 있다. 차광막을 사용할 때는 가장자리가 쉽게 뜯어지지 않도록 보강해야 한다. 가장 좋은 그늘막은 활엽수나 덩굴식물이 만들어주는 그늘이다. 다만 식물 그늘을 만드는 데는 오랜 시간이 필요하다.

5. 자연 채광과 솔라 튜브

집이 밝으면 마음도 밝아진다. 집 안이 어두침침하면 우울증 걸리기 쉽다. 밤이야 전등을 켠다 해도 낮에 키는 전등은 햇빛에 비할 수 없다. 낮 동안 전등 없이 집을 밝게 하기 위해 햇빛을 집 안으로 끌어들여야 한다. 전기료도 부담이지만 마음도 몸도 건강하려면 집 안으로 볕이 잘 들어야 한다. 보통 유리창이 크면 클수록 집 안이 밝아진다. 창밖 위 차양의 길이가 길면 여름철 뜨거운 햇빛을 차단할 수 있지만 너무 길면 겨울철엔 집 안이 어둡다.

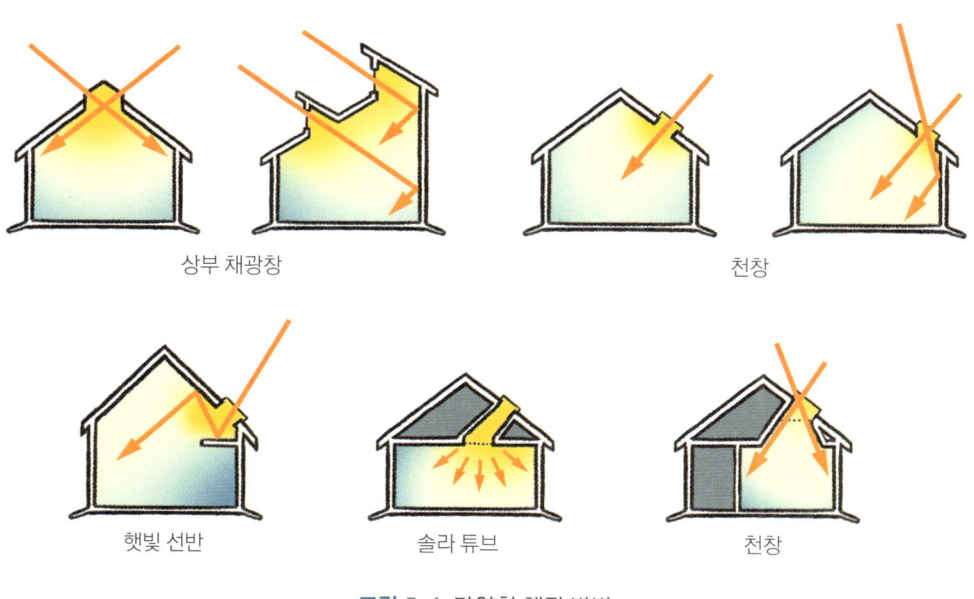

그림 5-1 다양한 채광 방법

현대 건축에선 창이나 차양 외에도 낮 시간 자연 채광(daylighting)을 위해 다양한 방법을 사용한다. 지붕 높은 곳에 상부 채광창을 설치하거나, 지붕에 천창을 만들거나, 햇빛을 반사할 수 있도록 거울을 부착한 햇빛 선반을 설치한다. 이런 방법들은 광범위하게 집 안 곳곳에 햇빛이 들어오게 만든다.

도시에 다닥다닥 붙은 연립주택이나 단독주택이라면 넓은 창도 소용없다. 옆집이나 앞집에 가려 볕이 들지 않는다. 채광창이나 천창, 햇빛 선반은 처음 집 지을 때 설치하지 않으면 이후에 설치하기엔 부담스럽다. 이럴 때 다른 방법은 없을까? 이미 지어진 주택이라면 반사필름을 원형관에 끼워 만든 솔라 튜브(solar tube)가 적당하다. 솔라 튜브는 원하는 특정 위치로 햇빛을 끌어들이기에 편리하다.

적정기술로 개발된 햇빛 물병

솔라 튜브는 본래 제3세계를 위해 개발된 적정기술에서 비롯되었다. 전기 사정이 좋지 않은 지역의 주택은 낮 동안 실내가 매우 어둡다. 이 문제를 해결하기 위해 개발된 적정기술이 햇빛 물병(solar bottle)이다. 햇빛 물병은 물과 표백제를 섞어 페트병 안에 담아서 만든다. 표백제는 물이 썩지 않게 만든다. 추운 곳에서는 부동액이나 소금물을 넣는다. 물은 빛을 산란시킨다. 이렇게 만든 햇빛 물병을 지붕에 비가 새지 않도록 꽂으면 낮 동안 실내를 환히 밝힐 수 있다.

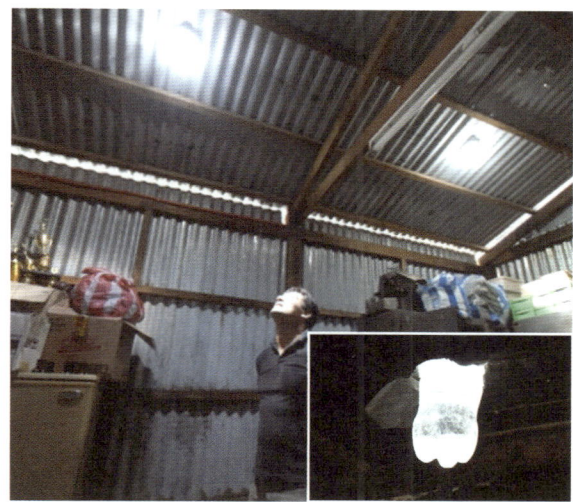

그림 5-2 적정기술로 개발된 햇빛 물병 @Aileenapolo

솔라 튜브

햇빛 물병은 유럽에서 솔라 튜브로 발전했다. 햇빛 터널(solar turnnel), 햇빛 조명관이라 부르기도 한다. 주로 부엌이나 어두운 복도, 다락방, 골방에 낮 동안 더 많은 햇빛이 비추도록 하는 데 사용한다. 독일의 주택이나 사무실, 공장 지붕엔 대부분 낮 시간 조명을 위해 솔라 튜브나 다양한 채광 천창이 설치되어 있다. 솔라 튜브는 직경 25~35cm 정도의 원형 덕트이다. 이 원형 덕트 안에는 거울처럼 반사하는 고반사 필름이 들어 있기 때문에 빛의 강도를 유지하면서 원하는 위치로 빛을 보낼 수 있다. 지붕이나 벽면에 설치된 솔라 튜브를 통해 실내 어디나 햇빛을 보낼 수 있는 것이다.

빛을 굴절시킬 수 있기 때문에 연통처럼 벽을 뚫고 설치할 수도 있다. 솔라 튜브 바깥 상부 끝을 덮는 반구형 플라스틱 뚜껑은 효과적으로 햇빛을 수집한다. 실내의 솔라 튜

그림 5-3 솔라 튜브 설치 사례 @Greenhomeohio

브 하부 끝을 덮는 산란 렌즈는 빛을 확산한다. 25cm 직경인 솔라 튜브의 광도는 대략 100W 전구 3개에 해당한다. 18.5m², 약 5.6평인 공간을 환하게 밝힐 수 있다. 직경 35cm 인 솔라 튜브는 27.8m², 약 8.4평인 공간을 낮 동안 밝힐 수 있다.

   솔라 튜브를 만들거나 제작하는 방법은 의외로 간단하다. 고급 벽난로에 부착하는 연통용 원형 덕트와 지붕과 천정에 부착하기 위한 고정 부속, 그리고 일명 '미러(mirror) 필름', 반구형의 플라스틱 뚜껑, 빛 산란을 위한 산란 렌즈, 실리콘과 나사못, 알루미늄 테이프 등이 있으면 만들 수 있다. 반구형 플라스틱 뚜껑이나 산란 렌즈는 조명기구에 사용되는 것이나 주방용품을 전용할 수 있다.

   솔라 튜브를 설치하는 방법은 벽난로용 연통 설치 방법과 유사하다. 실내 천정이나 벽에 솔라 튜브 직경에 맞춰 먼저 구멍을 뚫는다. 구멍을 뚫을 때는 전동 드릴로 천정 밑에

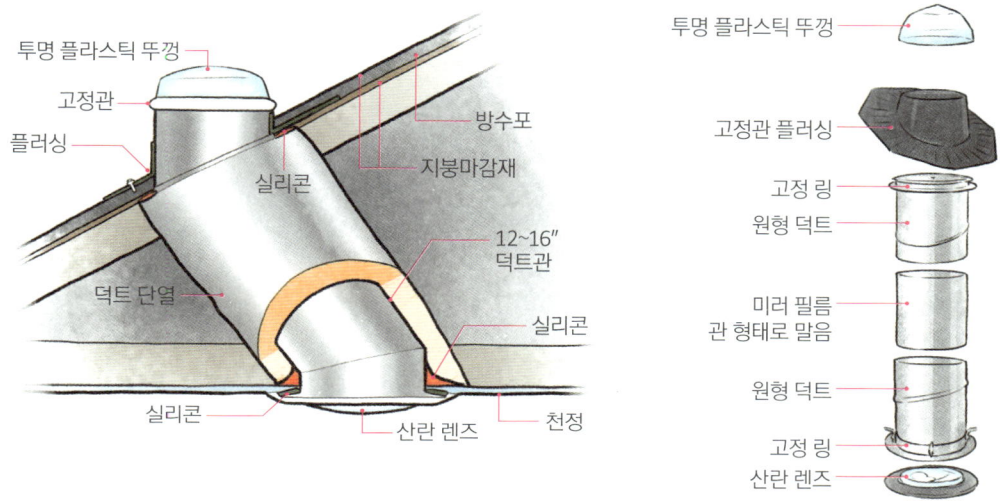

그림 5-4 솔라 튜브의 구조와 설치 @EERE

　서 작은 구멍을 뚫어 위치를 표시한 후 지붕 위에서 직경을 맞춰 직소기를 이용하여 큰 구멍을 뚫는다. 여기에 미러 필름을 원형으로 말아 넣은 원형 덕트를 끼우고, 위아래를 고정부품으로 고정한다. 반구형 뚜껑으로 지붕 위 솔라 튜브를 덮고, 실내 솔라 튜브 끝은 산란 렌즈로 막는다. 지붕 고정 시에는 비가 새지 않도록 플러싱과 방수포, 실리콘 등을 이용하여 부착한다. 고정 방법은 고급 벽난로의 연통 설치법과 유사하다. 솔라 튜브 내부에 결로가 생기지 않도록 덕트를 단열재로 감싸야 한다. 습기가 찰 수 있기 때문이다.

　솔라 튜브는 간단한 구조지만 기성제품을 전문 시공업자에게 맡겨 설치하려면 백여 만 원에서 수백만 원이 넘는다. 발품을 팔아 자재와 부품을 구하고, 직접 시공하면 비용도 줄이고 지식도 늘고 기술도, 인맥도 늘어난다. 음식점이나 카페에만 셀프서비스가 필요한 것은 아니다. 일상을 살아가는 데 셀프서비스할 수 있는 것이 많아질수록 자립적인 사람이 될 수 있다. 경제가 어려워질 때 셀프서비스는 불황기의 생존 기술이기도 하다.

03

불장난하다 화덕 장인

남자 나이 사오십에 아내에게 칭찬 받기란 좀처럼 쉽지 않다. 오히려 수시로 아내에게 핀잔을 듣게 되는 나이다. 사실 그 누구보다 아내에게 인정받지 못할 때, 남자 자존심은 설거지 거리도 못된다. 아내야말로 남편의 하찮은 것 하나하나 죄다, 깡그리, 몽땅, 속속, 투명하게 알고 있기 때문이다. 폼 잡으며 숨길 수 있는 대상이 아니다. 자신의 실체를 통째로 아는 존재인 아내에게 인정받아야 진짜란 걸 남편들은 본능적으로 안다.

시골에 와서 살아보니 늘 함께 사는 아내에게 인정받지 못하면 남자는 금세 기가 죽는다. 남자 기 살리는 것 별거 없다. 엉덩이 툭툭 두들겨주고 잘한다 칭찬 몇 마디만 하면 된다. 아내들이여 제발 칭찬 아끼지 마시라.

예외는 있다. 시도 때도 없이 사고 치는 남자에겐 독이 될 수 있다. 아내가 가마솥 화덕이 필요하단 말에 집도 지어 보았는데 그까짓 것 못하겠냐 싶어 어딘가 본 기억으로 화덕을 만들었다. 결과는 처참했다. 연기는 풀풀 나고 불도 잘 붙지 않고 모양새도 엉망이었다. 연기 때문에 코에선 콧물, 눈에선 눈물이 났다. 당연히 아내에게 한 마디 아니 서너 마디 두고두고 들었다.

처참히 무너진 자존심을 회복하려 열심히 화덕 공부를 시작했다. 아뿔싸 공부가 지나쳤다. 전 세계 화덕 자료를 조사했다. 국제적 환경단체들이 보급한다는 로켓스토브와 피자 화덕, 다구화덕, 중국 개량화덕, 남미 철판화덕에 관한 자료를 수집했다. 나무가스 화덕에 대해서도 알게 되었다. 당장 어설프게 깡통 로켓스토브를 만들었다. 이런 공부를 바탕으로 가마솥 화덕을 만들었는데 성능이 우수했다. 연소 효율도 에너지 효율도 높았다. 아내에게 인정도 받았다.

아내에게 내가 만든 개량화덕이 나름 쓸 만하다는 칭찬도 들었겠다 불장난이 도를 더해갔다. 난로와 구들을 결합한 형태인 로켓매스히터를 알게 되고 그것도 공부하며 만들어보았다. 소비에트 시절에 공개된 러시아 페치카 자료를 찾아 공부하다가 결국에는 프랑스, 독일, 헝가리 등 전 세계 축열식 벽난로 자료를 거의 다 모으기 시작했다. 구글 검색 목록 번호 끝까지 찾아보길 몇 번인가 했다. 이 정도면 내가 생각해도 거의 미쳤단 소릴 들을 정도다.

공부만 한 것이 아니다. 주위 지인을 설득해서 자재비를 대라 하고 로켓매스히터도 만들고 축열식 벽난로도 만들었다. 내 설득에 넘어간 첫 번째 지인이 일산에서 화사랑 카페를 운영하시던 김원갑 화백이다.

화덕과 벽난로 워크숍을 조직해준 이가 유알아트의 김영현 소장이다. 김영현 소장 덕분에 축열식 벽난로 워크숍을 열기 시작했다. 그 이후로 완주를 비롯해 곳곳에서 로켓매스히터와 벽난로 워크숍을 열고 다양한 모델을 만들었다.

벽난로를 만들다 보니 구들에도 관심을 가지게 되었다. 벽난로 기술을 결합해 개량형 구들에 도전했다. 최근엔 지자체 의뢰를 받아 실험적인 구들도 상암동 비빌기지에 놓게 되었다. 또 일본 로켓스토브협회 초청을 받아 히로시마에서 구들과 벽난로 워크숍도 열었다. 해외로 진출한 셈이다. 작년 가을엔 안상수 선생님이 만든 예술학교인 파주타이포크라피학교에서 학생들과 함께 로켓매스히터와 벽난로를 만들었다.

불장난은 중독성이 심하다. 어차피 화목 연소이론도 배우고 연소장치의 구조도 공부한 차에 독일식 고효율 화목난로를 공부했다. 고효율 화목보일러와 화목난로 기술을 견학하러 독일에도 다녀왔다. 내친김에 산업혁명 이후 난로 기술 발전사를 뒤지며 공부했다. 미국, 영국, 독일의 기술특허 사이트들을 뒤지며 자료를 분석하고 정리했다.

그런데 아뿔싸, 내 용접 솜씨는 정말 발 용접 수준이었다. 노동운동을 할 때 알게 된 울산 현대중공업 노조에서 활동하던 진일주 선배를 수십 년 만에 만났다. 용접 달인인 그이를 난로 만드는 일에 끌어들였다. 그뿐 아니다. 파주에서 만난 이주연 금속공예 작가, 이근세 철공예 작가, 고등학교에서 기술을 가르치던 류제경 선생까지 끌어들였다. 그들이 없었으면 철제 난로나 보일러를 직접 만드는 일은 시작도 못했을 것이다.

내가 운영하던 흙부대생활기술네트워크란 네이버 카페에 그동안 공부하고 정리한 자료와 도면을 번역하거나 해설을 달아 공유하며 수많은 회원들을 유혹했다. 조금 손재주나 용접기술이 있던 이들과 귀농 귀촌한 이들이 여기저기서 화덕과 난로, 보일러, 벽난로를 자가제작하기 시작했다. 적정기술 활동을 하던 활동가들과 전환기술사회적협동조합을 만들어 몇 년에 걸쳐 고효율화덕, 고효율 보일러 제작 워크숍을 열었다.

이런 활동과 동시에 '나는 난로다'라는 자가제작 난로 공모전을 열었다. 유알아트 김영현 소장과 함께 담양에서 시작했는데 완주로 옮겨 지금은 '전환기술 공모전'으로 이름을 바꿔 매년 개최되고 있다. 지금 나는 그 일에서 손을 떼었지만 여전히 다른 이들에 의해 공모전은 계속되고 있다. 이렇게 개량화덕, 고효율 난로, 로켓매스히터, 축열식 벽난로, 개량구들을 보급한 결과 고효율 화목난로와 화덕, 보일러를 만드는 장인들이 곳곳에서 생겨났다.

지금은 벽난로와 구들, 화덕, 난로 만드는 일을 시골에서 직업으로 삼은 귀촌자들이 늘어나고 있다. 흙부대생활기술네트워크 카페에 가면 상당한 수준에 오른 화목난로 장인들과 벽난로 장인, 구들 장인, 화덕 장인들을 만날 수 있다. 그중에 제법 돈벌이가 되는 이들도 생겼는데 가끔 집으로 문득문득 자신이 만든 작품을 선물로 보내온다.

내 손으로 직접 모든 일을 하고 모든 기술을 섭렵할 수는 없다. 하지만 이렇게 기술에 대해 공부하며 지식을 쌓고 공유하다 보니 관계도 넓어졌다. 이래저래 거저 생기는 것들도 많아졌다. 나도 공짜가 싫지는 않다. 귀농 귀촌자들에게 도움되는 기술을 보급하고, 대중적인 화목난방 기술이 발전하는 데 조금이나마 일조했으니 나름 뿌듯하다. 이 정도면 되었다. 이 모든 일이 아내에게 인정받으려고 익히기 시작한 기술에서 비롯했다.

1. 침대 구들, 캉

역시 중국이다. 최근 중국의 구들침대인 캉(炕)에 대해 살펴보며 드는 생각이다. 캉은 우리 구들과 가장 유사한 전통 바닥난방 장치다. 캉은 2,500년 전부터 사용되었는데, 수나라와 당나라 때 추운 북동 지방에 살던 고구려 사람들이 전한 후 변형되었다. 초기엔 중국 동북부에 확산되고 친링산맥(秦嶺山脈)과 황하 북쪽에 퍼졌다.

제법 구들을 안다는 이들이 앞장서 너무 쉽게 캉을 폄훼해왔다. 기껏해야 침대 수준의 작은 규모라 생각하거나 사용하는 인구가 얼마나 되겠냐는 식이다. 실상을 알면 놀랍다. 현재 캉은 중국 북부 농촌 가정의 85%가 사용하고 있다. 2004년 현재 1억 7,500만 명이 6,700만 개의 캉을 이용하고 있다.

한국은 농촌에서조차 정작 구들을 사용하는 이가 그리 많지 않다. 쉽게 견줄 일이 아니다. 캉은 작은 침대 규모가 아니다. 보통 캉은 폭 1.8~2.0m, 길이 3~4m, 높이 0.6~0.7m 정도로 대략 2평 전후다. 우리의 옛 전통 구들 역시 대개 딱 그 정도였다. 그래도 성능은 우리 구들이 월등할 것이라 우길 사람이 있을 수 있다. 과연 그럴까?

1990년대부터 중국 정부는 대대적으로 캉과 화덕 개량 정책을 펼쳤다. 최근에도 시진핑 주석이 캉을 이용하는 농가를 방문하는 등 전통 캉을 현대화하는 정부 차원의 노력을 지속하고 있다. 효율이 낮았던 전통 접지식 캉을 개선해서 방바닥에서 띄운 침대식 캉을 보급했다. 홍콩대학이 랴오닝성 등 지자체와 함께 조사한 연구보고서에 따르면 개량된 침대식 캉은 열효율이 70%를 상회한다. 구들에 대해 이 정도의 조사와 연구 결과를 본 바 없다. 구들의 열효율을 객관적 근거를 들어 비교할 수조차 없는 형편이다. 그간 중국 캉에 대한 폄훼는 근거 없는 어설픈 민족우월주의에서 비롯되었다.

캉의 기본 구조

캉은 부뚜막 구들처럼 가마솥 화덕과 바닥난방이 통합된 구조다. 가마솥 화덕에서 장작을 피워 그 열기를 품은 연기가 방바닥 밑을 통과하며 방을 데운다. 캉의 가마솥 화덕, 즉 불을 피우는 함실(화실)은 체적이 평균 $0.043m^3$이다. 함실 바닥에 재가 빠지게 만들어 놓은 화격자 크기는 $0.042m^2$에 지나지 않는다. 아궁이에 해당하는 화구 역시 작다. 화구가 집 안에 있는 경우도 있고 밖에 있는 경우도 있다. 집 안에 화구나 가마솥 화덕이 있을 경우 실내로 연기가 역류하면 치명적이기 때문에 화구를 낮고 작게 만든다.

캉 바닥은 굴뚝 쪽으로 약 3% 정도 경사가 있다. 굴뚝으로 연기를 쉽게 빼기 위한 조치다. 구들 고래에 해당하는 열기통로는 높이 15~25cm, 폭 20~28cm인 여러 연도로 구성되어 있다. 형태 역시 다양하다. 캉에도 구들처럼 개자리가 있다. 화실 바로 뒤에 개자리는 없지만 형태에 따라 열기통로 뒤편에 굴뚝으로 연기를 수렴하기 위해 우리의 고래 개자리와 같은 것을 둔 경우가 있다.

특이한 구조로 구들 고래에 해당하는 열기통로 뒤편 굴뚝 가까이에 열기배출을 지연시키기 위한 지연턱이 V자 형태로 놓여 있다. 전체로 보아 열기의 흐름을 막고 가두기보다는 빠르게 스치고 빠져나가게 한 구조다. 실내에서 불을 피우는 경우가 많아 실내 역류를 방지하기 위해서다. 이 열기배출 지연턱은 보통 길이 420mm, 높이 160mm, 폭 60mm 정도다.

굴뚝으로 연결된 연도에는 쇠로 된 댐퍼가 있어 불이 다 꺼진 후 열기를 가둘 수 있다. 또한 굴뚝을 통해 들어오는 외부 냉기를 막을 수 있다. 캉에도 굴뚝개자리가 있다. 굴뚝

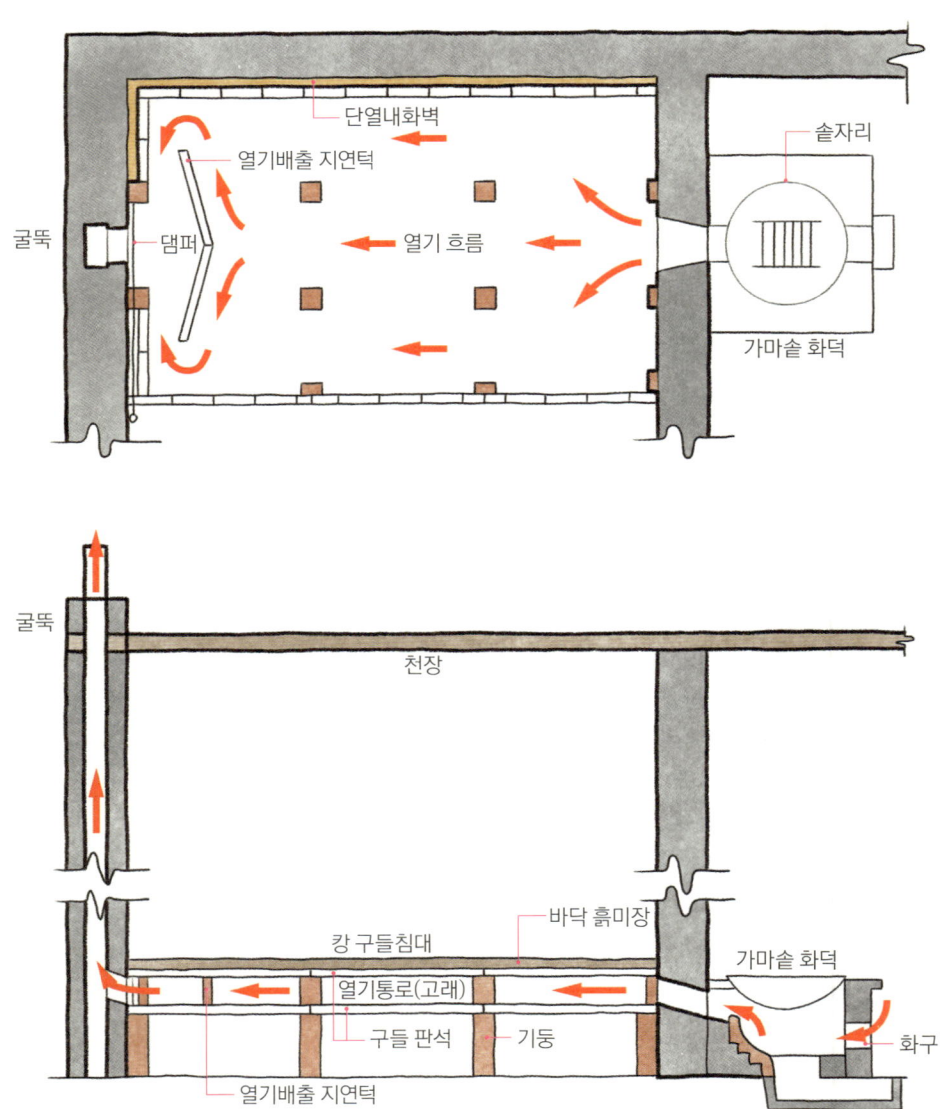

그림 1-1 중국 침대형 구들 캉의 구조

개자리는 열기통로보다 낮아야 하는데 외부에서 들어오는 찬 공기를 가두는 역할을 한다. 굴뚝 댐퍼, 열기배출 지연턱과 함께 외부의 찬 공기가 굴뚝을 통해 캉으로 들어오는 것을 차단한다. 물론 불이 다 꺼진 후에는 화구의 문을 함께 닫아야 캉 내부의 열기를 보존할 수 있다.

다양한 열기통로

구들의 고래에 해당하는 캉의 열기통로는 열기를 품은 연기를 방바닥 밑에서 흐르거나 분산시키고 구들돌에 열을 저장하는 등 열교환을 일으키는 곳이다. 캉의 열기통로는 구들과 다른 형태도 있고 같은 것도 있는데 차용할 만하다. 열기통로 형태는 연기가 캉 안에서 체류하는 시간을 결정한다. 체류하는 시간이 길어지면 열손실은 줄고 열이용률은 높아진다. 열기통로는 기본적으로 연기 흐름을 방해하는 유동저항을 늘려 열이용률을 높인다. 하지만 지나치게 유동저항이 클 경우 화구로 연기가 역류할 가능성이 커진다.

캉의 열기통로 구조(그림 1-2)는 크게 흩은고래처럼 구들돌을 받친 기둥만을 세워 연기가 자유롭게 이동하게 한 그리드 방식(A1, A2)과 길처럼 열기통로를 만든 연도식이 있다. 그리드 방식은 유동저항을 높이고 연기가 와류를 일으키기 좋은 구조다. 그 결과 고래 내부에 연기가 체류하는 시간을 길게 하고 열이용률을 높인다.

연기가 흘러가는 방향과 캉 내부 열기통로 방향이 수직인 수직연도방식(B1)은 유동저항이 매우 높다. 그 결과 아랫목이 과열될 수 있다. 대신 굴뚝으로 충분히 식은 연기가 나간다. 그만큼 열이용률이 높다. 그러나 역류 가능성이 높다. 이 점을 개선한 유도 수직연도식(B2)은 캉 중간까지 불꽃과 연기를 끌어온다. 역류 가능성은 줄지만 바닥 온도가 고르지 않다. 여전히 열기통로 내부의 유동저항은 크다.

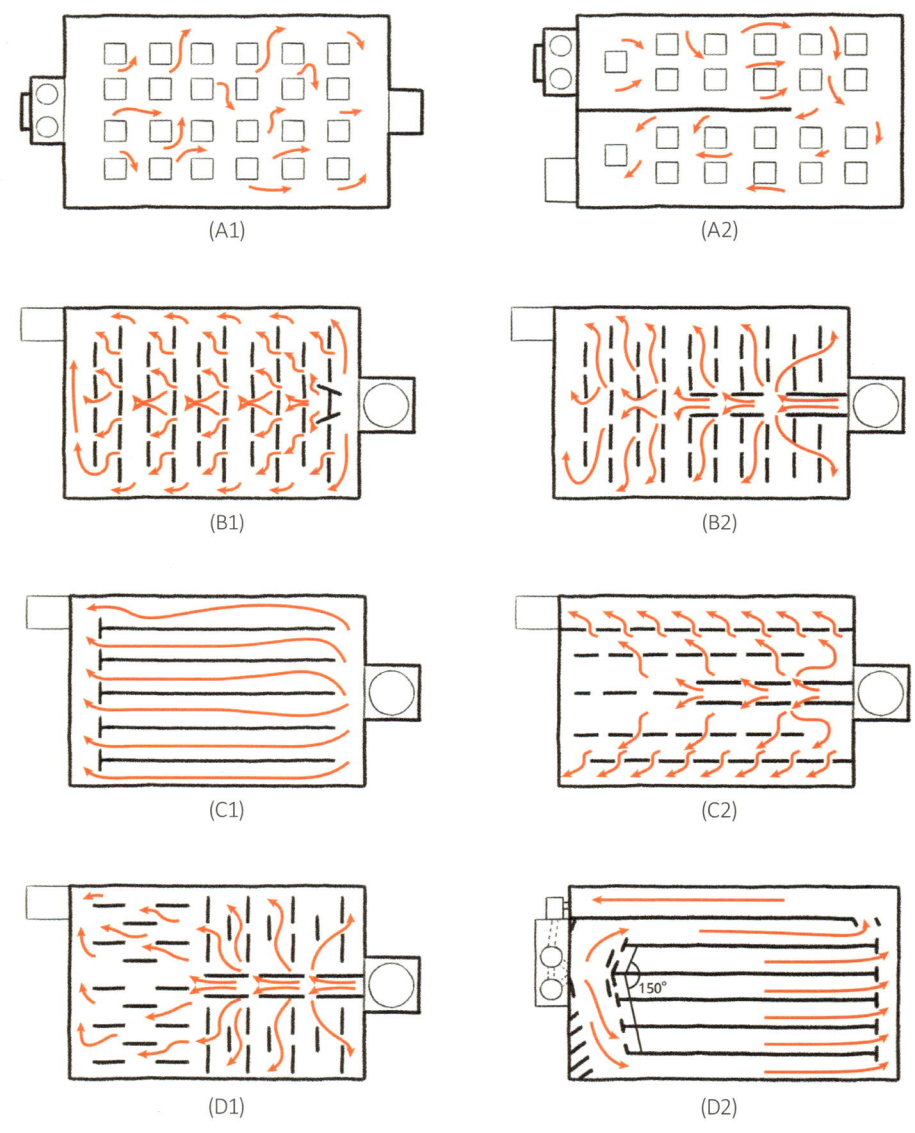

그림 1-2 캉의 다양한 열기통로 구조

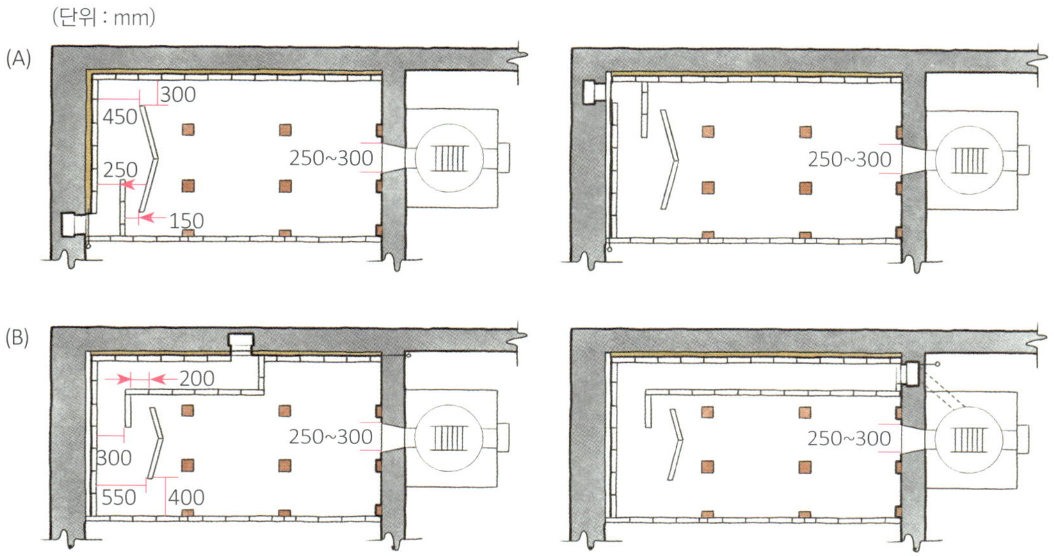

(단위 : mm)

(A)

(B)

그림 1-3 침대식 캉의 열기배출 지연턱을 가진 열기통로 구조

연기가 흐르는 방향과 열기통로 방향이 수평을 이루는 수평연도식(C1)은 역류는 줄지만 연기가 캉 안에서 머무는 체류시간이 짧다. 그만큼 열손실이 높다. 바닥도 고루 따뜻하지 않고 편차가 있다. 이를 개선한 유도 수평그리드식(C2)은 연기가 캉 안에 머무는 체류시간이 길고 연기를 분산시키기 때문에 방바닥이 고루 따뜻해진다.

여러 방식을 섞은 유도 혼합그리드식(D1)은 불길을 방 중간까지 끌어들이면서 연기를 분산시켜 방이 골고루 따뜻하게 만든다. 캉 중심에 유도로를 두고, 앞쪽에 수직 그리드를 뒤쪽에 수평 그리드를 만든다.

화구 방향에 굴뚝이 있어 연기가 같은 방향으로 되돌아오는 되돈고래 방식(D2)은 화실에 연결된 불목이 2개다. 하나(직행 불목)는 굴뚝으로 바로 연결되고, 다른 하나(본 불목)는 캉 내부 열기통로로 연결된다. 두 불목은 댐퍼로 여닫는데 처음 불을 붙일 때나 여름엔 굴뚝 직행 불목을 연다. 굴뚝이 데워져 연기를 빨아당기는 힘(상승기류)이 생기면 이번에 캉 내부로 연결된 본 불목 댐퍼를 열어 열기를 보낸다. 이 구조는 연기의 체류시간이 길고 열이용률이 높다.

중국 정부의 개선 정책에 따라 효율이 낮았던 접지식 캉에서 바닥에서 띄운 침대식 화캉(火炕) 침상은 복잡한 열기통로 구조를 없애고 주로 열기배출 지역턱을 가진 그리드식과 되돈고래 형태가 이용되고 있다.

화캉 침상의 효율

캉을 땅바닥에 붙여 시공하던 접지식에서 침대 방식으로 바꾼 것은 입식 문화에서 당연한 귀결이다. 화캉 침상은 침대처럼 캉 자체를 방바닥에서 띄워 시공한다. 혹독하게 추운 북방은 동토라 부를 정도로 땅이 얼어 있다. 얼음장같이 차가운 동토 위에 구들처럼 바닥에 그대로 캉을 놓기보다 침대처럼 바닥에서 띄워 시공하는 방식이 더 합리적이다. 차가운 바닥으로 빼앗기는 열손실을 줄일 수 있기 때문이다. 이뿐 아니라 캉 위 바닥면과 캉 아래 바닥면에서 나온 열로 실내 공기를 더욱 효과적으로 가열할 수 있다.

전통 접지식 캉은 열효율이 약 14~18%로 낮았다. 화덕을 제외한 바닥난방만 효율을 따져 보면 8~10%로 극히 낮았다. 게다가 종종 실내 공기를 오염시켰다. 내몽고 캉 화덕의 42.7%가 실내에 설치되어 있다. 화덕으로 조리를 할 때 67.2%가 창문을 열어 환기를 시키지 않는다. 1990년대 중국 정부가 앞장서 강도 높게 바닥에서 띄운 개량형 화캉 침상을 보급했다. 화캉 침상의 화덕 효율은 25~35%로 높아졌고, 바닥난방까지 합하면 열효율은 70% 이상 높아졌다. 화캉 침상은 실내 공기를 데우는 효과도 약 50~100% 증대되었다. 접지형 캉은 방바닥 상부를 통해서만 대류현상이 일어나지만 침대형 캉은 캉 침대 위아래로 대류 열교환이 일어나기 때문이다. 침대형 캉은 연기의 체류시간도 길어졌다. 열기통로 내부에서 연기 흐름 속도는 0.1m/s로 감소되었다.

화캉 침상 시공

　화캉 침상을 놓는 순서를 살펴보자. 방바닥에 약 20cm 높이로 짧은 기둥을 세운다. 이 기둥들 위에 밑바닥 판석을 깔아 우선 캉 바닥을 만든다. 보통 캉 바닥을 덮는 데 쓰이는 판석은 가로 100cm 세로 60cm 두께 5cm이다. 판석은 콘크리트 판석이나 토판, 화강암 등 지역에 따라 다른 것을 사용한다.

　판석이 서로 닿는 부분은 꼼꼼하게 메꿈질을 해서 연기가 새지 않도록 한다. 캉 바닥을 만들 때 가마솥 화덕에서 열기가 들어오는 불목을 뚫어두거나 이중벽돌을 쌓아 함실을 만든다. 캉의 가장자리로 벽돌을 쌓아 테두리를 만든다. 이때 외벽과 닿는 부분에는 단열재를 채우거나 끼운다.

　캉 바닥 위에 흩은고래 방식으로 다시 기둥을 세워 열기통로를 구성하고 굴뚝 뒤쪽으로 열기배출 지연턱을 만든다. 이때 고래를 구성하는 기둥의 높이는 15~25cm 정도다. 굴뚝으로 연결된 연도에 댐퍼를 끼운다. 새로 세운 기둥 위에 판석을 전체적으로 덮어 캉 침상 바닥을 만든다. 바닥 온도가 불균형한 문제를 해결하기 위해 캉 침상의 바닥 미장 두께를 조정한다. 화구 앞쪽은 5cm 두께로 굴뚝 쪽은 3cm 두께로 흙과 볏짚, 모래 등을 혼합하여 미장한다. 이 위에 종이를 바르거나 기름종이 장판을 깔기도 한다. 방으로 노출된 측면은 타일을 부착하거나 미장을 해서 마감한다.

그림 1-4 화캉 침상의 단계별 시공 장면

자 어떠신가. 구들침대를 놓아볼 엄두가 나는가? 직접 제 손으로 만드는 법 없이 살아온 사람들은 쉽지 않을 터이다. 엄두가 나지 않을 땐 규모를 작게 해서 도전해보자. 말 그대로 작은 침대 규모로 만들어보자. 일머리란 작업물의 구조, 원리 이해, 재료와 공구를 다루는 법, 일의 순서 등 일하는 일체 요령이다. 작은 경험이 쌓이면 일머리가 생긴다. 일머리가 생기면 큰 것을 해볼 엄두도 나는 법이다.

2. 로켓매스히터(Rocket Mass Heater)

　1990년대 초 위나르스키(Winiarski) 박사는 공기를 데우는 대류난방과 흙이나 돌에 열을 저장한 후 천천히 열복사를 일으키는 축열난방을 결합한 화목난로를 개발했다. 이른바 로켓매스히터다. 얼핏 보면 구들과 난로를 결합한 형태다. 초기에 만든 로켓매스히터는 장작투입구, 연소실, 연소로, 열기상승관, 열교환 드럼통, 흙의자 밑의 수평 연통, 배기연통 등으로 구성되어 있었다. 이러한 로켓매스히터는 한국 농촌에 소개되어 구들결합형으로 바뀌었고, 서양에선 벽난로 화실처럼 한 번에 많은 양의 장작을 넣을 수 있는 배치 타입(Batch Type)으로 발전했다.

그림 2-1 완성된 로켓매스히터 @revistarescatados

위나르스키 박사의 초기 로켓매스히터

위나르스키 박사가 만든 초기 로켓매스히터는 장작투입구를 약 60L 소형 드럼통으로 만들었다. 장작투입구 안쪽의 연소실과 연소로는 직경이 20.32cm인 토관을 사용했다. 단열을 위해 나무재를 소형 드럼통과 연소실, 연소로로 사용된 토관 사이에 채웠다.

방 안의 공기를 데우기 위해 연소로 끝에 수직으로 열기상승관을 만들고 이 위에 드럼통을 수직으로 덮어 난로처럼 만들었다. 이 부분이 열교환이 일어나는 난로인 셈. 이 난로 부분은 토관과 두 개의 크고 작은 드럼통으로 만든다. 열기상승관으로 사용되는 토관의 높이는 91.44cm이고 직경은 20.32cm였다. 밖의 큰 드럼통은 약 208L 크기다. 그 안쪽 열기상승관으로 쓰인 토관을 감싼 작은 드럼통은 약 125L 짜리였다.

토관과 작은 드럼통 사이에 단열을 위해 나무재를 채웠다. 단열재로 진주암(Perlite)이나 질석(Vermiculite), 부석(Pumice), 연탄재를 사용할 수 있다. 이처럼 열기상승관을 단열하면 불꽃의 온도를 높게 유지할 수 있다. 뜨거운 열기는 드럼통 안에서 다시 밑으로 내려가 흙의자 밑에 깔린 수평 연통으로 흘러나간다. 흙의자 안에 깔린 수평 연통의 직경은 15.24cm이고 길이는 284.84cm였다. 마지막으로 연기는 열을 흙의자에 저장하고 충분히 식은 후 연통을 통해 집 밖으로 빠져나가도록 만들어졌다.

1995년 위나르스키 박사팀이 만든 초기 로켓매스히터는 심각한 문제가 있었다. 연소실의 온도와 연통에서 나오는 배출가스의 온도를 측정해 보았는데 큰 차이를 보이지 않았다. 흙의자 밑에 깔린 직경 15.24cm, 길이 284.84cm인 수평 연통을 연기가 통과하면서 흙의자를 데우지 못했다. 즉 열을 저장하지 못한 것이다. 여전히 집 밖 연통에서 측정한 연기는 240°C 정도로 뜨거웠다. 열을 어떤 물질에 저장한다는 것은 결코 쉽지 않다. 열기의 흐름이 마찰을 일으킬 수 있어야 하고 열을 전달할 수 있는 표면적이 넓어야 한

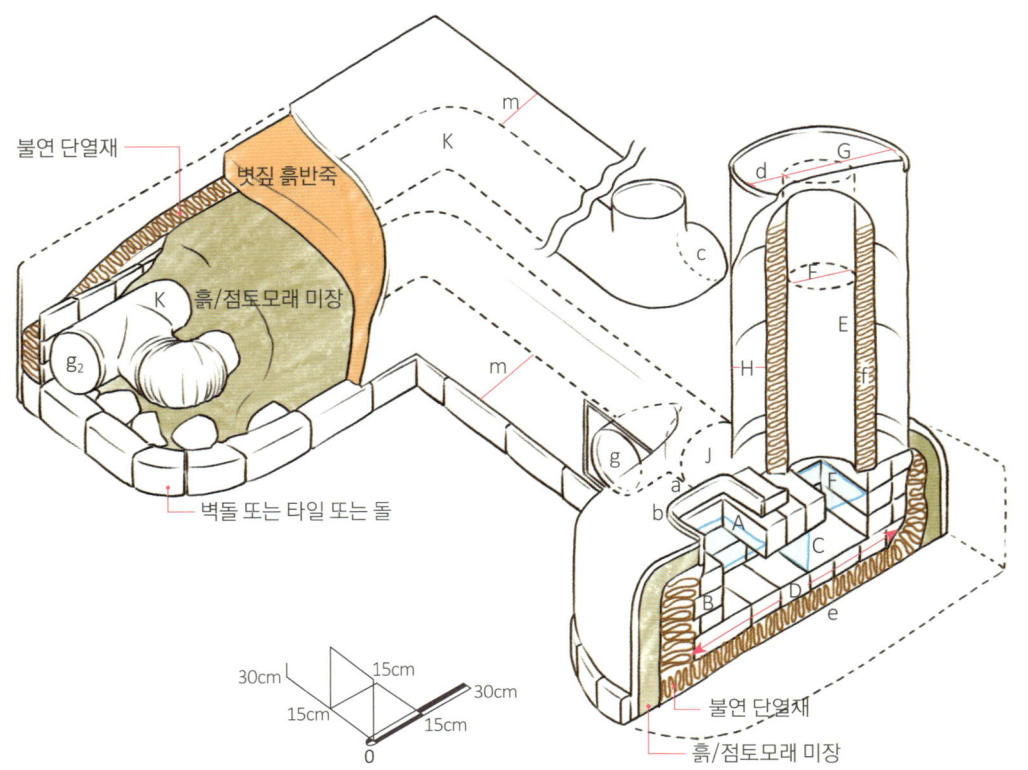

E ≥ 3B, 2D 또는 B+D
C ≤A, F, G, H, J & K
K, F의 직경은 15cm
C 또는 교차구간은 76m²
d는 38cm
전체 연통 길이는 750cm
연소부 외부 두께는 20cm
축열부 12~15cm
m은 축열 두께

d 부분 200~750°C
m 부분 27~48°C
C, E 부분 540~648°C

로켓매스히터의 장점
- 거의 완전하게 깨끗이 연소한다.
- 연소효율이 높다. 기존 난로에 비하여 최대 50% 이상 연료를 절약할 수 있다.
- 농촌이라면 주변에서 쉽게 장작을 구할 수 있다.
- 값싸고 구하기 쉬운 재료를 이용하거나 재활용해서 만들 수 있다.
- 숙련된 기술이나 특별한 도구 없이 누구나 만들 수 있다.
- 재가 거의 없고 목탄액이 생기지 않는다.
- 일산화탄소나 분진 발생이 적다.
- 연통에서 불꽃이 나오지 않고 손실되는 열기도 적다.
- 온수장치, 구들장치, 빵 굽는 오븐 등을 쉽게 장착할 수 있다.
- 안전하고 값싸고, 쉽고, 단순하고 유지비가 적게 든다.

그림 2-2 구형 로켓매스히터 구조

다. 연도는 좀더 넓고, 좀더 낮고, 좀더 길어야 했다.

흙의자 아래 원통형 연통이 문제였다. 위나르스키 박사는 흙의자 밑을 지나는 수평 연통을 사각형으로 바꾸어서 문제를 해결했다. 위나르스키 박사가 실험한 결과 집 안으로 충분한 열을 전달할 정도로 축열하기 위해서는 열기가 부딪히는 축열체의 표면적이 넓어야 했다. 축열 면적은 약 $12m^2$ 이상이어야 한다. 표면적이 $12m^2$가 되려면 사각 연도 윗부분 넓이를 모두 합치면 $3m^2$가 되어야 한다. 이렇게 되면 집 밖으로 나가는 배출가스의 온도를 120℃ 정도로 낮출 수 있다. 즉, 흙의자 밑에 원형 연통을 깔기보다 우리 전통 구들처럼 흙의자를 만드는 방법이 더 효과적이다.

로켓매스히터의 발전

로켓매스히터가 전 세계적으로 확산되면서 초기 형태의 문제점이 속속 드러났다. 초기 로켓매스히터는 장작을 세워서 넣을 수 있는 수직 장작투입구가 특징으로, 불꽃이 밑으로 빨려들어가면서 장작을 태우도록 고안되었다. 연기가 불꽃을 통과해서 연소로 방향으로 흘러들어가기 때문에 깨끗하게 완전 연소된다. 하지만 기압이 낮거나 바람이 불면 종종 연기가 집 안으로 역류했다. 게다가 한꺼번에 장작을 넣을 수 없어 잘게 자른 장작을 너무 자주 넣어야 했다. 초기 로켓매스히터를 사용해본 사람들은 점차 벽난로처럼 박스 형태의 화실을 가진 배치 타입 로켓매스히터로 발전시켰다.

초기 모델이 가진 두 번째 문제는 흙침대나 흙의자 밑에 수평으로 설치한 원형 연통이었다. 아연도금 연통은 쉽게 부식될 수 있다. 그렇다고 내부식성 스테인리스 연통은 너무 비쌌다. 게다가 원형 연통은 열마찰이 잘 일어나지 않았다. 그 결과 축열부 흙침대를 데우는 데도 한계가 있었다. 점차 사람들은 벽돌이나 구들장을 이용해서 마치 벽난로의 열기통로나 구들의 고래처럼 만들기 시작했다.

최근 우리나라 농촌에서 시공되고 있는 로켓매스히터는 벽돌을 쌓아 만든 벽난로 형태 화실에 침대 구들을 덧붙인 형태로 바뀌었다. 이처럼 아직도 로켓매스히터의 개선과 개량은 계속되고 있다.

로켓매스히터 시공시 주의사항

실제 로켓매스히터를 시공하기 전, 몰탈을 사용하지 않고 벽돌과 드럼통만으로 실외에서 모형을 만들어본다. 임시로 자리를 잡고 벽돌로 가조적해보아야 한다. 그런 후 실제 로켓매스히터를 방안에 시공하면 실수를 줄일 수 있다. 열기상승관은 내화벽돌로 만들 수도 있고, 두꺼운 금속관으로 만들 수도 있다. 화실의 높이, 열교환 드럼통의 높이, 흙 침대나 의자의 높이, 굴뚝 구멍과 굴뚝의 위치 등을 먼저 결정해야 한다.

로켓매스히터가 놓일 바닥은 수평을 이루고 단단해야 한다. 로켓매스히터는 불기가 전혀 닿지 않는 재구덩 바닥 부분부터 만든다. 이 위에 화실도, 열기상승관도, 흙침대나 흙 의자도 놓이게 된다. 바닥을 단열처리하면 효율을 높일 수 있다.

내화벽돌을 쌓을 때는 상업용 내화몰탈을 사용한다. 내화몰탈은 열에 강해서 균열이 적게 발생한다. 만약 여의치 않다면 아주 고운 모래와 채에 친 진흙을 섞은 흙반죽을 몰탈로 사용한다. 이때 진흙과 모래는 1 : 1 비율로 섞는다. 시멘트나 석회, 석고는 불에 약하기 때문에 사용하지 않는다. 몰탈을 사용할 때나 흙미장을 할 때 먼저 벽돌에 물을 축여 놓는다. 바짝 마른 벽돌은 몰탈의 물기를 너무 빨리 빼앗기 때문이다.

벽돌을 쌓을 때는 첫 번째 단이 제일 중요하다. 꼼꼼하게 그리고 반드시 수평을 유지해야 한다. 첫째 단이 전체 구조물에 영향을 끼치기 때문이다. 몰탈은 가능한 얇게 깔아

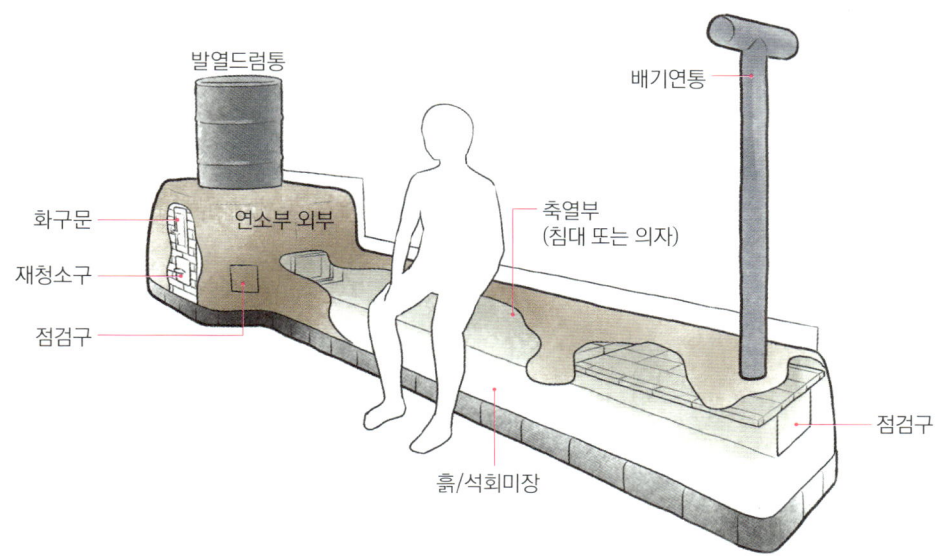

그림 2-3 개량 로켓매스히터의 구조와 명칭

야 하는데 0.2~0.3cm 두께가 적당하다. 몰탈을 두껍게 깔면 수축하면서 높낮이가 달라진다. 모서리는 벽돌이 서로 맞물리게 어긋쌓기로 쌓는다. 또한 윗단, 아랫단 이음매도 어긋되도록 쌓아야 한다. 즉 아랫단 벽돌 한 장 위에 벽돌 두 장이 걸치게 쌓는다. 매 단마다 수평자로 수평을 재면서 쌓는다. 이 작업은 매우 중요하다. 벽돌을 쌓으면서 옆으로 삐져나온 몰탈은 자주 깨끗하게 닦아낸다. 열기상승관 안으로 삐져나온 몰탈도 깨끗하게 닦아낸다. 몰탈이 삐져나온 채 굳으면 나중에 열기 흐름이 나빠진다.

화구문이나 재구덩 문을 달 때에는 빠지지 않게 철물에 철사를 걸어 벽돌 사이에 끼워넣거나 고리를 만들어 단단하게 고정한다. 또한 철물과 벽돌은 열이 닿으면 팽창하는 정도가 다르기 때문에 철과 벽돌이 닿는 부분은 세라믹 울이나 세라믹 페이퍼로 감싸서 신축 유격을 두어야 한다. 세라믹 울을 구하기 힘들 때는 삼줄에 진흙을 묻혀 철물 테두리를 감싼다. 연통을 장착할 때도 마찬가지다.

단계별 로켓매스히터 시공방법

처음 로켓매스히터를 만드는 이들을 위해 가장 간단한 기본 형태를 만드는 방법을 소개한다. 복잡한 수치를 고려치 않고 그저 따라해 볼 수 있는 로켓매스히터 시공방식을 그림으로 소개했다.

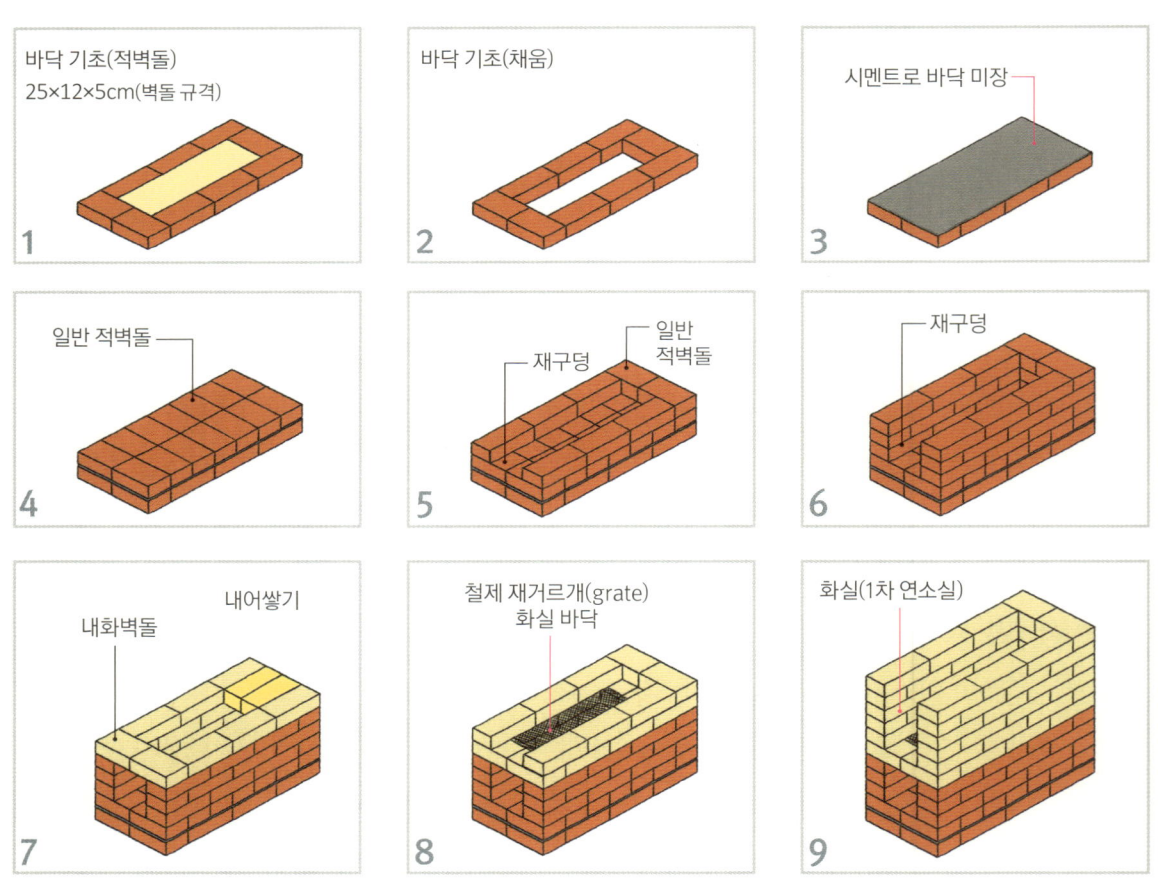

그림 2-4 개량 로켓매스히터 화실 하부구조 조적 @Taringa

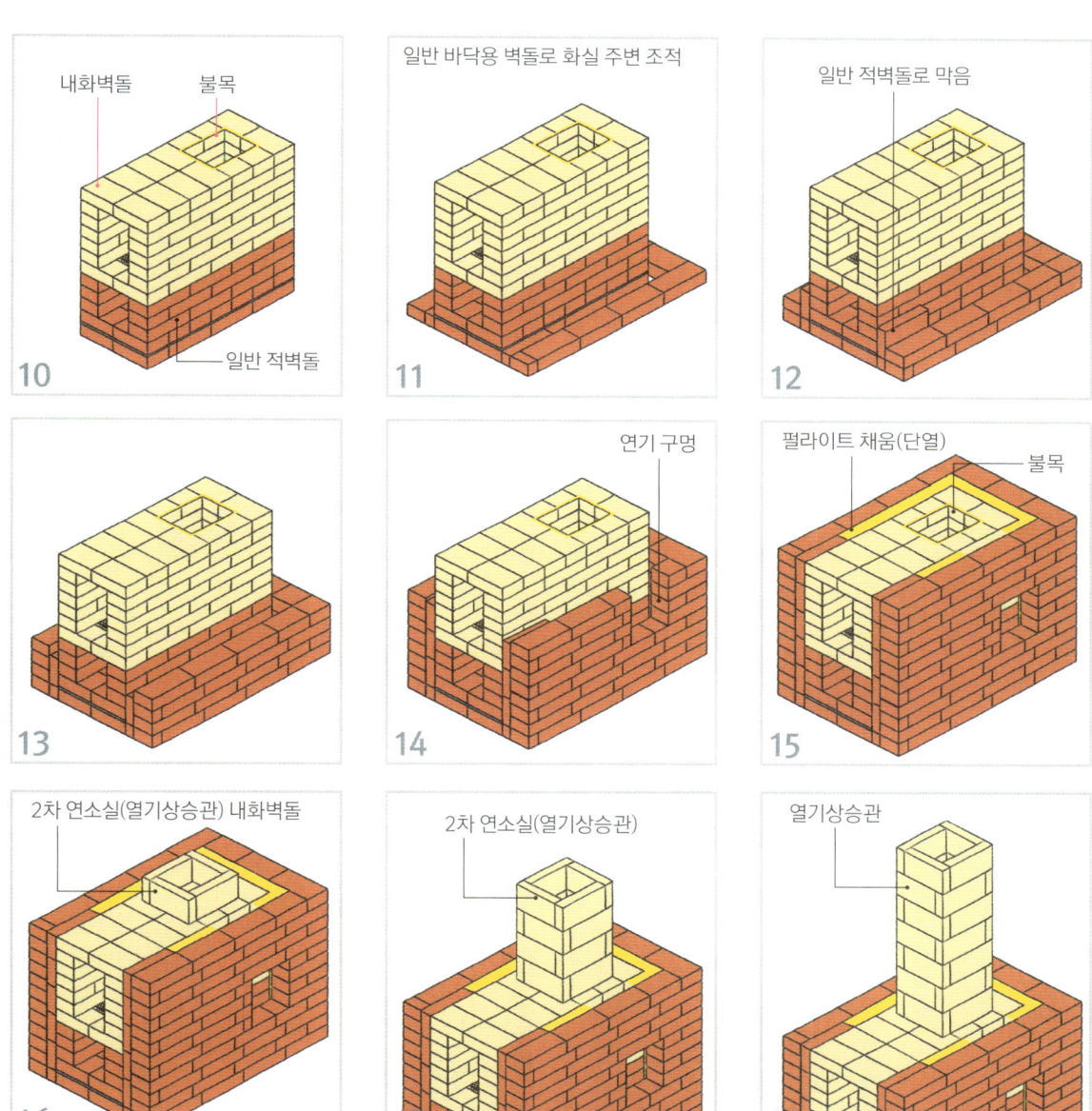

그림 2-5 개량 로켓매스히터 화실 상부구조 조적 @Taringa

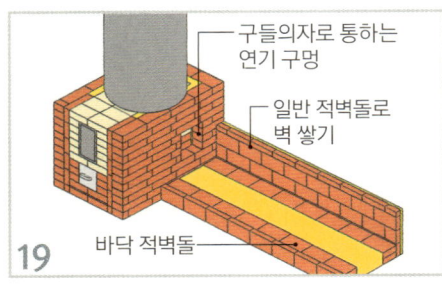
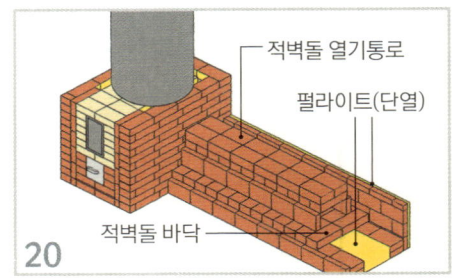
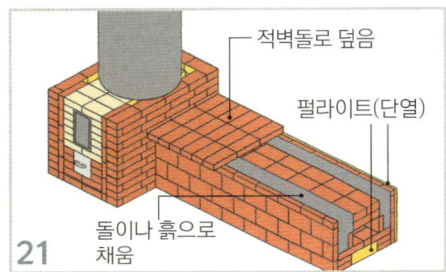
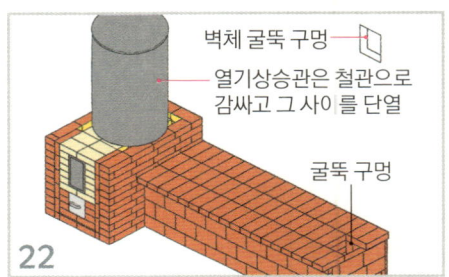

그림 2-6 개량 로켓매스히터 축열 침대 조적 @Taringa

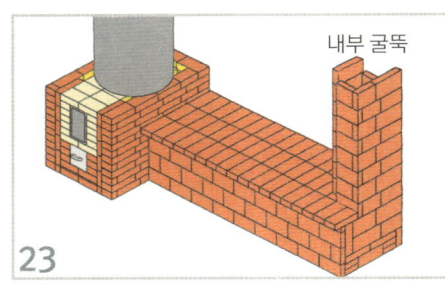
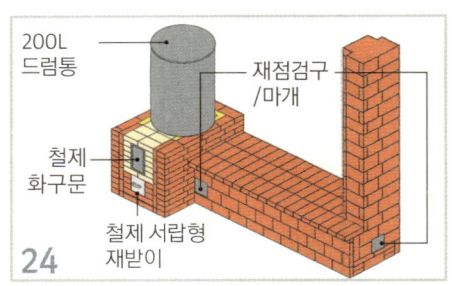
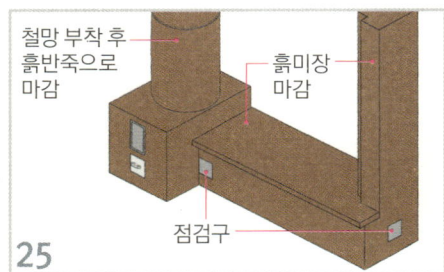

그림 2-6 개량 로켓매스히터 점검구 및 마감 @Taringa

3. 고효율 농민난로

전 세계에 널리 보급된 근대 화목난로들 중 대다수가 스칸디나비안 스타일이다. 스칸디나비안 화목난로 중에는 세계적 명품난로들이 즐비하다. 그중 요툴(JOTUL)은 대표 명품난로다. 이런 고가의 난로는 서민에게 그림의 떡이다. 하지만 명품난로의 구조를 알면 LPG통으로도 고효율 난로를 만들 수 있다.

시가번 난로의 구조

이 난로들은 열기배출 지연판(Baffle)이 있는 시가번(Cigar-Burn) 형태다. 담뱃불처럼 화실 안에 있는 장작은 앞에서 뒤로 타들어간다. 장작이 타들어가면서 불꽃과 연기는 화실 앞 열기배출 지연판의 불목을 통과한 후 연통으로 빠져나간다. 이런 구조 때문에 연통으로 빠져나가는 열손실이 준다. 현대 시가번 화목난로는 열기배출 지연판 또는 불목에 2차 공기 분사 구조를 갖고 있다. 화실 내부를 우회하며 뜨거워진 2차 공기와 불완전 연소된 연기가 만나 다시 불이 붙는다. 즉 2차 연소가 일어난다. 그만큼 고온 연소되고 배출 연기도 깨끗해진다.

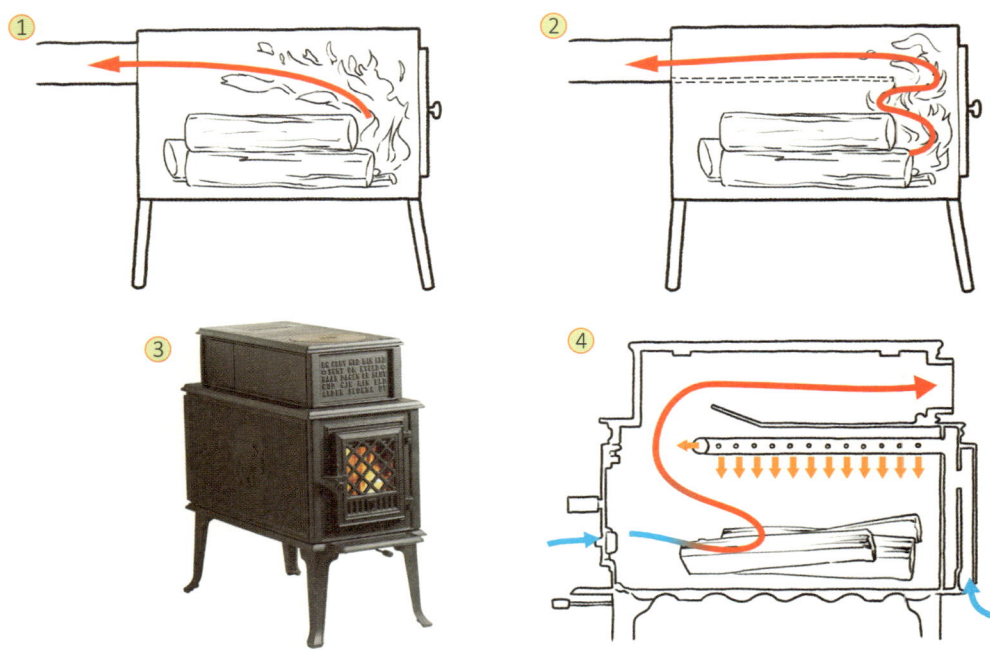

그림 3-1 ① 일반 난로 ② 시가번 난로 ③ ④ 요툴 화목난로 @JOTUL

시가번 난로의 특징

1. 화실이 길어서 화구와 가까운 곳으로 지나치게 많은 공기가 공급되고 화실 깊은 안쪽에는 공기가 제대로 공급되지 않는다.
2. 열기배출 지연판과 불목이 화구 위에 있다. 이런 구조 특성 때문에 화실 내 연소가스는 화실에서 되돌아와 화실 앞 위쪽을 향한다. 그 결과 장작은 천천히 타들어간다. 즉 연소시간이 길어진다.
3. 장작 뒤편이 타면서 나오는 불완전 연소된 연기는 장작 앞쪽 불꽃을 지나서 불목으로 올라간다. 이 때문에 연기는 다시 불이 붙는다. 그 결과 깨끗하게 장작이 타고 연기도 깨끗해진다.
4. 화구 앞에만 공기가 공급되며 화실 안쪽 깊이 공기가 공급되지 않는다. 화실 깊은 곳에 공기가 희박허질 수 있어 종종 안쪽 장작이 타다 만다.
5. 이 문제를 해결하기 위해 별도의 공기 공급관을 두어 공기희박 현상을 해결한다.
6. 화실이 낮은 경우 연기가 불꽃 상부를 눌러 불완전 연소가 된다.
7. 이를 해결하기 위해 요툴은 열기배출 지연판 밑 2차 공기주입관을 통해 뜨겁게 달궈진 공기를 화실 전체에 분사한다.
8. 요툴은 화실 전체에 입체적으로 공기를 분사하여 화실 내 와류를 발생시켜 공기, 연기, 불꽃이 뒤섞이게 만든다. 그 결과 장작은 화실 내에서 고온청정 연소된다.

LPG 시가번 농민난로

수백만 원이 넘는 명품 주철난로를 살 형편이 아니더라도 실망할 필요는 없다. LPG 통을 재활용해 비교적 간단하게 시가번 화목난로를 만들 수 있다. 고압가스를 담기 위해 만들어진 LPG통은 주철만큼이나 내열성도 높고 내구성도 높다. LPG통으로 만든 시가번 화목난로는 흙부대생활기술네트워크의 회원(일파)이 개발했다. LPG통을 쉽게 구할 수 있고, 그 외 부품과 부속은 반제품 형태로 공급되었다. 용접만 할 줄 알면 반제품 상태인 부품을 이용해서 완성할 수 있다. 물론 직접 모든 부품을 제작하거나 개선하는 회원도 늘어났다. 이들 대다수가 농민이었다. 이 난로는 농촌 곳곳으로 보급되며 농민의 난로가 되었다.

그림 3-2 LPG통과 상판 부품을 용접해서 만든 농민난로 @흙부대생활기술네트워크/일파

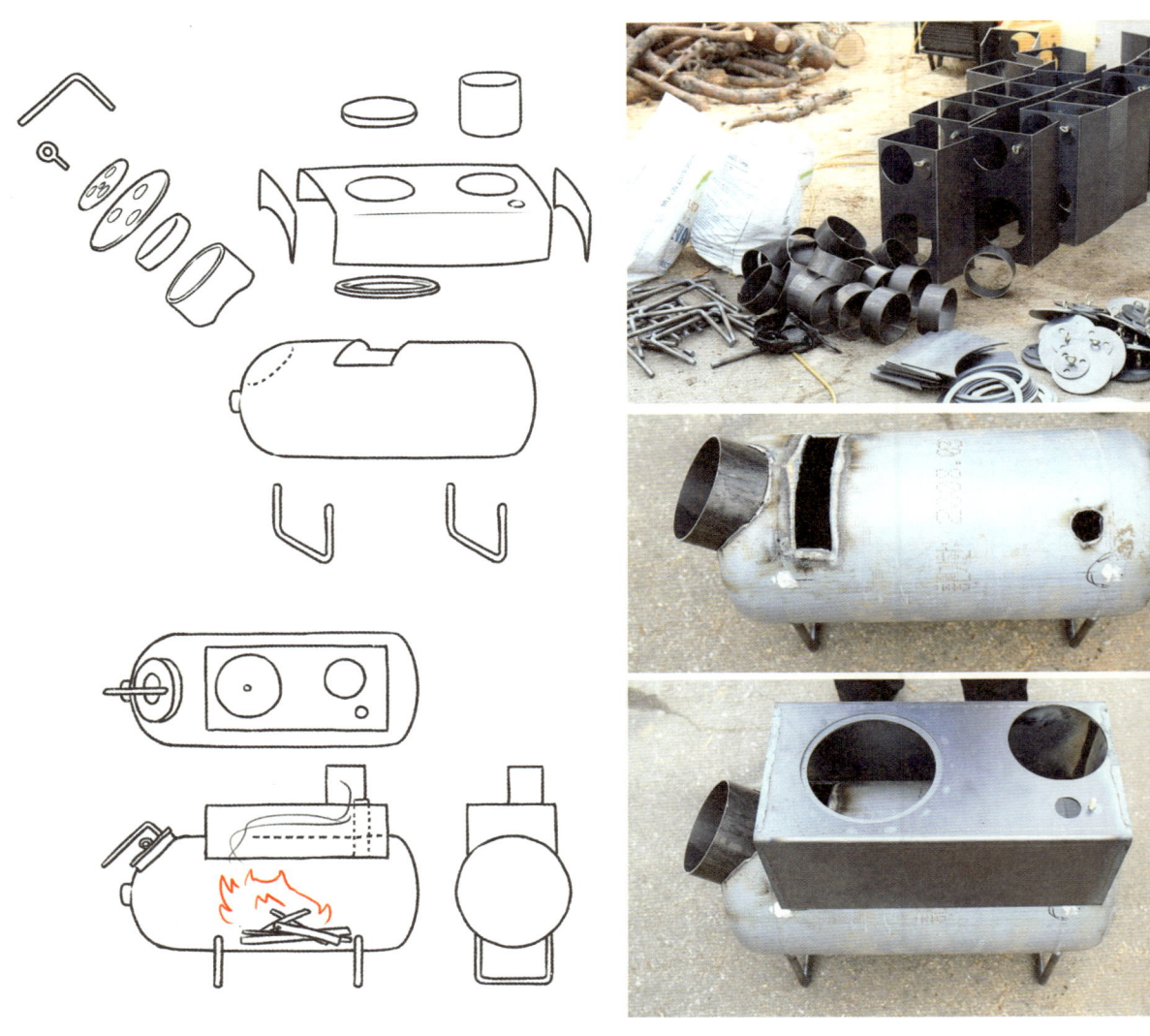

그림 3-3 LPG 농민난로의 구조와 부품 @흥부대생활기술네트워크/동행

LPG통 농민난로의 구조는 간단하다. 가정용 LPG통을 화실로 이용한다. 통 앞쪽 머리에 화구를 끼울 구멍을 뚫는다. 여기에 원형 강관을 끼워 용접한다. LPG통을 눕힌 상태에서 위쪽 앞에는 직사각 불목 구멍을 뚫는다. 뒤쪽 상부에 2차 공기주입관을 끼울 작은 구멍을 뚫는다. 강관 직경에 맞춰 손잡이와 조절할 수 있는 3개의 공기구멍이 뚫린 원형의 화구문을 준비한다. 화실 안에는 고온연소를 위해 LPG 안쪽에 내화벽돌을 반원형으로 깔아준다.

　두꺼운 철판을 접어서 밑바닥이 없는 상자 형태로 만든 조리상자를 LPG통 위에 용접한다. 이 사각 조리상자의 상판에는 솥을 얹을 수 있는 원형 솥자리와 뚜껑이 필요하다. 솥자리가 없어도 상관없다. 조리상자 뒤쪽에 연통 구멍과 2차 공기주입관을 끼울 작은 구멍을 뚫어둔다. 강관으로 만든 연통꽂이에 배연을 조절할 댐퍼를 부착한다. 혹은 판매하는 기성 댐퍼를 부착할 수 있다. 조리 상판의 2차 공기주입관 구멍에서 LPG통 2차 공기주입관 구멍까지 작은 철관을 삽입하여 끼운다. 이 구멍 위에 고리를 부착한 여닫개를 단다. 마지막으로 화목난로 본체를 받칠 2개의 철근 다리를 부착한다.

LPG 농민난로 조립 순서

　각 부품의 조립순서와 크기는 〈그림 3-4〉와 같다. 이 농민난로에서는 조리상자로 덮은 LPG통 윗부분이 열기배출 지연판 역할을 한다.

　LPG 난로를 만들려면 용접은 필수다. 사실 농부라면 꼭 난로 제작이 아니더라도 기본 용접 정도는 할 수 있어야 한다. LPG 농민난로는 지금도 계속 농민들에 의해 개량되고 있다. 농부는 농사꾼이자 생활기술자가 되어도 좋다.

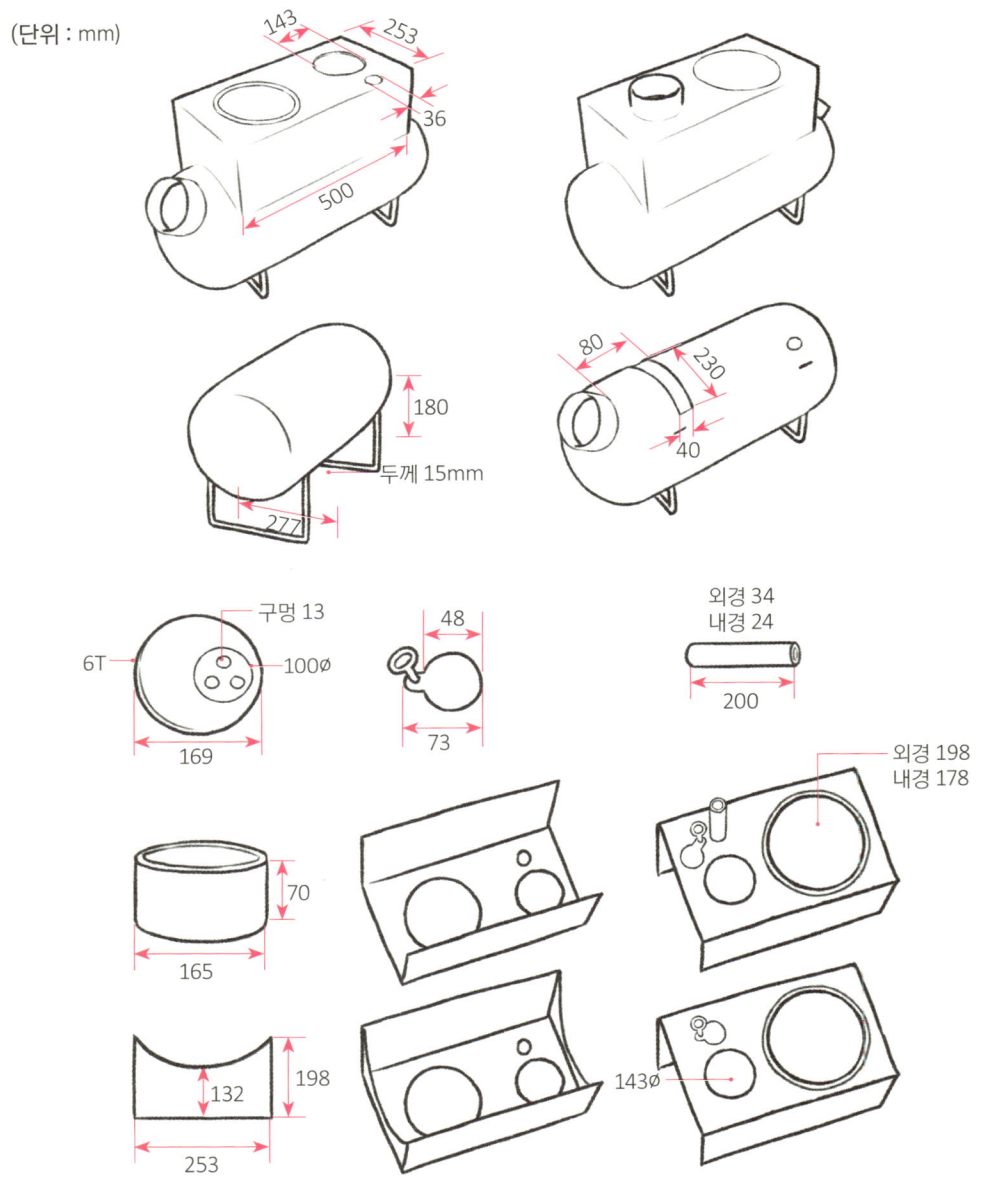

그림 3-4 LPG 농민난로 조립 부품과 각 부위 크기 @흙부대생활기술네트워크/동행

4. 품안의 숯난로

일본 집들은 대개 난방이 되지 않아 춥다. 이 때문에 농가는 가족 수만큼 온수 물주머니인 유담포(湯たんぽ)를 미리 준비하고 있다. 우리 농촌에서도 난방비를 아끼기 위해 간절기나 초겨울까지는 난방을 하지 않고 유담포를 사용하는 집들이 있다. 유담포는 뜨거운 물을 담는 것이라 정작 기온이 가장 낮은 새벽녘엔 물이 식어 잠자리가 춥다. 이 때문에 일본에서는 예전부터 마메탄안카(豆炭行火)를 이용하는 이들도 있다. 새벽까지도 식지 않는 이 작은 품안의 난로는 난방비를 아끼고 간절기를 지낼 때 제법 쓸 만하다.

그림 4-1 품안의 숯난로 마메탄안카 @김성원

품에 안는 화로

마메탄안카는 갈탄이나 숯을 연료로 사용한다. 마메탄안카를 끌어안고 자면 새벽까지도 온도가 식지 않고 뜨끈뜨끈하다. 대략 24시간 열기가 유지된다. 마메탄안카는 갈탄이나 숯을 담는 안전용기라 할 수 있다. 카이로라고도 부른다. 카이로는 회로(懷炉), 즉 품에 안는 화로란 뜻이다. 보일러나 구들을 사용하지 않는 일본 주택의 특성 때문에 이불 속 품안에 끌어안고 자는 카이로가 발달했다.

온수 물주머니인 유담포는 우리에게도 많이 알려져 있다. 유담포 외에도 온자쿠(温石)라 해서 활석이나 돌을 미리 가열해서 천에 감싸 사용하거나 소금 또는 소금과 쌀겨를 혼합한 것을 볶아서 헝겊에 싼 카이로가 사용되었다. 특히 목탄이나 조개탄, 갈탄을 금속용기에 넣어 사용하는 하이시키카이로(灰式カイロ)를 에도 때부터 썼다.

그림 4-2 마메탄안카 중앙의 갈탄 ⓒ김성원

겐로쿠 시대 초기엔 목탄에 보온력이 강한 재를 섞어 공기구멍이 있는 금속용기에 넣어 사용했다. 이것이 마메탄안카의 원형이라 할 수 있다. 예전에는 하이시키카이로 안에 숯과 함께 대마껍질이나 오동나무 재를 넣기도 했다. 현대에 와선 화학적 반응을 이용하는 일회용 카이로와 손난로로 발전했다. 봄이나 가을, 그리 춥지 않을 때라면 집 전체를 난방하기보다는 옷을 따뜻하게 입고 잠자리에 품난로를 안고 자는 것은 어떨까.

마메탄안카의 구조

품안 숯난로인 마메탄안카의 구조를 꼼꼼히 살펴보자. 위아래 반으로 나뉘어지는 금속용기 안에 내화성 세라믹 울이 꽉 채워져 있다. 위아래 세라믹 울을 눌러주고 숯이나 탄이 놓을 자릴 잡아주는 금속 중판이 세라믹 울을 덮고 있다. 용기에는 1~2mm 직경의 미세한 공기구멍들이 수없이 전면에 뚫려 있다. 연소를 유지하면서도 지나치게 과열되지 않도록 적절한 공기량을 유지하도록 적합한 개수의 공기구멍을 뚫는 것이 핵심이다.

용기는 단단하게 잠글 수 있도록 잠금장치가 부착되어 있다. 숯이나 갈탄을 놓는 자리엔 유리섬유를 겹겹 누벼서 만든 유리 누비 매트가 깔려 있다. 가스 냄새가 날 듯한데

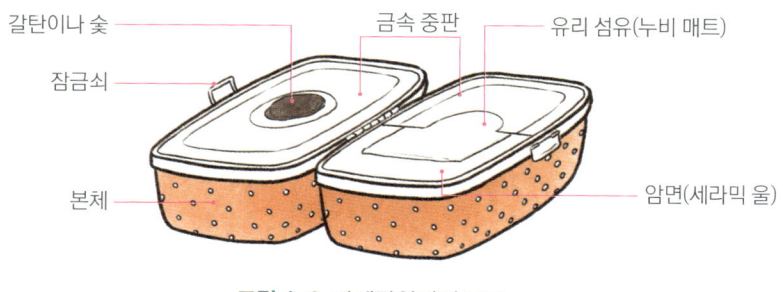

그림 4-3 마메탄안카의 구조

도 전혀 냄새가 나지 않고 안전하다. 다만 화재와 저온 화상에 주의해야 한다. 저온 화상을 방지하기 위해서는 두꺼운 면천으로 만든 안전주머니에 담아 사용해야 한다. 마메탄 안카 안에 담긴 숯이나 갈탄이 완전히 꺼지지 않았을 때는 이부자리 위에서 열지 말아야 한다.

스텐 락앤락 반찬통에 구멍을 뚫고 세라믹 울을 채우고 고무패킹 대신 세라믹 로프를 끼우는 등 구조를 비슷하게 만들면 집에서도 충분히 마메탄안카를 자가제작할 수 있다.

5. 고효율 개량화덕

식문화가 다양해지면서 농가에서 필요로 하는 화덕도 다양해지고 있다. 과거엔 가마솥 화덕 일색이었다면 요즘에는 연료효율이 높은 화덕은 물론 다구화덕, 철판화덕, 오븐화덕 등 화덕의 형태도 다양하다. 제3세계에 보급되고 있는 개량화덕들은 우리 농촌의 화덕을 개량하는 데 좋은 참조가 될 만하다.

남미 팟사리 다구 철판화덕

팟사리 화덕은 1990년대 과테말라와 멕시코에서 대중적으로 사용된 다구화덕인 로레나(Lorena) 화덕을 개량한 화덕이다. 이 화덕은 멕시코의 파츠쿠아로(Patzcuaro) 지역의 적정기술단체 IGRA(Interdisciplinary Group of Rural and Appropriate Technology)가 개발해서 보급하고 있는 화덕이다. 팟사리(Patsari)는 파츠쿠아로 지역의 원주민 언어로 '돌보는 사람'이란 뜻을 가지고 있다. '자연과 원주민들의 건강을 돌보는' 화덕이란 의미에서 붙여진 이름이다. 개방형 화덕에 비해 팟사리는 50% 정도 장작 소모량을 줄일 수 있어 땔감 때문에 훼손되는 산림자원을 보호한다. 화덕의 연기나 그을음으로 인한 실내 공기 오염을 과거 낡은 개방형 화덕에 비해 66% 정도 줄일 수 있기 때문에 원주민들의 건강을 지킬 수 있다.

그림 5-1 팟사리 화덕 @doovi

팟사리 화덕의 특징

팟사리 화덕은 로레나 화덕과 비교해서 몇 가지 차이점이 있다. 화덕 몸체는 흙반죽이 아니라 벽돌을 사용해서 내구성을 높였다. 또 연도, 열기통로, 솥자리, 연통구멍 등 내부 구조를 표준화시키기 위해 형틀을 사용한다. 형틀 주위에 흙, 모래를 혼합한 반죽을 부어 넣어 만든다. 이렇게 형틀을 이용하면 더욱 빠른 시간에 표준 설계대로 화덕을 만들 수 있다. 물론 이 반죽에 자연 단열재를 섞어 넣을 수 있다.

로레나 화덕의 열기통로가 첫 번째 솥자리에서 연통 구멍까지 단선구조라면 팟사리 화덕은 첫 번째 솥자리에서 두 개의 통로로 갈라져 뒤쪽 두 개의 솥자리로 나눠진 후 다시

그림 5-2 팟사리 화덕의 구조

연통으로 합치는 구조를 갖고 있다. 꺾인 열기통로의 지연구조와 두 번째 솥자리 밑의 반원통형 불목이 열전달률을 높여준다. 로레나 화덕이 여러 개의 솥이나 냄비, 팬 등을 올려놓을 수 있는 다구화덕이라면 팟사리 화덕은 기본적으로 원형 팬 형태의 조리철판을 여러 솥자리에 끼워 넣고 사용하는 철판화덕이라 볼 수 있다. 조리문화가 다른 우리나라의 경우는 필요에 따라 원형 조리철판을 떼어내고 솥자리에 솥을 얹을 수도 있는 다용도 화덕으로 사용할 수 있다.

 팟사리 화덕에서 주목할 구조는 양쪽 두 번째 솥자리로 넘어가는 열기통로의 크기와 형태다. 열기통로 높이는 7cm 정도이고, 작은 솥자리의 깊이는 20cm 정도이다. 열기통로는 정사각형이거나 원형으로 만드는데 연통으로 나가기 전 한 번 밑으로 꺾였다 올라가는 열기 배출지연 구조로 되어 있다. 두 번째 솥자리 밑의 불언덕은 원형 관을 반으로 갈라 눕혀 놓은 형태로 만드는데 불언덕에서 솥자리 위 조리철판 바닥까지의 높이는 대략 5cm 이하로 불꽃과 열기가 바짝 붙어 지나가게 만든 구조다.

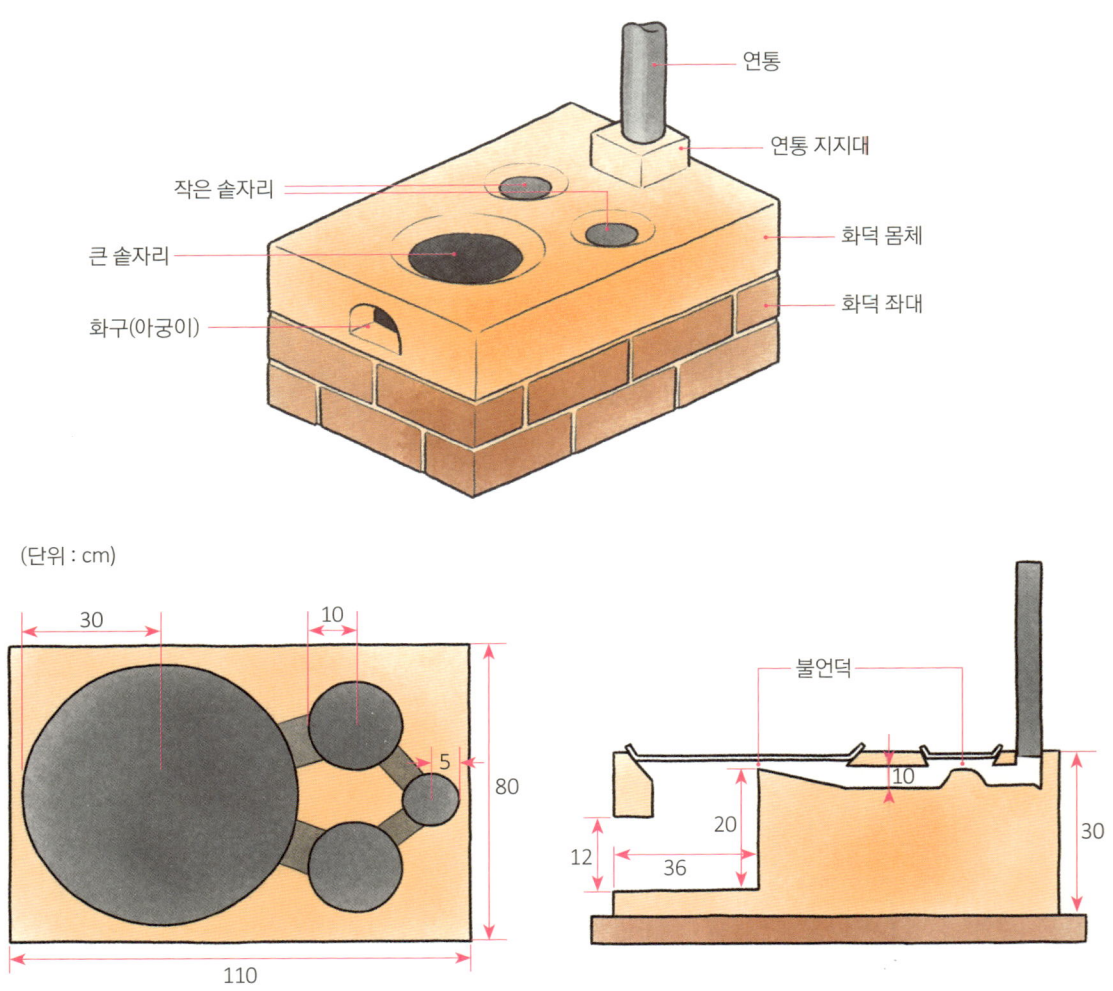

그림 5-3 팟사리 화덕의 내부 구조와 주요 부위 크기

팟사리 화덕 제작

팟사리 화덕을 만드는 방법은 다음 순서와 같다.

- 적당한 조리 높이에 맞춰 좌대를 만들고 이 위에 틀을 짜 얹는다.
- 틀 안쪽으로 벽돌로 화덕 외벽 몸체를 쌓는다.
- 화구를 내고 화실을 벽돌로 쌓는다.
- 화덕 몸체 안쪽에 잡석자갈을 바닥에 깐다.
- 연통이 놓일 자리에 연통 형틀을 끼워 넣는다. 연통은 지름 125~150mm.
- 화덕 몸체 안에 깐 자갈 위에 단열재로 나무재나 기타 단열재를 깐다. 펄라이트 사용 가능.
- 첫 번째 솥자리에 앉힐 팬 크기를 고려해서 두 번째 솥자리로 연결되는 연도 형틀을 놓는다. ALC 블록을 깎아 사용하거나 벽돌을 이용해서 형틀을 만들어도 좋다.
- 두 번째 솥자리에 깔때기 모양의 형틀을 끼워 넣고 주변에 진흙반죽을 채워 넣는다. 이때 흙과 모래 반죽에 석회를 넣으면 더욱 견고해진다. 왕겨, 볏짚, 톱밥, 펄라이트 등을 섞으면 단열 성능이 높아지고 건조되면서 갈라지는 것을 방지할 수 있다. 흙 1 : 모래 1 : 펄라이트(외 기타 단열재) 2 : 석회 0.4 비율로 섞는다. 하지만 사용하는 흙에 따라 배합 비율은 달라질 수 있다.
- 첫 번째 솥자리와 두 번째 솥자리의 대략적인 모양을 고려하여 화덕 안쪽을 되직한 흙과 모래, 석회반죽만으로 채워 화덕 몸체와 상판을 만든다.
- 두 번째 솥자리에 끼울 원형 조리철판을 거꾸로 반죽 위에 눌러 앉을 자리를 표시한다.
- 첫 번째 솥자리에 끼울 원형 조리철판을 거꾸로 반죽 위에 눌러 앉을 자리를 표시한다.

- 솥자리 형틀을 떼어내고 솥자리 위치에 맞게 물 묻힌 흙손으로 형태를 다듬는다. 솥자리의 형태는 밑 짤린 깔때기 형태이다.
- 첫 번째 솥자리에서 두 번째 솥자리로 연결되는 연도 쪽으로 진흙반죽을 파내어 불길을 만들어준다.
- 작은 솥자리의 불언덕 높이를 맞춘다.
- 외부 틀을 떼어낸 후 깔끔하게 마감한다.
- 화구 위쪽 벽돌을 받쳤던 받침 벽돌을 제거하고 화구와 화실 바닥을 진흙반죽으로 깔끔하게 마감한다.

고효율화덕 – InStove

- **특징**
  - 로켓스토브, 단열, 적당한 공기주입
  - 열손실을 줄일 수 있는 열기 우회구조(상, 하)
  - 평솥용, 둥근솥용으로도 사용 가능

- **성능**
  - 개방형 화덕에 비해 75~90% 나무장작 절약
  - 2~3kg 장작으로 60~100L 물을 끓일 수 있음
  - 100L용 화덕에 50L 물을 끓이는 데 30분 소요
  - 그을음, 일산화탄소 등 유해 배기가스 발생 90% 이상 감소
  - LPG 가스화덕에 비해 2배 정도 빠른 요리 시간
  - 전통화덕에 비해 열효율 50% 이상 증가

- **재료**
  - 큰 드럼통(약 직경 59cm 높이 88cm/전면 개폐 가능 뚜껑)
  - 작은 드럼통(솥치마용)
  - 직경 10cm 연통
  - 황토, 왕겨, 내화벽돌
  - 볼트(화덕 외부와 내부 솥치마 간격 유지용) 6개
  - 장작받침용 철판

- **공구**
  - 전동 그라인더, 철제용 그라인더 날, 매직, 망치, 전동 드릴, 철제용 나사못, 드릴 비트, 프렌지

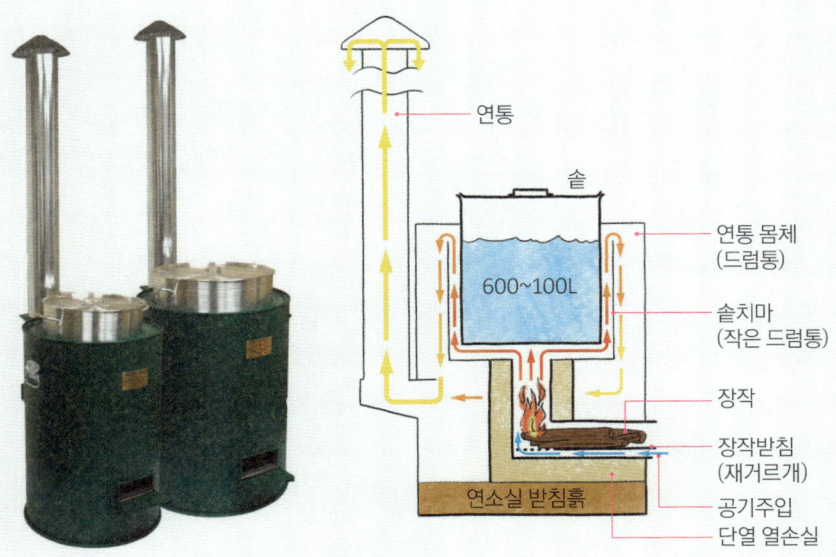

그림 5-4 InStove의 구조 @InStove

04

에너지 농부를 기다리며

봉화에 귀촌한 이재열을 떠올린다. 내가 아직도 그를 가끔 떠올리는 까닭은 남자들 사이에 느끼는 일종의 우정이랄까 동료애일 것이다. 그는 나와 동년배이다. 그는 공무원으로 있다가 노조활동을 이유로 해직되고 가족과 함께 봉화로 귀촌했다고 했다. 나 역시 사회운동을 했다. 해직된 이후 귀촌한 것도 같았다. 내가 흙부대집을 지은 후 이재열도 흙부대집을 지었다. 사실 봉화 인근에는 이재열 덕분에 흙부대집을 지은 이들이 많다. 그 때문에 봉화는 흙부대집의 성지라고 불렸다.

나는 귀촌하고 집을 다 지은 후에야 에너지 대안으로 화목난방에 뒤늦게 관심을 가진 까닭에 사실 제대로 실생활에 충분히 사용치 못하고 있다. 이재열은 주로 태양열이나 태양광에 관심을 가졌다. 집 지붕과 마당에 태양광발전기를 설치했다. 작업실에는 태양광온풍기를 설치했다. 그는 햇빛온풍기에 관련한 책도 썼다. 집 난방도 화목보일러로 해결했다. 그의 집은 이중 삼중으로 단열이 되어 있다. 그가 말한 대로 그의 집은 에너지 자급률이 90% 이상이나 된다.

나와 그는 둘 다 귀촌한 이후 적정기술을 보급하는 활동을 했다. 이외에도 그와 나에겐 많은 공통점이 있었다. 그는 지금 잠시 아이들 학비를 버느라 다시 직장생활을 시작했다. 그가 잠시 적정기술 분야에서 떠난 것이 못내 아쉽다. 하지만 나는 여전히 그를 진짜 '에너지 농부'라 여긴다.

일본을 방문했을 때 머물렀던 일본 로켓스토브협회의 이시오카 선생 집은 태양광발전기로 전기 문제를 해결하고, 태양열온수기로 온수를 해결한다. 목욕물은 화덕 욕조를 사용한다. 주철 욕조 밑에 장작불을 피워서 물을 데우는 방식이다. 실내 난방은 거실에 장작 주철난로를 피운다.

이시오카 선생의 집이 산속에 있기 때문에 간벌하고 남겨진 나무를 가져와서 장작으로 사용한다. 잠자리는 뜨거운 물주머니를 두터운 솜이불 속에 넣어 따뜻하게 한다. 돼지를 키우는 고타로 씨는 로켓스토브와 왕겨 화덕으로 조리를 하고, 역시 장작 주철난로로 난방 문제를 해결한다. 무엇보다 고타로 씨는 식당에서 수거한 폐식용유를 정제한 바이오 디젤을 농기계와 트럭에 경유 대신 사용한다.

한국의 농업 에너지투입 비율은 OECD 국가들에 비해 너무 높다. 나이 드신 노인들과 달리 젊은 부부가 사는 농가에는 음식물 저장을 위해 냉장고, 냉동고를 서너 개씩 두는 집이 늘고 있다. 저온저장고나 지하수 관정, 고추건조기를 갖춘 농가들도 제법 많다. 저렴한 농업용 전기 혜택을 받고 있는 데다 슬쩍슬쩍 전용해서 쓰는 이들도 많다.

그러다 보니 도시보다 전기료가 덜 나와, 마치 농촌이 전기를 덜 쓰는 것처럼 착시효과가 생긴다. 경운기, 트랙터, 트럭, 예초기 등 다양한 농기계용으로 농업용 면세유가 공급되고 있어 유류비 부담이 경감된다.

농가에서 쓰는 난방유는 농협 조합원일 경우 할인된 금액으로 공급된다. 실상을 따져보면 농가는 적지 않은 전기와 화석연료를 사용한다.

최근에 정부가 농업용 면세유 공급량을 점차 줄이고 있고, 완전히 없앤다는 이야기도 오늘내일 이야기가 아니다. 기후 이상으로 폭염이 한 달째 지속된 작년엔 누진세와 함께 농업과 산업, 상업 분야에서 전기료 할인 혜택에 대한 논란이 심상치 않았다. 세계 경제 둔화로 유가는 잠시 하락했다가 또다시 상승하고 있다. 이제 적은 비용으로 전기나 화석연료를 쓸 수 있는 시기도 얼마 남지 않은 것이 분명하다.

시골에서 농사를 지속하려면 에너지 농부가 되어야 한다. 농사와 상관없는 귀촌자라도 시골집은 아파트와 달리 에너지 효율이 떨어진다. 무엇보다 난방 에너지가 더 들면 더 들었지 적게 들지 않는다. 어디 농가 난방뿐인가. 시설 농가라면 가온이 필요하고, 농산물을 저장하거나 건조하는 데 전기가 필요하다. 당연히 농기계는 적지 않은 화석연료를 필요로 한다. 하지만 이제 값싼 에너지로 농사를 짓고 살던 시대는 지나가고 있다. 이런 상황에 에너지 농부로 모범을 보이는 이재열과 일본의 이시오카 선생, 고타로 씨, 그리고 곳곳에서 자연에너지를 이용해서 에너지를 생산하는 '에너지 농부'들을 다시 고대하는 것은 당연하다.

귀농을 하든 귀촌을 하든 시골 생활에도 에너지 문제는 따라온다. 어떻게든 에너지를 자급하거나 에너지 사용을 줄일 수 있는 방법을 고민하지 않을 수 없다. 에너지와 관련해서 알아둘 상식이나 기술이 한두 가지가 아니다.

태양광 조립, 태양열온수기 설치, 햇빛온풍기 제작, 비닐하우스 가온, 햇빛 농작물 건조기, 바이오 디젤, 바이오가스, 개량 장작화덕, 숯화덕, 고효율 화목보일러, 나무가스화 발전기, 소수력 발전기, 풍력발전기 … 이러한 에너지 기술 한두 가지쯤 다룰 줄 아는 이웃들이 시골에도 늘어나기를 바란다.

여기 '에너지 농부'로 첫 발짝을 내딛기에 손쉬운 기술 몇 가지를 소개해두었다. 에너지 분야라고 겁먹을 필요는 없다. 누구나 처음엔 초보자였다. 엄두를 내보자. 하나둘 만들다 보면 당신은 어느덧 '에너지 농부'가 되거나 '대안에너지 생활기술자'가 되어 있을 것이다.

1. 햇빛온풍기

햇빛은 대표적인 자연에너지다. 햇빛에너지를 이용하는 방법으로 태양광발전과 태양열온수기가 널리 알려져 있다. 태양광발전은 햇빛에너지로 전기를 생산하는 방법이고, 태양열온수기는 햇볕의 열로 물을 데우는 장치다. 이 두 가지는 국내에 상당히 보급되어 있다.

반면, 태양열로 집 안의 공기를 데우는 햇빛온풍기에 대해 아는 사람은 많지 않다. 세계적으로 널리 이용되는 보조 난방법임에도 불구하고 국내에 햇빛온풍기가 설치된 사례

그림 1-1 벽체에 부착한 햇빛온풍기 @renewablesnb

가 드물다. 태양광발전기나 태양열온수기에 비해 구조도 단순하고 집에서 직접 제작할 수 있다. 제작비용도 상대적으로 적게 든다.

햇빛온풍기만으로 겨울철 난방을 완전히 해결할 수 없지만 상당한 정도 난방에너지를 절약할 수 있는 보조난방 장치로 사용할 수 있다. 한겨울에도 햇빛온풍기 내부의 온도는 60℃ 이상이고, 실내로 가열된 공기를 불어내는 배기구 온도는 40℃ 정도. 건물 규모나 단열 정도에 따라 다르겠지만 햇빛온풍기를 부착한 전후를 비교했을 때 5~10℃ 정도 실내온도를 높일 수 있다.

햇빛온풍기의 원리

햇빛온풍기가 실내 공기를 데우는 원리는 단순하다. 차가운 공기는 밑으로 내려가고 뜨거운 공기는 위로 올라가는 자연대류 현상과 검은색이 빛을 잘 흡수하는 특성을 이용한다. 집 안에서도 상대적으로 차가운 공기는 아래쪽으로 내려가고 뜨거운 공기는 위쪽

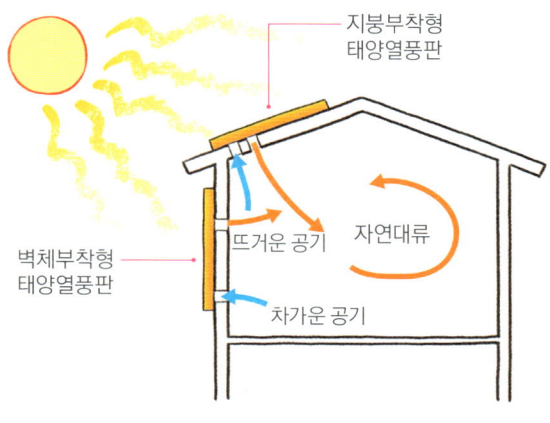

그림 1-2 햇빛온풍기의 난방 원리

으로 올라간다. 햇빛이 잘 드는 남쪽 벽이나 지붕 위아래로 구멍을 뚫고 햇빛온풍기를 부착한다. 실내의 차가운 공기가 낮은 구멍을 통해 햇빛온풍기로 들어가 검은색 통로를 지나며 가열된 후 다시 위쪽 구멍을 통해 실내로 공급되기를 반복하면서 실내 온도를 점차 높인다.

눕힐 수 있는 햇빛온풍기

햇빛온풍기를 만들거나 흡기구와 배기구를 뚫어 연결하는 방법은 다양하다. 흡기구와 배기구를 같은 방향으로 두면 공기가 이동하며 가열되는 공간이 길어진다. 햇빛온풍기를 눕혀서 설치하기에도 적합하다.

햇빛온풍기를 만드는 방법은 간단하다. 2×6˝ 정도 구조목과 합판으로 직사각형의 낮은 틀을 만든다. 하부 한쪽에 직경 120~150mm인 구멍 2개를 위아래로 뚫는다. 여기에 같은 직경의 연통 연결구를 끼워 고정하고 실리콘으로 공기가 새지 않도록 만든다. 틀의 바닥과 모든 측면에 모포형 단열재를 접착한다.

틀은 가로로 크게 3개 구역으로 나누되 위아래 구역은 폭이 250mm 정도가 되도록 칸막이를 쳐서 만든다. 이때 위아래 구역을 나눌 칸막이는 공기관을 끼울 수 있도록 구멍을 여러 개 만든다. 공기관은 플라스틱 빗물배수관을 사용하고 햇빛을 잘 흡수하도록 검은색 라커칠을 해둔다. 종종 일반 라커의 경우 높은 열 때문에 변형이 일어날 수 있어 자동차 머플러용 내열페인트를 칠하기도 한다.

위아래 칸막이에 검은 칠을 한 빗물배수관으로 만든 공기관을 끼워서 고정한다. 하부의 흡입구와 배기구는 서로 공기가 통하지 않도록 칸막이를 쳐서 나눈다. 공기 이동 구간은 철저히 실리콘을 발라 기밀을 유지한다. 온풍기 위아래 구역은 샌드위치 패널에서 스

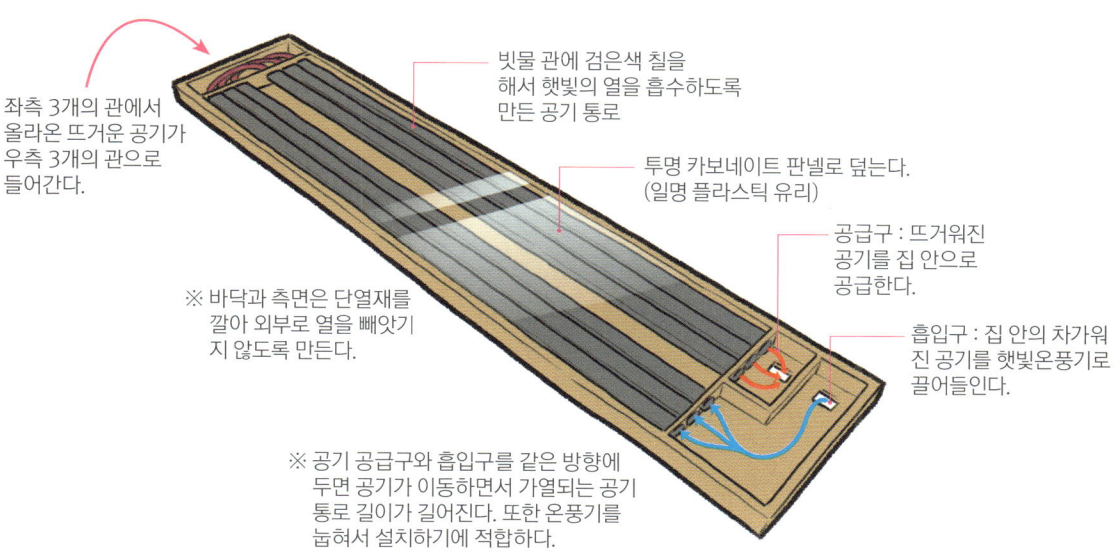

그림 1-3 햇빛온풍기의 구조

그림 1-4 플라스틱 빗물관을 이용해서 만드는 햇빛온풍기 제작 사례 @Build it Solar

티로폼을 남긴 채 한쪽 철판을 떼어낸 판을 잘라 덮는다. 역시 실리콘으로 잘 막는다.

온풍기 중앙의 공기관 구역 위에는 일명 플라스틱 유리(렉산 패널, 썬라이트 패널, 투명 카보네이트 패널)로 덮고 실리콘을 발라 공기가 새지 않도록 만든다. 다시 강조하지만 공기가 흘러가는 모든 통로는 철저히 실리콘을 발라 기밀을 유지한다.

온풍기 제작이 끝나면 햇빛온풍기의 흡기구와 배기구를 미리 벽에 맞춰 뚫어 놓은 구멍에 끼우고 고정한다. 이때 흡기구와 배기구 주변을 열기가 빼앗기지 않도록 철저히 단열해야 한다. 공기 흐름을 더욱 원활하게 하기 위해 배기구 앞에 소형 팬을 달아 강제 송풍하기도 하는데 이때 보통 태양광전지와 연결하여 작동시킨다.

여름철에는 햇빛온풍기를 통해 오히려 뜨거운 열기가 집 안으로 들어올 수 있으므로 온풍기를 덮어두고 구멍을 막을 수 있도록 마개를 달아둔다. 좀더 발전된 형태는 햇빛온풍기 뒤에 자갈과 같은 축열체를 두어 낮 동안 열기를 저장했다가 밤에 축열된 열을 이용할 수 있도록 만든다.

2. 무가온 비닐하우스

겨울이 되면 화훼 농가나 신선 채소를 비닐하우스 안에서 재배하는 농가는 시름이 는다. 비닐하우스는 겨울이라도 낮 동안 태양열로 인해 어느 정도 온도를 유지할 수 있다. 하지만 밤이 되면 채소나 꽃이 얼지 않도록 하기 위해 난방을 해야만 한다. 대개 비닐하우스 농가에선 등유 온풍기나 나무펠릿 온풍기를 사용하지만 연료비 부담이 크다.

일조량이 부족한 독일은 고효율 화목보일러와 뜨거운 물을 저장할 수 있는 대형 온수통, 온수 배관을 이용해서 비닐하우스 난방을 해결한다. 물은 열저장 능력이 높고 한번 데워진 물을 천천히 순환시켜 일정한 온도를 유지하기 쉽기 때문이다. 이 방법은 설치와 유

그림 2-1 중국의 태양열 축열온실 @In Door Garden HQ
① 짚으로 된 보온덮개 ② 온실 내부 좌측 축열 북벽 ③ 북벽 ④ 이중 벽돌 벽 ⑤ 짚 보온덮개 ⑥ 덧비닐

지비용이 높다. 아무리 나무를 연료로 사용한다 해도 장작을 구하는 비용도 부담이 된다.

초기 설비비용을 줄이면서 연료비 부담이 없는 비닐하우스 난방 방법은 없을까? 중국의 일명 무가온 비닐하우스로 불리는 '태양열 축열온실'은 그 해답이 될 수 있다.

태양열 축열온실의 구조

태양열 온실은 위도에 따라 달라지는 여름과 겨울의 태양 고도를 계산해서 만든다. 여름철엔 뜨거운 태양열이 온실 북벽에 닿지 않도록 하고, 겨울철엔 햇볕이 북쪽 벽 깊숙이 닿을 수 있도록 한다.

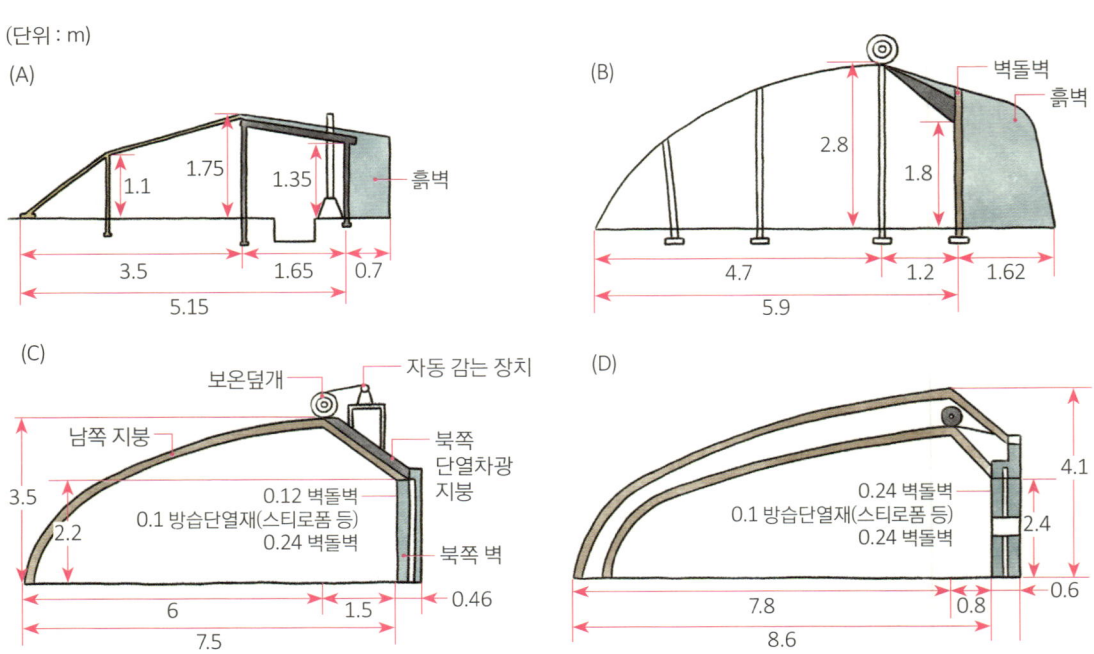

그림 2-2 A→D 순으로 중국의 태양열 축열온실은 개선되고 있다.

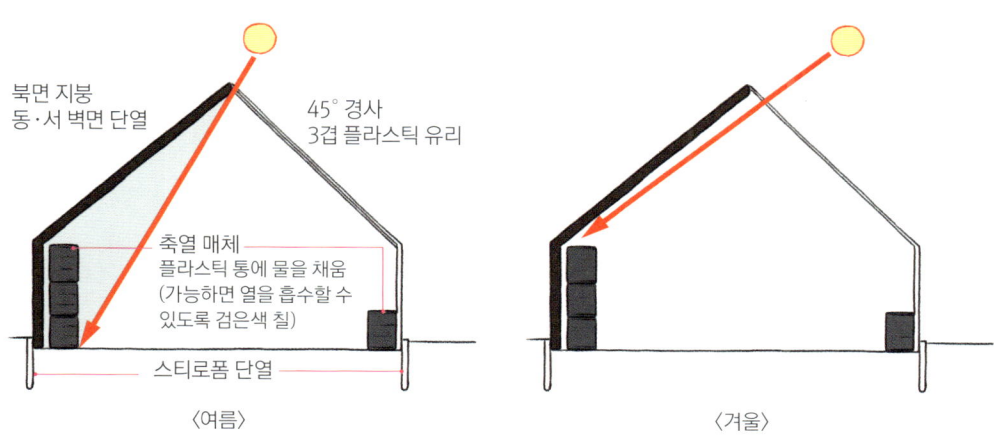

그림 2-3 온실 북벽에 검은 칠한 플라스틱 드럼통을 배열한 사례 @nossa backyard

중국의 태양열 축열온실에서 남쪽은 낮의 햇빛을 받아들일 수 있는 투명 비닐하우스로 되어 있다. 온실의 북쪽 벽은 벽돌과 다짐 흙벽 또는 흙둔덕으로 만든다. 북쪽 벽이 온실의 ⅓ 정도를 차지한다. 온실 동서는 벽돌로 쌓아 막는다. 북쪽 벽은 낮 동안 태양열을 흡수하여 저장한다. 밤이 되면 비닐하우스 위에 짚으로 만든 보온덮개와 덧비닐을 덮어 열손실을 줄인다. 북쪽 벽은 차가운 북풍을 막고 낮 동안 저장한 열기를 온실 내부로 내보낸다.

최근에 태양열 축열온실은 더욱 발전하였다. 북벽에 스티로폼 단열재를 사용하거나, 보온덮개 자동 개폐장치를 설치하거나, 더욱 정교한 환기시스템을 부착한다. 이중 지붕 구조나 반사 단열재를 사용하기도 한다. 축열벽을 만드는 대신 온실 북쪽 벽에 열을 흡수할 수 있는 검은 칠을 한 저수통을 배열해서 축열온실을 만들 수도 있다.

태양열 축열온실의 성능

태양열 축열온실은 중국 비닐하우스의 20%를 차지한다. 중국 정부는 태양열 축열온실에 대한 인센티브 정책을 실시했다. 그 결과 특히 북부 지역에서 농업 생산성을 높였다. 2020년까지 이 방식으로 만든 온실은 적어도 150만 헥타르를 차지할 것으로 예상된다. 야외 온도가 영하로 떨어질 경우에도 중국의 태양열 축열온실 내부는 야외보다 평균 25°C 정도 높을 정도로 효과적이다.

중국 태양열 온실의 성능은 설계, 위도, 지역의 기후에 따라 달라진다. 최근 심양과 랴오닝성에서 실시한 조사의 결과를 주목해볼 필요가 있다. 이곳에서 가장 추운 달의 평균 온도는 −15~−18°C였다. 이곳에 설치된 태양열 온실은 길이 60m, 폭 12.6m, 높이 5.5m였다. 비닐온실의 북쪽, 동쪽, 서쪽 면은 벽돌벽을 쌓고, 비닐 지붕 위에는 밤에 열손실

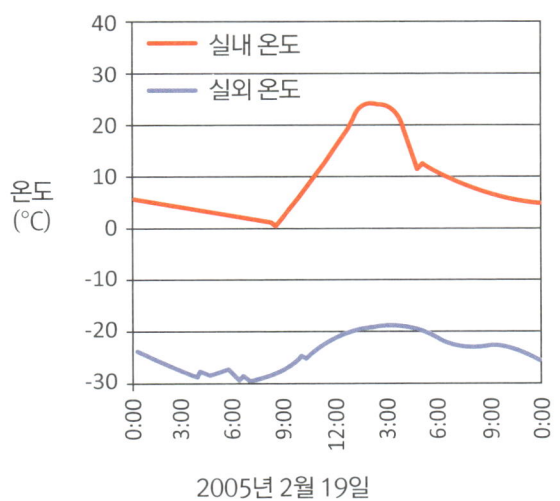

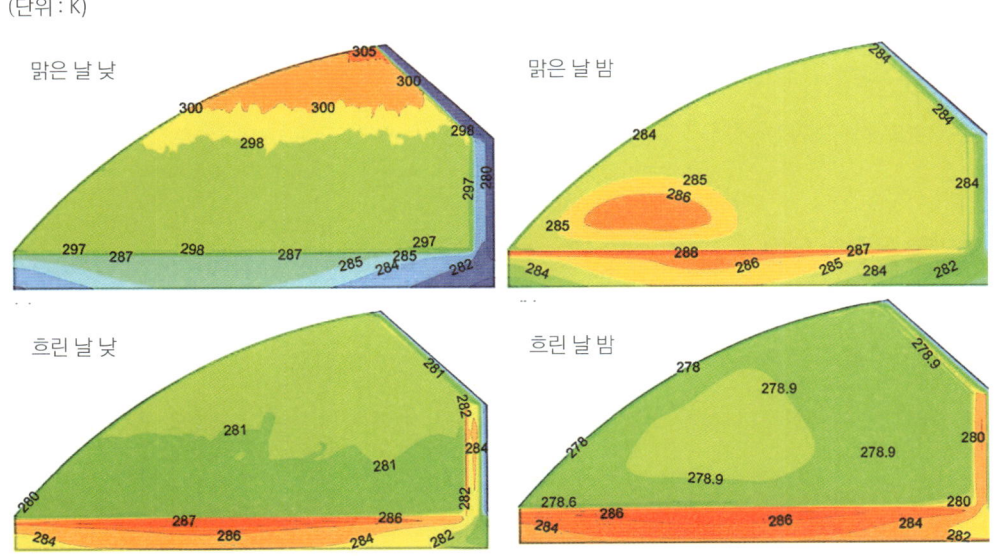

그림 2-4 태양열 축열온실의 내부온도 @Resilience

제4부 | 에너지 농부를 기다리며　137

을 줄이기 위해 짚으로 만든 보온덮개를 설치한다. 또한 이슬을 막기 위해 이 위에 덧비닐을 한 번 더 덮는다. 특히 온실 북쪽 면에 쌓은 벽돌벽은 스티로폼으로 단열하거나, 북벽 뒤에 흙을 둔덕처럼 쌓아 보온성을 높인 형태로 만들었다.

이 지역에서 12월 초에 일반 비닐하우스라면 내부온도가 영하로 떨어져 작물 재배가 불가능하다. 그러나 태양열 축열온실은 추가적인 난방 없이 태양열만을 이용해 밤낮으로 영상의 온도를 유지하는 데 성공했다. 무엇보다 여름작물인 토마토나 오이가 자랄 수 있는 온도인 10~15°C를 유지할 수 있었다.

2005년 북위 50°인 캐나다 매니토바에서도 중국 태양열 축열온실을 실험한 결과는 주목할 만하다. 온실의 북쪽 벽은 3.6RSI 유리섬유로 단열되었다. 밤엔 1.2RSI 정도의 단열성을 갖는 보온덮개를 덮었다. 가장 추운 2월 동안 외부온도는 +4.5~-29°C였다. 온실 내부온도는 외기보다 평균 18°C 이상 높았지만 한계가 있었다. 외기가 -29°C일 경우 온실 내부온도는 -11°C 가 된다. 결과적으로 추가적인 난방 없이 식물 재배는 불가능했다. 그럼에도 불구하고, 에너지 절감 효과는 일반적인 유리 온실에 비해 매우 클 수 있다.

태양열 온실의 단점

중국식 태양열 축열온실은 난방비용을 줄일 수 있지만 실제 재배 면적은 크게 낮아진다. 태양열을 축열하기 위한 북벽이 차지하는 면적 때문이다. 중국 태양온실의 생산량은 유리온실에 비해 2~3배 낮았다. 중국 태양열 축열온실에서 평방미터당 오이나 토마토는 30kg 정도 수확할 수 있다. 반면, 유리 온실은 평방미터당 토마토 60kg, 오이 100kg을 생산할 수 있다.

중국 태양열 축열온실의 또 다른 단점은 이산화탄소(CO_2) 부족이다. 현대 온실에서 작

그림 2-5 온실 뒷벽에 퇴비를 쌓아두고 퇴비 사이로 열회수를 위한 난방배관 설치 @Resilience

물 수확량을 늘리기 위해서 야외 이산화탄소량보다 최소 3배 정도 이상의 이산화탄소가 필요하다. 중국 태양열 축열온실에서는 종종 동물의 축분과 함께 잡풀을 혼합한 퇴비를 온실 내부에 두어 이 문제를 해결한다. 축분과 퇴비는 식물이 흡수할 수 있는 이산화탄소를 배출하고 발효과정에서 열을 발산한다. 이러한 점을 응용하여 시베리아 수도원에 살고 있는 미국인 저스틴 워커는 말, 염소와 양의 축분을 사용한 통합적인 온실을 만들었다. 퇴비에서 발생하는 열을 회수할 수 있는 난방 배관이 온실 바닥과 연결되어 있다.

그 밖의 소소한 단점을 꼽는다면, 중국식 태양열 축열온실은 온실 좌우벽이 벽돌로 되어 있어 동서의 햇빛을 차단한다. 온실 내부의 습기를 조절하기 쉽지 않다. 물론 최근엔 환기시스템이 도입되는 등 급격한 개선이 일어나고 있다. 여름철엔 태양 고도를 고려해 북쪽 축열벽이 차양되도록 하고 비닐을 걷어 바람이 통하게 하지만 온실 내부의 온도를 충분히 내리는 데 한계가 있다.

3. 물레방아 발전기

몇 십 년 전만 해도 전기 공급이 어려웠던 산촌에는 물레방아 발전기가 곳곳에서 이용되었다. 현재 전기가 공급되지 않는 곳이 드물어 물레방아 발전기는 거의 사라졌다. 발생하는 전력량에 비해 규모가 크고 충분한 계곡물이나 시냇물의 유량과 낙차 등 설치 조건이 까다롭기 때문이다. 이러한 단점에도 불구하고 물레방아 발전기는 직관적이고 단순한 구조인 데다 주변의 재활용품들을 활용해서 만들 수 있다는 장점을 갖고 있다.

물레방아 발전기 설치 조건

물레방아 발전기를 만들고자 한다면 우선 물의 유량과 낙차를 파악해야 한다. 일단 물의 양과 낙차를 파악했다면 적당한 물레방아의 크기, 즉 직경을 정할 수 있다. 보통 3m 이상의 낙차가 있어야 한다. 유량은 35L/s 정도 필요하다. 낙차가 부족할 경우 높은 위치의 계곡을 막아 작은 댐을 만들고 수로를 길게 수직으로 만들어 인위적 낙차를 만들 수 있다. 다만 수로가 길어지면 시설 비용이 상승한다. 낙차와 유량에 따른 발생 전력을 계산하는 식은 아래와 같다.

전력량(kw) = 중력가속도($9.8m/s^2$) × 낙차(m) × 유량(m^3/s) × 효율(0.5) (※종합효율은 통산 50%로 봄)

물레방아 발전기의 구조와 주요 부품

　물레방아 발전기는 물을 물레방아로 끌어오는 수로, 내부에 물바구니가 부착되어 있는 원반형의 물레방아, 고정틀, 회전방향을 변환하는 차동축 또는 회전속도(RPM)를 변환하는 기어헤드, 발전기 모터, 축전지, 전선 등으로 구성된다. 낙하하는 물로 물레방아를 회전시키고, 물레방아의 회전력으로 발전기 모터를 돌리면 전기가 발생한다. 물레방아에서 발생하는 전력은 출력이 일정치 않기 때문에 축전지에 저장했다 사용하면 안정된 전기를 얻을 수 있다.

그림 3-1 간단한 물레방아 발전기의 구조

물레방아 원반

원형의 물레방아는 최소 직경 110cm 이상이어야 한다. 물레방아의 직경이 클수록 발전량은 커진다. 물레방아 원반을 만드는 것이 쉽지 않은데 간단한 해결책이 있다. 목재나 플라스틱 재질의 케이블드럼을 재활용할 수 있다. 목재 케이블드럼은 방수 라커칠을 해야 한다. 여기에 물을 받을 수 있도록 대략 12개 정도의 물바구니를 일정한 간격으로 부착한다. 이렇게 만든 물레방아에 축과 베어링을 끼우고 고정틀에 장착한다.

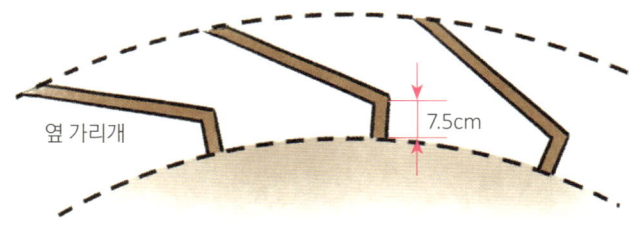

그림 3-2 케이블드럼과 물바구니 @김성원

풀리, 기어워크, 차동축

보통 발전기 모터를 빠르게 돌릴수록 전압이 높아지고 많은 전력을 얻을 수 있다. 물레방아에 직렬로 연결할 경우 회전속도를 높이기 어렵다. 회전속도를 높이기 위해 직경이 큰 V벨트 풀리에 벨트를 걸어 물레방아와 발전기를 연결하거나 기어헤드를 사용한다. 때에 따라서는 진동을 줄이기 위해 부축(보조) 풀리를 중간에 두고 연결한다. 물레방아의 직경이 110~150cm 정도일 경우 대략 직경 5~15cm인 풀리를 사용한다. 버려진 자전거 바퀴를 풀리로 재활용할 수도 있다. 물레방아의 회전축 방향과 발전기 모터의 축 방향이 수직으로 놓일 경우엔 폐차의 뒤 차동 차축을 재활용해서 축 방향을 바꿀 수 있다. 이때 차동 차축에서 브레이크 드럼을 떼어내고 사용한다.

그림 3-3 자전거 바퀴 훨, 풀리, 차동축 ⓒ김성원

발전기 모터

발전기 모터로는 폐차 시동 발전기를 사용하거나, 세탁기의 DD모터를 발전기로 재활용할 수 있다. 자동차 발전기나 세탁기 DD모터를 발전기로 사용하면 교류전기가 발생한다. 이 때문에 직류인 축전지에 충전하거나 가정용 전기로 사용하려면 정전압 정류회로와 충전회로, 인버터 회로 등 제어부품이 필요하다. 이러한 복잡한 문제를 간단히 해결

그림 3-4 세탁기 DD발전기 @carholic

하기 위해 DC모터를 발전기로 사용할 수 있다. 사실 전동 모터와 발전기의 구조와 원리가 같기 때문이다. DC모터는 저속회전으로도 직류전기를 얻을 수 있다. 참고로 모터의 축을 돌릴 수 있는 회전수가 증가하면 증가하는 만큼 전압이 증가한다. 전류는 모터의 와트수와 비례하며 모터의 전압에 반비례한다. 같은 볼트(V)수의 모터 2개 중 1개는 20W, 1개는 40W라면 40W 모터가 같은 회전수로 모터축을 돌려주었을 때 전류량(A)이 약 2배 높다.

예를 들어 DC 24V 40W 3,000RPM 2.3A인 모터축을 돌려 발전한다면 보통 70~80% 정도만 전기에너지로 전환되고 나머지 20~30%는 손실된다. DC 12V의 전압을 얻기 위해서는 대략 모터축을 1,500RPM 이상으로 돌려주어야 한다. 하지만 모터축을 빠른 속도로 돌려주는 게 어렵기 때문에 기어헤드를 모터에 달거나 풀리 벨트 등으로 증속시켜야 한다. 모터축을 돌리는 힘이 약할 때는 증속장치 없이 전압이 높은 모터를 사용하는 방법이 있다. 전류량(A)은 발전 모터의 볼트수가 올라간 만큼 적게 생산되지만 같은 회전속도에서 더욱더 높은 볼트수(전압)가 나온다.

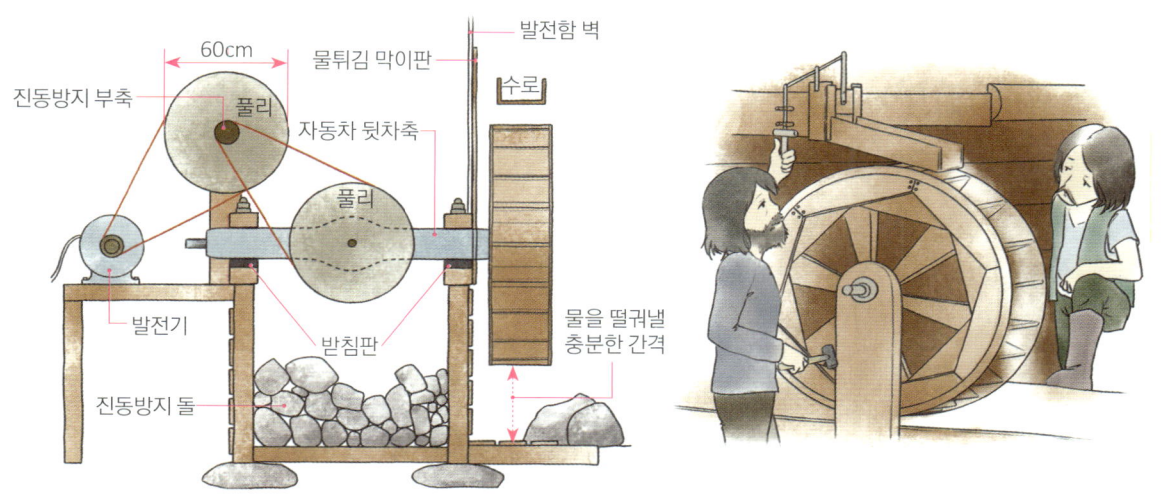

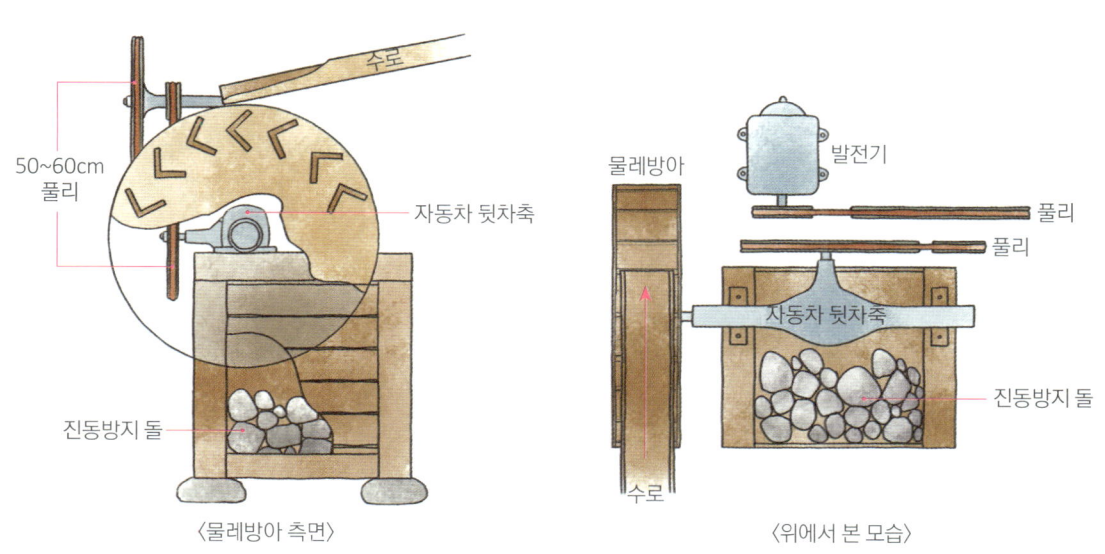

그림 3-5 물레방아 발전기의 구조

제4부 | 에너지 농부를 기다리며 145

축전지

물레방아에서 발생하는 전력은 출력이 일정치 않기 때문에 축전지에 저장했다 사용하면 안정된 전기를 얻을 수 있다. 자동차 축전지를 사용하려면 축전지 전압보다 높은 전압을 발생시켜야 한다. 물론 전류량이 작아도 충전은 되지만 충전 시간이 그만큼 오래 걸린다. 만약 수량 변화가 심하고 간헐적으로 물레방아가 회전한다면 축전지에서 발전모터로 전기가 역류하지 못하도록 다이오드가 필요하다. 또 축전지에 충전 전압 이상 과전압이 걸리지 않도록 제어하는 전자부품이 필요하다. 수량이 일정할 경우는 이러한 부품이 필요 없다. 충전 없이 전등 정도를 켠다면 간단히 전선만 연결하면 된다. 자동차 시동 발전기를 사용할 경우 축전지는 A32볼트 축전지를 사용하는 것이 좋다.

발전량

물레방아의 직경이 110~150cm이고, 15cm 풀리를 사용하여 자동차 시동 발전기를 작동할 경우 110V 500W의 전기를 얻을 수 있다. 이 정도 물레방아로 얻을 수 있는 전기는 전구 4~5개 밝힐 수 있는 수준이다.

4. 바이오가스 장치

소나 돼지 똥은 늘 골칫거리다. 소똥이야 잘 발효시키면 퇴비로 사용할 수 있지만, 돼지 똥은 수분이 많고 악취도 심하다. 수분과 염분이 많은 음식 쓰레기는 재나 낙엽을 추가해 탄소 질소 비를 잘 맞춰야 비로소 거름으로 사용할 수 있다. 하지만 가축 분뇨나 음식 쓰레기는 바이오가스와 열, 심지어 전기까지 얻을 수 있는 좋은 에너지원이다. 물론 에너지로 활용하고 남은 찌꺼기나 액비를 퇴비로 사용할 수 있으니 일석이조다. 대형 시설은 아니더라도 가축 분뇨와 음식 쓰레기를 이용해서 바이오가스를 추출할 수 있는 장치를 동남아 곳곳에서 사용하고 있다. 농가에서 만들어볼 수 있는 바이오가스 장치도 여러 유형이 있는데 모두 단순하고 만들기 쉬워 도전해볼 만하다.

발효통과 가스포집통 일체형

일체형 바이오가스 장치는 인도 농업기술기관이 고안했다. 발효통과 가스포집통이 하나로 구성된 이 바이오가스 장치는 농촌과 도시 빈민에게 보급되어 상당한 성과를 거두었다. 인도에서 지름 1~2m인 발효조를 가진 바이오가스 장치에서 나온 가스로 한 가정의 취사용 연료를 충분히 공급한다고 한다.

대부분의 바이오가스 장치는 메탄발효를 위한 발효통과 메탄가스 포집통으로 구성된다. 발효통 안에 물과 음식물 찌꺼기나 축산 분뇨, 농업 부산물을 분쇄해서 넣고 공기가 불필요한 혐기발효가 일어나게 하면 바이오가스가 발생하면서 가스포집통을 위로 밀어

> **메탄 혐기발효에 대하여**
> 1. 발효통으로 산소가 들어가면 혐기발효는 중지된다. 즉, 발효조 밀봉이 중요하다.
> 2. 메탄발효균 증식을 위한 발효(소화) 최적 온도는 메탄균의 종류에 따라 중온균 35°C 전후, 고온균 55°C 전후이다. 15°C 이하면 발효가 중단되므로 겨울철 보온이 필요하다. 발효통을 비닐하우스 안에 설치하거나, 단열, 땅에 묻거나, 태양열온풍기와 연결해야 한다.
> 3. 메탄발효는 산의 생성단계를 거쳐 메탄가스를 발생한다. 메탄균은 낮은 pH에서는 활동하지 못한다. 최소 pH6 이상 유지되어야 한다. 산도 유지를 위해 약품을 추가하는 경우도 있다. 산도가 지나치게 높을 때는 중화제로 식용 소다를 넣어준다. 제산 효과가 있고 산도를 낮춘다. 산도가 너무 낮을 때는 식초를 조절제로 첨가할 수 있다.
> 4. 음식물 찌꺼기의 염분이 지나치게 높으면 발효균 증식이 억제된다. 소금기가 많은 음식물 찌꺼기는 씻은 후 투입한다.
> 5. 물과 음식물은 약 1:1 혼합비로 잘 섞어서 투입한다.

올린다. 포집통과 연결한 가스관에 가스버너를 연결해서 사용할 수 있다. 가스를 사용한 만큼 가스포집통은 가라앉는다. 가스포집통의 높이로 가스 발생량을 파악할 수 있다. 가스의 분사압력을 높이기 위해 포집통 위에 적정한 무게의 무게추를 올려놓는데 무게에 따라 가스분사의 속도와 양이 결정된다.

음식물 찌꺼기는 수시로 투입할 수 있다. 넘치는 액비는 발효통 상단의 토출관을 통해 빠져나오게 되는데 밭에 액비로 뿌릴 수 있다. 발효통 하부의 찌꺼기(슬러지) 출구는 발효되지 못한 찌꺼기나 비정상 발효물들을 제거하는 용도로 사용한다.

발효통과 가스포집통 분리형

발효통

메탄가스 발효통은 상부가 돔 형태로 약간 볼록하게 솟아 있고, 정점에 가스배출 조절 밸브가 달려 있다. 여기에 가스관을 연결한다. 발효통 가스관은 가스포집통에 거꾸로 끼위 넣은 플라스틱 통의 바닥 밸브와 연결되어 있다. 발효통 상단에는 끝을 사선으로 잘라 투입물이 잘 흘러들게 만든 직경 5~10cm인 파이프를 바닥에서 15cm 높이까지 꽂아 넣는다. 이 파이프 위에 깔때기를 꽂아 음식물 쓰레기 투입구로 사용한다. 깔때기를 빼고 투입구를 마개로 막을 수 있어야 한다.

이렇게 만들면 통의 중앙 바닥으로 새로운 음식물 찌꺼기를 추가 투입할 수 있다. 추가로 음식물 찌꺼기를 넣는 만큼 넘치는 토출 액비를 받아낼 토출관이 필요하다. 음식물 찌꺼기를 넣으면 어떤 것은 뜨고 어떤 것은 가라앉는다. 넘쳐나는 것은 거의 액체 상태다. 큰 덩어리들은 통 안에 남게 된다. 같은 직경의 파이프를 〈그림 4-1〉과 같이 만들어 발효통 상단 반대편에 꽂아서 액비 토출관을 만든다. 토출관에 액비를 받을 수 있는 통을 걸어둔다.

가스배출 조절밸브는 발효통 최상단에 위치한다. 발효통 안에 차 있는 음식물 찌꺼기 윗부분과 발효통 사이의 빈 공간에 바이오 메탄가스가 모이고 가스밸브와 가스관을 통해 포집통으로 모인다. 발효통의 모든 관은 가스가 새지 않도록 실리콘으로 철저히 밀봉해야 한다. 가능하면 금속 재료는 사용하지 않는다. 발효과정에서 발생하는 산화황 때문에 철제 드럼통이나 철제 부속은 쉽게 부식될 수 있다.

재료

실리콘(밀봉용), 접착본드, 200L 플라스틱 드럼 2개, 농사용 관개 파이프와 밸브 연결구 부속, 건축용 물수평 폴리투명관(가스관 대용), 플라스틱 쓰레기통(김장용으로 많이 사용하는 것), 깔때기

구조

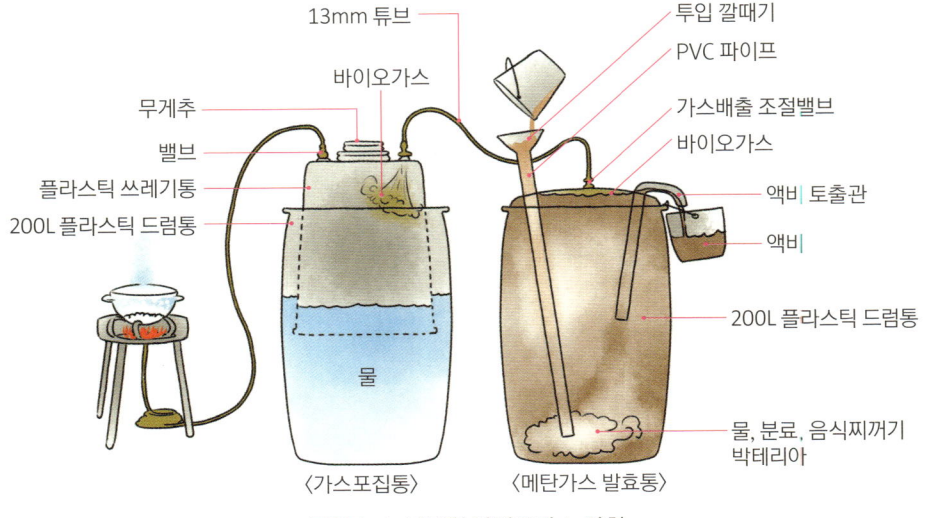

그림 4-1 분리형 바이오가스 장치

가스포집통

가스포집통은 200L 플라스틱 드럼통 안에 ¾ 정도 물을 채우고 플라스틱 쓰레기통(일명 김장통)을 드럼통 안의 물 속에 뒤집어 반쯤 잠기게 넣어 만든다. 뒤집힌 플라스틱 쓰레기통 바닥에는 2개의 가스 조절밸브를 끼운다. 밸브 하나는 가스관을 통해 발효통과 연결하고, 나머지 밸브는 가스관을 통해 버너와 연결한다. 가스의 양에 따라 이 포집통은 위아래로 움직이므로 포집된 가스의 양을 파악할 수 있다.

물의 역할은 일종의 스토퍼(stopper)이다. 메탄가스 발생량이 부족할 때 버너의 불꽃이 메탄가스가 가득 찬 포집통까지 역류하지 않도록 차단하는 역할을 한다. 또한 포집통 안의 가스가 새지 않도록 만들기도 하지만 과도하게 발생된 가스를 배출시키는 유연한 밀봉재 역할도 한다. 가스가 과도하게 차면 드럼통과 뒤집힌 쓰레기통 사이의 틈을 통해 새어 나오므로 가스포집통이 터지거나 쓰레기통이 뒤집히는 사고를 막을 수 있다.

가스포집통을 적당히 눌러 가스를 밀어내기 위해 5~10kg 정도의 무게추를 올려놓는다. 5kg 정도의 무게추를 올려놓으면 15분가량 가스가 천천히 분사될 수 있다. 10kg 정도의 무게추를 올려두면 좀더 빨리 가스가 분사된다. 이때는 10분가량 가스가 분사된다. 보통 이 장치로는 하루 한 번 정도 음식을 조리할 수 있다. 수시로 사용하려면 여러 개의 포집통이나 포집 튜브를 연결해서 사용해야 한다. 이 규모는 하루 평균 30분 정도 가스를 사용할 수 있다.

바이오가스 포집통이 터질 염려는 없을까? 없다. 폭발 조건은 포집통 안으로 공기가 들어가서 메탄가스와 공기가 혼합되는 경우, 포집통 가스압력이 낮은 경우, 내부에 불꽃이 튈 경우이다. 이 조건들이 중복 충족되어야 한다. 가스가 발생하면 포집통 안의 공기를 밀어내거나 가스밸브를 통해 밀어낸다. 착화시에 불을 곧바로 붙이지 않고 살짝 가스를 흘려보내면 공기가 먼저 빠져나간다. 일부러 포집통 내부에 불꽃이 튀게 하지 않는다면 포집통이 터질 염려는 없다. 그러나 규모가 큰 다른 구조의 바이오가스 장치에서 드물게 사고가 나는 경우가 있다.

가스분사 제어장치

바이오가스는 소의 트림이나 방귀와 같다. 냄새가 날 것 같지만 버너에 불을 붙이면 냄새를 태우기 때문에 청정 천연가스처럼 냄새가 나지 않는다. 메탄 바이오가스 단독으로는 열효율이 그리 좋지 않다. 노란 불꽃이 일고 그을음이 많이 생긴다. 이 문제를 해결하기 위해서 가스 노즐에 구멍을 뚫고 공기를 혼합 분사한다. 만약 공기를 예열해서 바이

그림 4-2 나무로 깎은 가스 노즐 장치 @shaunsbackyard

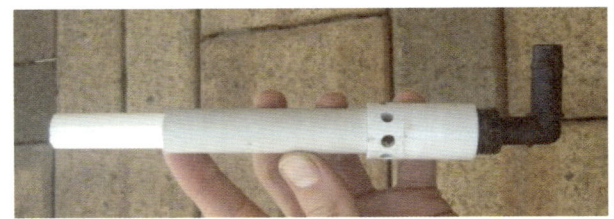

그림 4-3 공기와 메탄가스 혼합장치 @shaunsbackyard
공기구멍을 조절하여 메탄가스와 혼합되는 공기량을 조절할 수 있다. 참고로 메탄가스는 바로 불이 붙지 않고 공기, 즉 산소와 혼합할 때 불을 붙일 수 있다.

오가스와 혼합하면 더욱 효율이 좋아진다. 파란 불꽃이 발생하고 그을음은 줄어들고 열효율은 높아진다.

 가스를 분사하는 조절장치, 즉 노즐은 파이프와 나무를 심 없는 연필처럼 깎아 만들 수도 있다. 물론 산소용접용 금속 노즐을 구매하여 사용할 수도 있다. 이 가스분사 조절장치는 화학실험에 많이 사용하는 분젠식 버너(Bunsen burner) 구조로 만든다. 이 장치로 가스와 공기 혼합량과 가스분사량을 조절할 수 있다.

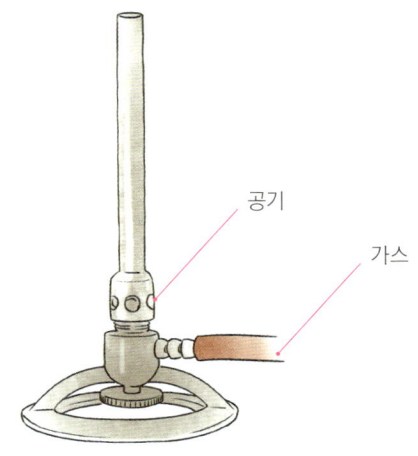

그림 4-4 분젠 버너의 기본 형태

　공기혼합 조절기를 만들 때는 가스 발생량과 적절한 공기 혼합비율을 찾아내는 것이 중요하다. 공기량을 조절하면서 가스의 불꽃을 살펴서 찾아내야 한다. 처음 불을 붙일 때는 혹시 포집통 안에 공기와 메탄가스가 혼합되어 있을 수 있으므로 가스를 조금 빼내야 한다. 공기와 메탄가스가 혼합된 상태에서 갑자기 불이 붙으면 순간 퍽 하며 약한 폭발 현상이 발생할 수 있다. 먼저 가스를 흘려보내고, 가스만 열어 불을 붙이고, 차츰 공기를 열어 조절하는 방식으로 사용한다. 분젠식 버너 외에 다른 형태의 이동형 가스레인지나 부탄가스용 휴대용 버너와 연결해서 사용해볼 필요가 있다.

음식물 쓰레기 투입 및 사용

처음 바이오가스 장치를 사용할 때는 일종의 소화액을 만들어 넣어야 한다. 발효통에 물과 약 20kg의 소똥을 섞어 넣는다. 이렇게 소똥을 채우는 이유는 소똥에 묻어 나오는 소 내장에서 활동하고 있던 메탄발효균을 이용하기 위해서다. 소는 여물을 먹고 소화시키면서 트림이나 방귀로 메탄가스를 배출시키는데 축산업 규모가 커지면서 지구온난화의 주요 원인이 되고 있다. 소똥 물은 일종의 소의 위액과 같은 소화액(발효제)이라 할 수 있다. 소 위장에 있던 메탄발효균이 섞인 소똥과 물을 발효통 안에 채우면 발효통은 마치 소의 위장과 같은 역할을 한다. 이 바이오가스 발효통을 소화조(Digester)라 부르는 이유다.

일단 그 다음부터는 잘게 씹은 듯이 조각낸 음식찌꺼기나 인분, 짚, 낙엽 등을 마치 소 먹이처럼 수시로 투입해주면 소화(발효)되면서 지속적으로 메탄가스가 발생한다. 메탄발효균이 정착해서 활성화되기까지 1주일 정도의 시간이 필요하다. 발효균이 정착할 때까지 음식찌꺼기를 종종 투입구에 넣어주어야 한다. 넘치는 토출 액비는 토출관을 통해 받아낸다. 이 액비는 밭에 비료로 뿌릴 수 있다. 보통 발효된 유기물은 위쪽으로 뜨기 때문이다.

음식물 찌꺼기를 투입하고 나면 가스가 새지 않도록 반드시 뚜껑을 잘 막는다. 하루 1kg 분량의 음식물 찌꺼기를 갈아서 물과 혼합하고 약 24시간 후에 버너에 연결하면 한 시간 정도 조리할 수 있는 분량의 바이오가스가 발생한다. 음식물 찌꺼기와 물을 혼합한 총량이 4L 정도라면 15분 정도 조리할 수 있는 바이오가스가 발생한다. 투입물의 양을 늘리면 가스 발생량은 더 늘어나므로 포집통을 더 크게 만들어야 한다.

동절기는 온도가 너무 낮거나 산도나 탄질비 조절이 되지 않아 혐기성 발효가 중단되거나 마치 설사할 때와 같은 냄새가 나는 이상발효가 일어날 수 있다. 적절치 못한 재료를 넣을 때도 마찬가지. 이때는 통을 비우고 다시 처음부터 시작해야 한다. 발효통에는 슬러지를 배출하는 배출관을 다는 것이 보통이다.

필터 장치

드물게 바이오가스에서 발생하는 냄새와 수분, 황을 제거하기 위해 필터를 가스관 중간에 설치할 수 있다. 냄새를 제거하려면 숯 필터를 사용한다. 수분을 제거하기 위해 물 필터를 사용하고, 황을 제거하려면 톱밥과 철가루를 사용한다.

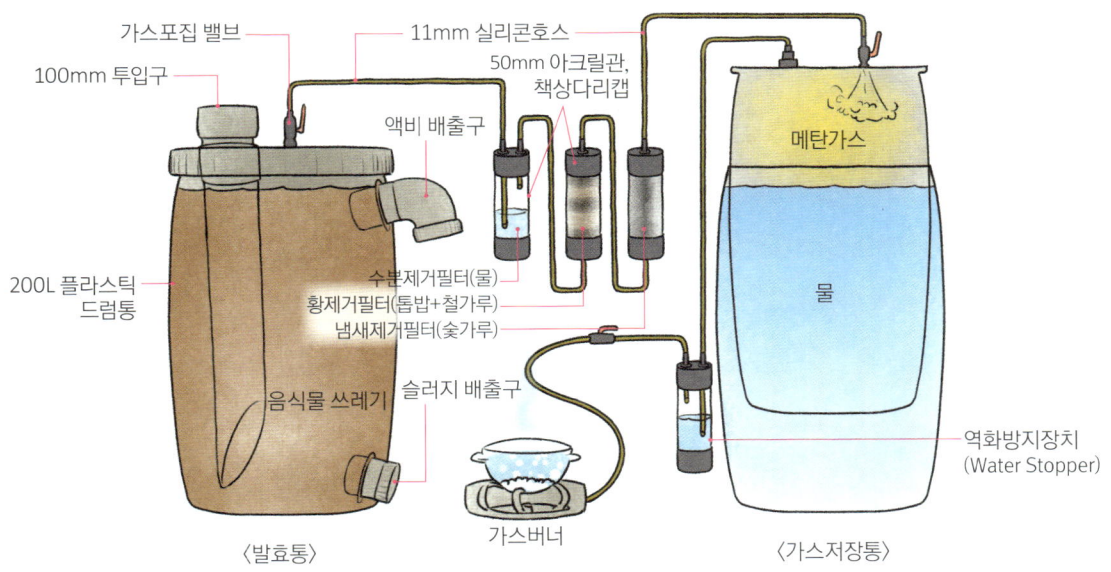

그림 4-5 필터를 발효통과 포집통 중간에 설치한다. ⓒ안병일

5. 드럼통 숯가마

옛날이나 지금이나 숯은 귀한 필수품이었다. '숯검댕이' 몰골이라 비하하는 말도 있지만 귀한 걸 묻힌 꼴이다. 요즘은 미용에 좋다며 숯가루로 만든 차콜팩을 얼굴에 덮는다. 숯의 용도가 어디 그뿐일까. 숯의 쓸모도 알아보고 숯 만드는 방법도 알아보자.

참 쓸모 많은 숯

숯은 탄소 덩어리이기 때문에 연기나 냄새가 거의 없어 주로 조리 화덕의 연료로 사용한다. 숯불에 구운 고기나 생선은 훈연이 배어 맛이 일품이다. 커피콩도 숯불에 볶으면 그 깊은 향미가 이루 말할 수 없다. 숯불에 잘 볶은 커피콩을 갈아 커피를 타서 마시면 입안에 비단 물결이 흐르는 듯하다. 과거엔 불힘이 좋은 숯을 가정에서 만들기 쉽지 않아 사서 써야 하다 보니 농촌에선 장작을 그대로 사용했다. 솥 바닥엔 검정이 심하게 묻어나고 연기도 심했다.

숯은 연기도 적고 그을음이 없어 제3세계 도시에서 주방 연료로 아직도 많이 사용한다. 현대 도시에선 가스화덕이나 전기화덕이 보급되어 숯은 더 이상 가정용으로는 사용되지 않는다. 다만 요리용 화로에 이용된다. 호사취미를 가진 이는 요리용 숯도 용도에 따라 달리 사용한다.

숯은 먹거리에도 쓰인다. 장 담글 때 좋은 숯은 필수다. 몸에 좋다 하여 식용 숯가루를 먹는 이들도 있다. 습도 조절능력이 있어 숯을 쌀통에 넣어두면 쌀벌레를 막는다. 어디 이뿐이랴. 숯의 용도는 지나치다 싶을 정도로 끝이 없다. 몇 가지만 소개해도 대략 다음과 같다.

숯엔 수많은 기공이 있어 탈취, 제습, 흡착성이 좋다. 이 때문에 냉장고 탈취제로도 쓰이고 옷장이나 습한 곳에 두어 제습제로도 사용한다. 숯은 공기정화 능력도 높다. 숯이 다공질이기 때문에 유기물 분해력이 뛰어난 방선균이 살기 좋다. 방선균이 포함된 숯은 공기 중에 오염된 성분이나 유해한 물질을 흡착하여 분해한다. 공기를 정화시키고 냄새를 제거한다.

주조 과정에서 불순물을 제거할 때도 숯(활성탄)이 이용된다. 그 효과를 확실하게 느낄 수는 없지만 알려진 바로는 숯은 음이온을 증가시키고 원적외선을 방출한다. 음이온은 부교감신경에 영향을 주어 기분을 안정시키고 몸의 긴장을 이완시키는 효능이 있다. 게다가 숯은 가전제품에서 나오는 전자파를 차단한다. 예전엔 재래식 펌프로 퍼올린 탁한 물을 숯과 모래, 자갈을 넣은 정수통에 걸러 마시기도 했다.

숯은 다공질로 미생물의 좋은 서식처가 된다. 이러한 성질을 이용하여 토질을 개선하는 데 왕겨숯을 이용한다. 여기까지는 우리가 많이 들어본 소리다. 숯을 찜질용으로 사용한다는 이도 있고, 튀김 기름에 섞어 넣으면 좋다는 이도 있다. 조금 생소한 용도로는 숯이 시멘트 혼합재로도 사용된다. 숯은 기공성이라 시멘트와 접착력이 좋고 숯가루와 혼합한 시멘트 미장벽은 표면이 매끄럽다. 콘크리트 부식 방지 효과도 있다. 적당한 비율로 숯을 혼합한 흙미장은 수분을 조절해서 균열을 줄여준다.

지금은 잊어진 숯의 용도를 살펴보자. 구들을 써온 우리 선조들은 부수적으로 생긴 숯을 모아 저장해두었다가 여러 가지 목적으로 이용하였다. 구들에서 나온 숯은 질이 낮았지만 주로 다리미질에 가장 많이 사용되었다. 바늘질 할 때 쓰는 인두에도 숯불이 필요했다. 전기다리미가 보급되면서 숯다리미는 사라져버렸다. 숯은 불씨를 보관하는 재료이기도 했다. "3대째 계속 보관해온 불씨"라는 말이 있을 정도로 숯불 보관은 그 집의 품격을 뜻하기도 했다. 불씨가 꺼져 이웃집에 불씨를 빌리러 가는 것은 일종의 수치였다.

흑연필조차 귀했던 예전에는 그림을 그리는 데 목탄이 종종 사용되었다. 연료용으로 참나무 숯을 쓰는 데 반해 목탄화에 쓰이는 숯은 특별히 버드나무, 사시나무, 벚나무, 오동나무, 물푸레나무를 구워 만들었다. 숯은 연마제로도 사용되었다. 금, 은, 칠기 등 고급 재료를 갈고 닦아 광을 내는 데 버드나무, 동백나무, 목련으로 만든 숯을 이용했다. 요즘엔 차콜팩이라 해서 숯을 재료로 한 미용품이 나와 있다. 과거엔 숯을 화장용으로 사용했다. 아마도 눈썹을 짙게 하는 데 썼나 보다. 화장용 숯으로는 오동나무 숯을 사용했다.

뽕나무 숯으로 불꽃놀이를 했다는 기록도 남아 있다. 음력 정월 16일은 몹쓸 귀신이 돌아다닌다고 여겼는데 이날 귀신을 쫓아내기 위해 뽕나무 숯가루에 불을 붙이는 풍습이 있었다. 뽕나무 숯가루는 불똥을 튀기면서 타기 때문에 무명천으로 만든 가늘고 긴 주머니 안을 꽉 채운 다음 둘레를 무명실로 감아 단단하게 만든다. 지름이 약 3~4cm 정도 되고, 길이는 15~25cm로 만들고 그 가운데 무명천을 말아 심지를 삼아 넣는다. 여기에 불을 붙이면 숯가루 불똥이 탁탁 튀며 불꽃을 내는 데 타는 모습이 장관이었다 한다.

숯의 종류

숯도 제각각이다. 질이 낮은 숯을 흑탄(黑炭)또는 검탄(黔炭)이라 하고, 질 좋은 숯을 백탄(白炭)이라 한다. 흑탄은 600~700℃로 가열한 뒤 숯가마 안에 2~3일간 두었다가 100℃ 정도가 되었을 때 꺼낸 것을 말한다. 백탄은 800~1,300℃의 높은 온도로 가열한 뒤 꺼내어 흙, 재, 숯불이 섞인 가루를 덮어 빠른 속도로 불기를 꺼서 만든 숯이다. 백탄은 흑탄보다 탄화 온도가 높기 때문에 탄소 함유비율도 흑탄이 75.2%인 데 비해 83.3%로 높다. 흑탄을 굽는 가마는 주로 흙으로 만들고 백탄을 굽는 가마는 돌이나 내화벽돌을 많이 사용한다.

숯은 딱딱한 정도에 따라 딱딱한 경탄(硬炭)과 무른 연탄(軟炭)으로 구분한다. 물론 경탄이 반드시 질 좋은 백탄이 되거나 흑탄이 반드시 무른 연탄이 되는 법은 없다. 경탄은 소량으로 사용할 때는 불이 잘 꺼지기 때문에 여러 개를 모아 사용해야 한다. 상수리나무 숯으로 만든 흑탄은 단단하지만 세로로 잘 갈라져서 국화(菊花) 모양을 내는 데 이것을 세워서 사용하면 공기가 잘 통해 한 덩어리의 숯이라도 계속 잘 타들어간다.

참나무로 만든 참숯, 화장품용 오동나무 숯, 목탄화에 쓰이는 버드나무 숯, 불꽃놀이용 뽕나무 숯, 연마제용 동백나무 숯 등 만든 목재에 따라 숯을 구분하기도 한다. 하지만 숯불구이에 자주 사용되는 참숯 외에 다양한 재료와 용도를 위한 숯을 이제 구하기 어렵다. 게다가 국내 소비되는 숯의 90% 이상이 중국산이니 그 품질을 알 수 없다.

숯가마 만드는 방법

쓸모에 맞는 숯을 원한다면 직접 숯을 만들어 써보면 어떨까. 숯은 공기를 차단한 채 목재를 가열시켜 만든다. 목재는 공기가 희박한 상태에서 가열하면 열분해를 일으키며 탄화를 시작한다. 이때 목탄가스와 목초액이 생기고 남는 것이 목탄, 즉 숯이다. 알고 보면 사실 숯 만들기가 그리 어렵기만 한 것도 아닌데 막상 시도해보는 이가 적다. 숯을 만드는 데 거창한 숯가마가 꼭 필요한 것도 아니다. 드럼통과 기름깡통, 연통 정도면 간단한 숯가마를 만들 수 있다. 적정기술 숯가마라 할까. 숯의 쓸모가 이만저만 아니니 잘 만든 숯을 여러 용도로 만들어 조금씩 내어 팔 수도 있다.

숯가마 만드는 재료는 뚜껑을 통 채로 여닫을 수 있는 200L 드럼통 1개, 직경 10cm 연통 2m, 직경 10cm L자형 연통 1개, 바닥용 적벽돌 15장 또는 말통들이용 사각 기름깡통, 목초액 받이로 쓸 빈 소형 페인트깡통, 세라믹 로프 약 2m가 필요하다. 도구로는 전동 그라인더와 쇠 절단용 그라인더 날 1~2개, 삽, 곡괭이, 망치, 못이 필요하다. 숯가마를 다 만든 후에는 숯을 만들기 위해 탄재로 잘 마른 참나무와 나무 자를 톱, 밑불용 장작, 불 붙일 토치나 라이터를 준비해두면 된다.

제작 순서

1. 1m 길이에 50cm 정도 단차가 있는 경사진 땅에 드럼통을 앉힐 구덩이를 판다.
2. 드럼통 뚜껑 하부에 25×25cm 크기의 화구를 따낸다. 이때 드럼통 뚜껑의 원형 테두리는 남겨두어야 다시 뚜껑을 닫을 수 있다. 뚜껑에 있는 고무패킹을 벗겨내고 세라믹 로프로 갈아 끼운다. 세라믹 로프가 없다면 없이 뚜껑을 닫되 나중에 흙으로 단단히 덮어야 한다.
3. 드럼통 바닥면 하부에 직경 10cm 크기의 배기구를 뚫는다.
4. 배기구에 직경 10cm L자형 연통을 꽂는다. 이때 목초액이 빠지도록 못으로 작은 구멍을 뚫어둔다. 이후 구덩이에 드럼통을 앉힐 때 이 L자형 연통 밑에 작은 페인트통을 받친다. 여기에 목초액이 모이게 된다.
5. 다시 L자형 연통 위에 2m 길이의 연통(직경 10cm)을 꽂아 세운다.
6. 드럼통을 구덩이에 앉히고 우선 드럼통 양옆과 뒤편 흙을 채워 드럼통을 고정시킨다.
7. 드럼통 하부에 잘 마른 밑불용 잔 장작을 깔아둔다.
8. 드럼통 중상부에 숯의 재료가 될 잘 마른 탄재(직경 5cm 이하, 길이 90cm 이하의 목재)를 채

워 넣고 뚜껑을 닫는다.
9. 벽돌이나 말통들이 기름깡통으로 화구 주위를 보강한다.
10. 화구 전면을 제외한 드럼통 전체를 흙으로 두텁게 덮는다.

그림 5-1 드럼통 숯가마를 만드는 방법 @Plala

그림 5-2 드럼통 숯가마를 만들어 잘 마른 대나무를 채워 넣은 모습

이제 숯가마에서 숯을 본격적으로 만들 준비가 되었다. 이렇게 만들어진 드럼통 숯가마의 내부온도는 700~750℃ 내외여서 좋은 숯을 만드는 데 한계가 있다. 드럼통을 흙으로 덮기 전에 세라믹 울이나 펄라이트 등 내화 단열재로 감싸거나 채워서 단열하면 더 온도를 높일 수 있다. 드럼통 숯가마의 내구성도 한계가 있다. 대략 10회 이상 사용하면 열변형 때문에 드럼통을 교체해야 한다.

숯 구워내기

숯을 만들 때는 연기의 색상과 온도로 탄재의 탄화 정도를 가늠하며 공기 투입량을 조절하고 연통을 막는 등 세심한 관찰이 필요하다. 양질의 숯을 만들기 위해서는 탄재로 사용되는 목재마다 다른 특성을 이해해야 한다. 숯을 만드는 데 10~12시간 정도 필요하다. 연기의 색상과 온도에 따른 숯가마의 온도와 필요한 작업을 정리하면 다음과 같다.

1. 숯가마 밑불에 불을 놓으면 연통으로 습기가 많은 백색의 연기가 나온다. 이때 연통 끝부분의 연기 온도는 80℃ 이하이고, 숯가마 내부의 온도는 300℃ 이하이다.
2. 황갈색이 섞인 연기가 나오는데, 연기에 단내가 난다. 이때 연기의 온도는 80℃ 전후이다. 2시간가량 지속되는데 연기의 온도가 80℃가 넘으면 화구를 닫아 공급되는 공기의 양을 줄인다. 황갈색 섞인 연기는 150℃ 전후까지 계속된다. 연기의 온도가 150℃를 넘으면 타르 성분이 많은 연기가 나온다. 숯가마 내부의 온도는 300℃에서 400℃ 전후이다.
3. 더 온도가 오르면 연기에서 코를 찌르는 냄새가 점차 없어지고 오히려 희미한 냄새가 난다. 연기 온도는 180℃를 넘어 200℃ 전후가 된다. 숯가마 내부의 온도는 450℃

전후가 되어 목재의 주성분인 리그닌의 분해가 격렬해진다.

4. 가마 온도가 500°C를 초과하면 파란빛이 도는 흰 연기가 나오기 시작한다. 이때 연기의 온도는 200°C를 넘어 300°C 부근까지 상승한다. 참고로 목초액은 황갈색 연기가 나올 때부터 파란색 연기가 나올 때까지 그 사이에 추출하면 적당하다. 숯가마 온도가 너무 올라가면 벤조피렌 등 유해한 성분이 목초액에 섞일 수 있다.
5. 가마의 온도가 600°C를 넘게 되면 연기는 보라색 빛을 띤다. 연기의 양도 적어진다.
6. 보랏빛 연기가 투명해지면 탄재의 탄화가 끝났다는 증거다. 화구를 흙으로 완전히 막아버리고 연통도 빼낸 후 흙으로 완전히 덮어버린다.
7. 냉각을 촉진하기 위해 드럼통 숯가마 천장의 흙을 일부 제거한 채 하루 이틀 정도 방치해둔다. 충분히 식은 후 뚜껑을 열어 숯을 빼낸다. 숯을 빼낼 때는 장갑과 마스크를 착용한다.

자, 이제 숯을 크기나 용도별로 분류해서 마음껏 사용해보자.

다시 대동(大同)우물이 필요하다. 예전 인천의 구월동에는 지금의 남부소방소를 중심으로 위로는 작은구월말, 아래로는 큰구월말이 있었다. 이 마을에 전해오는 이야기로는, 큰구월말은 거북이 모양으로 우물이 하나만 있어야 사람들이 잘살 수 있다고 한다. 만약 우물이 여러 개 있다면 복도 모두 빠져나가서 가난하게 살 것이라 여겼다. 마을 사람들은 큰구월말 앞에 대동우물이라는 큰 우물을 만들어 마을 주민 60호가 물을 그곳에서만 길어 먹었다. 그 후로 부자가 많이 생겼다.

하지만 후대에 와서 사람들이 넉넉한 살림살이를 하다 보니 물을 마을 입구 대동우물까지 오가며 길어 먹는 것이 귀찮아졌다. 하나둘 우물을 새로 파게 되었는데, 복이 다 빠져나가 가난해지는 이가 늘기 시작했다고 한다. 하지만 대동우물은 어떠한 가뭄에도 물이 마르지 않았다. 우물은 얕고 넓으며 턱이 낮아 누구나 손쉽게 떠갈 수 있었다. 수자원은 사유화될 수 없다. 모두가 잘살 수 있으려면 마을 사람들이 힘과 지혜를 합쳐 대동우물을 파고 관리하듯 그러한 기술을 추구해야 할 때인 듯하다.

05
물관리 기술자

벌써 한 달째 비가 오지 않는 폭염이 계속되고 있다. 이곳은 두 달째 소낙비조차 피해가고 있다. 다행히 10년 전 집을 지을 때 좋은 위치에 150여만 원을 들여 지하 30m 정도 깊이로 지하수 소관정을 파두었다. 그 덕분에 지금까지 갈수기조차 물 걱정하지 않고 지낼 수 있었다. 하지만 몇발 건너 같은 마을이어도 산비탈 집들은 사정이 다르다. 늦가을부터 봄까지 지하수가 올라오지 않아 몇몇은 다른 집으로 물을 받으러 다닌다. 어떤 집은 집을 새로 고치며 700만 원 이상 비용이 들고 지하 70m까지 깊이 파야 하는 중관정을 뚫으려 했지만 물을 구할 수 없었다.

요즘 천수답 논들은 벼들이 바짝 말랐다. 농사용 대형관정에서 지하수를 퍼올려 물을 대고 있는 논들도 사정은 그리 좋지 않다. 점점 논 곳곳에 뚫어둔 지하수 관정들이 말라가고 있기 때문이다. 수량이 점점 줄어들고 있다. 만약 관정들조차 말라버리면 농사짓기가 더욱 어려워질 것이다. 해외 소식처럼 들녘에 커다란 지하 동공이 생겨 논밭이 주저앉는 것은 아닐까 걱정된다.

올여름 산악지대나 섬들은 물 사정이 최악이다. 그동안 산자락 계곡물을 사용하던 장흥 관산에 귀농한 젊은 부부도 올해는 계곡물이 말라 한여름을 어렵게 지냈다고 한다. 마실 물 구하기 어려운 섬에선 육지에서 물을 배로 실어다 먹는 처지다. 비용 문제는 차치하고 물 문제로 심각한 싸움이 일어난 섬들에 관한 소식도 들린다. 시골 곳곳 수도가 연결되고 있지만 수자원민영화가 진행되고 있는 상황이니 물값이 금값 될 날도 머지않아 보인다. 앞으로 빗물이든, 표층수(건수)든, 지하수든, 안개든 물을 가두고 퍼올리고 저장하는 기술과 지식을 갖출 필요가 있다.

에너지 비용이 높아지고 지하수조차 고갈되면 전기나 화석 에너지를 이용하는 지하수 관정에만 의존할 수도 없다. 시골은 그동안 곳곳에 지하수를 개발하느라 지하수 관정업자들은 제법 돈을 벌었다. 하지만 그 일 하던 이들이 10년 사이 하나둘 지하수 개발을 그만두고 있다. 전처럼 지하수가 펑펑 터져나오지 않기 때문이다. 아무리 여러 날 비싼 기름을 넣어가며 천공기를 돌려 지하관정을 파도 막상 물이 나오지 않으면 비용을 받을 수 없다. 그 비용은 오롯이 지하수 개발업자의 손실로 남는다. 지하수 개발 실패율이 높아진 것이다. 지하수 자원이 고갈되었기 때문이다. 어찌 이들뿐일까. 그동안 좋은 위치에 관정을 판

까닭에 물 걱정을 하지 않았지만 내 경우도 문제가 생기기 시작했다. 여러 날 집을 비우고 돌아오면 물이 올라오지 않기 시작한 것이다. 관정 모터 꼭지를 풀고 마중물을 한참 붓고서야 다시 물을 퍼올릴 수 있다. 예전에는 없던 현상이다. 가뭄에 지하 수위가 내려간 까닭인지, 지하 양수관 어딘가에 파공이 생겨 물이 새는 것인지 알 수가 없다.

이제는 다른 차원의 물관리 기술자가 필요한 시대이다. 둠벙이며 작은 저수지를 만드는 방법이며, 물을 퍼올리는 비전력 펌프와 물을 깨끗하게 저장하고 정수하는 기술, 빗물을 저장하고 활용하는 법, 안개를 포집해서 결로수를 사용하는 기술, 물을 적게 사용하는 방법, 세탁할 때도 물을 아끼는 방법, 처지에 맞게 적용할 수 있도록 과거부터 현재까지 발전해온 온갖 양수 기술 등 앞으로 찾고 익혀야 할 기술이 한두 가지가 아니다. 도시에서야 환경변화로 인한 문제를 공공기술 서비스로 해결받을 수 있다지만 시골은 아직 그렇지 못한 곳이 적지 않기 때문이다. 시골에선 종종 문제를 개인이나 마을에서 스스로 해결해야 한다. 예전이나 지금이나 물을 구할 수 있는 기술을 가진 사람이 대우받지 못한 시대는 없었다. 시골이라면 더욱 그렇다.

1. 빗물 집수통

한국은 상하수도 시설이 잘되어 있다. 농촌도 웬만하면 수도가 연결되어 있거나 곳곳에 지하관정을 설치하여 가정용이나 농사용으로 사용한다. 도무지 한국이 물부족 국가란 말이 실감나지 않는다. 하지만 분명 한국은 현재 '물부족 국가'로 분류되어 있는 상태다. 2025년에는 '물 기근 국가'로 전락할 가능성이 높다. 차분히 따져보면 식수 외에도 가정 생활용수, 농업용수, 공업용수, 발전 냉각용수 등 물 수요가 적지 않다.

주변을 살펴보면 농업용수를 감당하던 지하관정이 말라 물 대기 어렵다는 얘기도 종종 들린다. 산촌은 아직도 계곡물을 사용하는 경우가 적지 않고, 작은 섬에선 육지에서 물을 배로 실어다 먹는다는 뉴스도 전해진다. 각종 용도로 사용할 만한 품질로 물을 정수하고 각 가정으로 이송하려면 상당한 에너지가 든다. 지하관정을 뚫고 모터로 물을 퍼올리는 데도 전기가 사용된다. 물은 결국 에너지인 셈.

요즘 도시에서도 옥상이나 작은 짜투리 땅, 도시농장에서 텃밭을 가꾸는 시민이 늘어나고 있다. 텃밭을 가꾸다 보면 물 주기가 쉽지 않다는 걸 곧 깨닫는다. 작은 농사에도 상당한 물이 필요하다. 비가 올 때야 상관없겠지만 갈수기엔 농작물이 쉽게 시들 수 있다. 수돗물보다 빗물을 작물에 뿌려주면 쑥쑥 잘 자란다. 수돗물엔 식물의 성장을 가로막는 염소가 들어 있고, 빗물엔 식물의 성장을 돕는 질소가 많이 녹아 있기 때문이다. 사실 빗물은 수돗물보다도 깨끗하고 안전하다. 빗물의 용도는 이뿐이 아니다. 주차를 할 때나 마당을 청소할 때도 빗물은 요긴하게 쓰일 수 있다. 다만 빗물을 저장할 수 있는 집수통이 있어야 가능하다.

아쉽게도 건물 지붕에 내리는 빗물이나 이른 새벽 지붕에 맺히는 이슬은 대부분 홈통을 통해 떨어져서 하수관으로 흘러가 버린다. 홈통 밑에 집수통을 만들어 빗물을 저장해 두면 여러 용도로 사용할 수 있다. 도대체 지붕에 내리는 빗물을 얼마나 모을 수 있을까? 빗물연구센터에 따르면 지붕면적 $100m^2$ 주택의 경우 평균 $4m^3$ 정도 빗물을 이용할 수 있다.

일반 빗물 집수통

집수통은 갈색 고무통을 사용할 수도 있고, 농사용 플라스틱 저장통을 사용할 수도 있다. 빗물을 받기 위해서 지붕 처마 밑에 부착된 빗물 홈통을 적당한 높이로 자르고 그 밑에 큰 플라스틱 드럼통을 놓아도 된다. 몇 가지 주의할 점이 있다. 햇빛이 투과될 수 있는 투명 재질보다는 불투명한 통을 사용해야 한다. 빗물이 햇빛을 받으면 미생물과 유기물질이 반응해서 썩을 염려가 있다. 녹색 이끼가 낄 수도 있다. 가림막을 설치하거나 나무그늘을 만들어주어야 한다. 빗물이 들어오는 곳에 반드시 거름망이나 필터를 설치하고 수시로 점검해서 낙엽이나 흙 같은 이물질이 들어가지 않도록 해야 한다. 이런저런 이유로 물이 탁해지기 시작하면 모기 유충이 서식할 수 있고, 어느새 물이 썩고 만다.

무엇이든 불편 없이 쓰려면 제대로 만들어야 한다. 우선 빗물 집수통이 갖추어야 할 기본 구조를 살펴보자. 보통 빗물 집수통은 지붕 처마의 빗물받이를 거쳐 빗물을 지면으로 내려보내는 홈통 밑에 둔다. 홈통으로 내려오는 빗물을 받기 위해 드럼통 뚜껑에 구멍이 뚫려 있어야 한다. 이 구멍에 먼지나 오물을 걸러내는 스테인리스나 플라스틱 거름망이 필요하다. 비가 올 때는 짧은 시간에 드럼통에 물이 가득 차는데 이때 넘치는 물을 배출하는 토출관을 드럼통 상부에 연결해야 한다. 집수통 아래쪽 전면에 빗물을 손쉽게 사

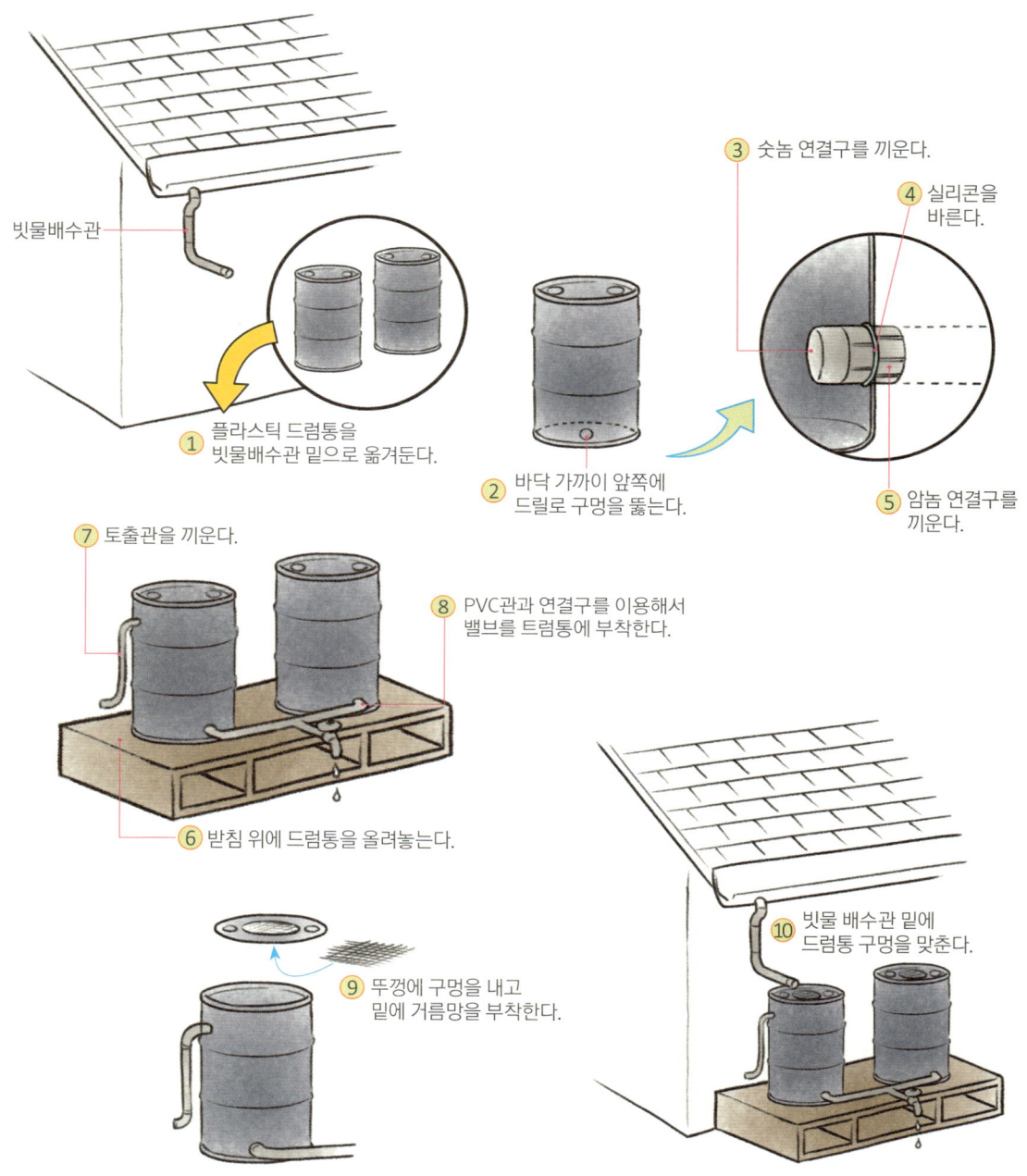

그림 1-1 플라스틱 드럼통과 배관자재를 사용해서 제작하는 빗물 집수통

용할 수 있도록 밸브가 달려 있다. 밸브 밑에는 집수통 안에 깔린 오물을 청소하거나 물을 완전히 빼낼 수 있도록 마개가 있는 배출구를 만들어둔다. 더 많은 빗물을 저장하기 위해 여러 개의 드럼통을 연결하기도 한다. 〈그림 1-1〉과 같은 순서로 플라스틱 드럼통과 농자재 상가나 건자재 가게에서 구입할 수 있는 플라스틱 배관자재를 사용하여 빗물 집수통을 만들 수 있다.

토출관이 없는 저오염 빗물 집수통

보통 빗물 집수통은 집수통 뚜껑에 빗물을 받기 위한 구멍이 뚫려 있다. 아무리 거름망으로 큰 이물질을 걸러낸다 해도 먼지나 미세한 이물질이 들어갈 수밖에 없다. 어느 정도 차단한다 해도 구멍으로 햇빛이 들어가면 녹조가 낄 수도 있다. 토출관이 설치되어 있다 해도 큰비가 내릴 때는 배출량에 한계가 있어 물이 넘치기 십상이다. 어떻게 하면 집수통 오염도 막고 토출관도 필요 없는 빗물 집수통을 만들 수 있을까.

빗물 국자가 달린 호스를 홈통 중간에 끼워 넣고 빗물 집수통과 수평으로 연결하면 물이 넘치는 법이 없다. 즉 토출관이 필요 없다. 빗물 국자가 수직 홈통으로 내려가는 빗물의 일부를 집수통으로 흘려보낸다. 집수통과 홈통을 연결하는 호스가 수평이 되면 물이 넘치지 않는다. 집수통에 물이 가득 차면 자연스럽게 연결 호스 안에도 물이 차기 때문에 더 이상의 빗물이 입수되지 않는다. 홈통에서 내려오는 빗물은 집수통으로 들어가지 않고 그대로 지면으로 배출된다.

이 방식은 완전히 집수통 뚜껑을 닫아둘 수도 있어 햇빛에 노출되지도 먼지가 들어가지도 않는다. 빗물에 섞이는 먼지와 낙엽 등 이물질을 걸러내는 거름망을 집수통에 설치할 필요가 없다. 이 방식에서는 지붕 처마의 빗물받이와 수직 홈통을 연결한 구멍에 거

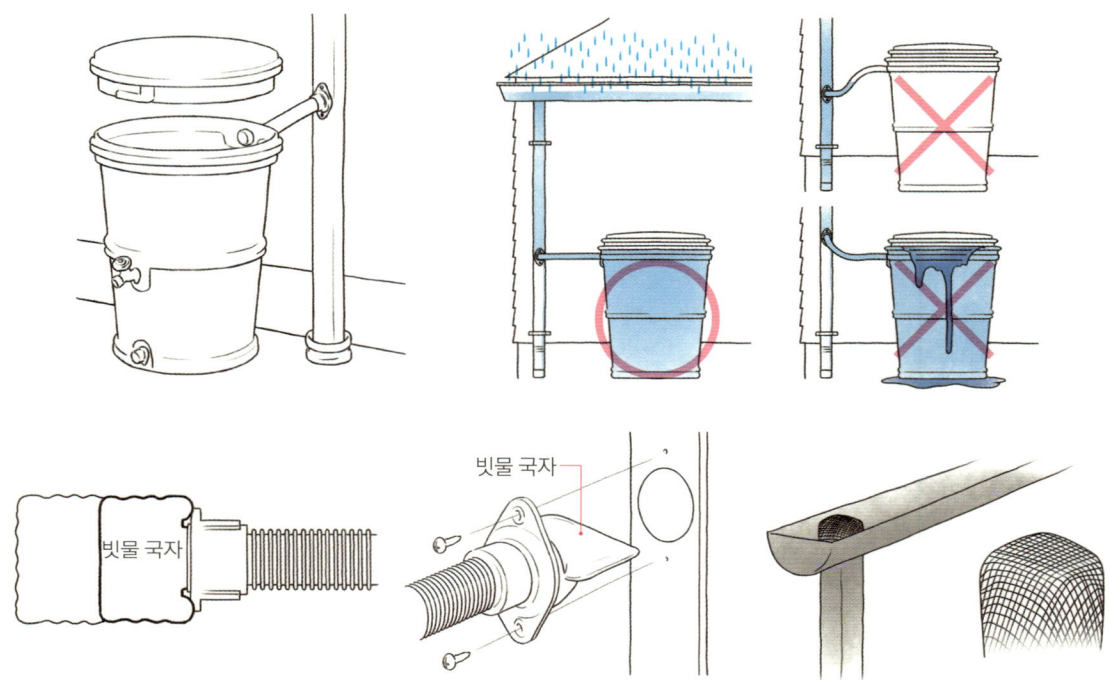

그림 1-2 토출관이 필요 없는 밀폐형 빗물 집수통 @Channel Rain Barrel

름망 투구를 씌워 이물질이 집수통으로 들어가는 것을 사전에 방지한다.

이 방식에서 핵심 부품은 빗물 국자다. 빗물 국자는 호스 배관의 고정 부품 안쪽에 부착한다. 빗물 국자는 작은 사각 스팸 깡통을 오려서 만들 수도 있고, 말 그대로 스텐 국자의 긴 손잡이 부분을 잘라내고 남은 부분을 꺾어서 만들 수도 있다. 빗물 국자는 배수관을 완전히 막지 않고 $1/2 \sim 1/3$ 정도만 차지한다. 빗물 집수통과 홈통을 연결하는 호스는 반드시 수평으로 연결해야 한다. 집수통의 수평과 연결 호스의 수평이 중요하다. 호스가 밑으로 처지면 집수통의 빗물이 넘치고, 높으면 빗물이 집수통으로 들어가지 않는다.

에너지도 아끼고 물부족도 해결할 수 있는 빗물 집수통을 직접 만들어보자. 하지만 아무리 간단해도 무작정 달려들진 말자. 구조와 원리를 이해했으면 필요한 도구를 점검해보고, 활용할 만한 재료를 찾아보자. 소비에만 길들여진 사람들 중엔 예상 외로 일머리 없는 경우가 많다. 일머리 있는 사람은 준비가 반이란 걸 안다.

2. 비전력 수격펌프

전기가 필요 없는 물펌프가 있다. 이른바 수격펌프(hydraulic ram water pump)다. 흐르는 물이나 낙차가 큰 물을 간헐적으로 막았다 열었다를 반복할 때 발생하는 수격 작용을 이용해서 높은 곳으로 물을 끌어올릴 수 있는 무동력 물펌프다. 수격이란 관로 속에 가득 차 흐르는 물의 속도를 급격히 변화시켰을 때 생기는 압력 변화로 관에 타격을 주며 마치 망치로 탕탕 치는 듯하는 소리와 함께 충격이 발생하는 현상이다.

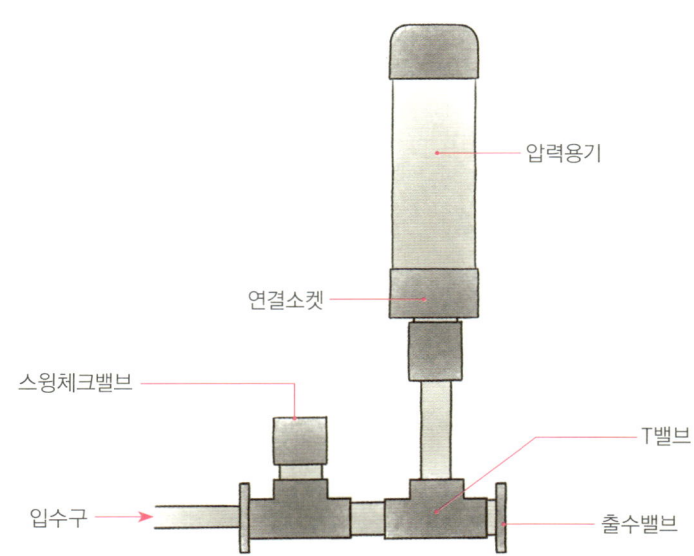

그림 2-1 일본 농가에서 사용하는 PVC관으로 만든 수격펌프

수격펌프는 프랑스의 몽골피에(Joseph Michel Montgolfier)가 1796년 제지공장에 물을 퍼올리기 위해 발명했다. 영국을 거쳐 미국에서 수격펌프는 19세기 후반부터 사용되었지만, 19세기 말 전동펌프가 보급되면서 수격펌프는 뒷전으로 밀려나기 시작했다. 20세기 말 수격펌프에 다시 이목이 집중되고 있다. 개발도상국에서는 지속가능한 개발을 위해, 선진국에서는 고유가시대 에너지 절약 차원에서 다시 수격펌프의 필요성이 높아졌다.

한 예로 필리핀에서 활동하고 있는 구호단체(International AID)는 전기가 들어오지 않는 오지마을에서도 사용할 수 있는 수격펌프를 개발하여 보급하고 있다. 네팔의 산악지대에서 계곡의 물을 주택으로 양수하는 데 이용하거나, 이집트 등 중동지방에서 사막의 밭에 물을 대는 데 사용하고 있다.

수격펌프의 장단점

수격펌프는 휘발유나 디젤 같은 화석연료나 전기를 사용하지 않기 때문에 운전비용이 들지 않고 환경오염을 일으키지 않는다는 장점을 갖고 있다. 구조가 간단해서 누구나 직접 만들기 쉽고 설치하기도 쉽다. 물론 유지 보수하기도 쉽다.

수격펌프의 가장 큰 단점은 용도가 제한된다는 점. 수격펌프는 펌프보다 높은 곳에 충분한 낙차를 가진 저수지가 있고 그보다 높은 위치로 물을 끌어올릴 때, 경사가 큰 수로의 물이나 시냇물을 더 높은 곳으로 퍼올릴 때에 주로 사용한다. 운영할 때 문제는 펌프와 연결된 관로에 공기가 들어가거나, 불순물이 펌프 밸브에 끼어 막히는 현상과 겨울철 동파다. 또 다른 단점은 전동펌프에 비해 양수능력이 떨어지고 펌프의 규모가 크다는 점이다.

수격펌프의 양수(揚水)능력을 살펴보면 낙차 1~30m의 저수지에서 시간당 1~40m^3의

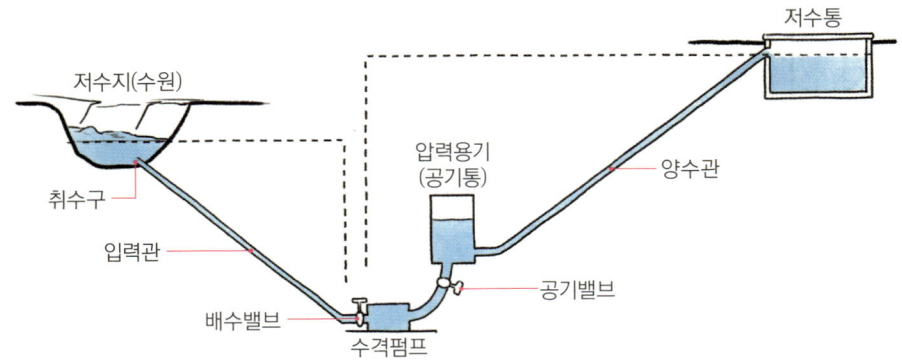

그림 2-2 저수지와 수격펌프, 양수 위치 ⓒ안병일

수량을 관로를 통해 흘려보낼 경우 최대 300m까지 양정(揚程)할 수 있다. 저수지에서 물이 들어오는 입력관과 목적지로 물을 끌어올리는 양수관 사이의 높이 차이에 따라 수격펌프는 공급되는 물의 약 10~20%를 양수할 수 있을 뿐이다. 그럼에도 수돗물이 공급되지 않고 지하수 관정을 개발할 수 없는 산골 오지 등에서 유용하다.

기본 구성과 작동 원리

〈그림 2-3〉을 보면, 처음 배수밸브④가 열려 있고 양수체크밸브⑤는 닫혀 있다. 입력관①으로 들어온 물은 중력에 의해 결과적으로 배수밸브를 밀어내는 힘을 증가시켜 배수밸브가 닫힐 때까지 유속과 운동에너지를 증가시킨다. 배수밸브가 닫히면 수압에 의해 수격작용을 하게 되고 관내 압력이 높아지면서 압력용기 하부의 양수밸브가 열린다. 이때 일부 물을 양수관③으로 밀어낸다. 이러한 작용의 반복으로 수원의 위치보다 훨씬 높은 위치까지 물을 양수할 수 있다.

물이 다시 압력용기 밑으로 내려가려 할 때 양수체크밸브⑤가 닫힌다. 모든 물 흐름이 정지되면 스프링 달린 배수밸브가 다시 열리고 지금까지 과정이 반복된다. 압력용기⑥에는 충격완화용으로 공기가 들어 있어 배수밸브가 닫힐 때의 수압 충격을 완화하고 양수관에 흐르는 물의 양을 늘려서 펌프의 효율을 높인다. 이론적으로 압력용기가 없어도 수격펌프가 작동하지만, 효율은 크게 저하된다. 또한 충격이 반복되므로 펌프의 수명이 훨씬 짧아진다. 이 구조의 경우 압력용기 내의 공기가 서서히 물에 녹아 공기압이 줄어든다는 문제가 있다.

해결책은 물과 공기 사이에 신축성 있는 격막을 장착하는 방법이 있다. 자동차나 자전거 타이어 튜브에 약간의 공기를 채워 압력용기 안에 넣고 밸브를 닫는 방법이 자주 사용된다. 이 경우 튜브는 격막과 같은 역할을 한다.

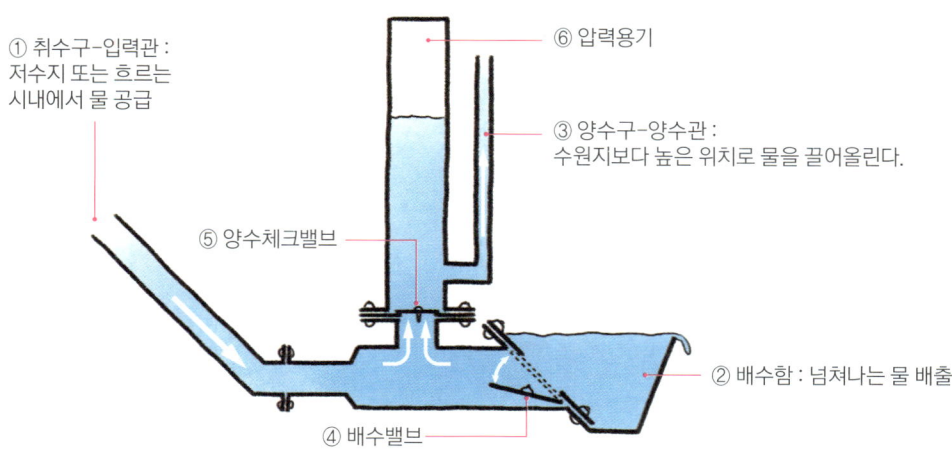

그림 2-3 수격펌프의 기본 구조 @WOT

제5부 | 물관리 기술자   179

마더 수격펌프와 설계 요소

일명 마더 펌프(Mother Pump)는 집에서도 PVC 배관 부속을 이용해서 만들 수 있는 수격펌프다. 마더 수격펌프를 설계할 때 고려할 요소는 다음과 같다.

1. 저수지(수원)와 펌프 사이의 수직 낙차
2. 펌프와 물을 양수할 위치(토출양정)의 높이 차
3. 사용할 물 흐름의 양(Q)
4. 적절한 물 수량
5. 저수지(수원)에서 펌프까지 입력관의 길이
6. 펌프에서 양수 위치까지 양수관의 길이

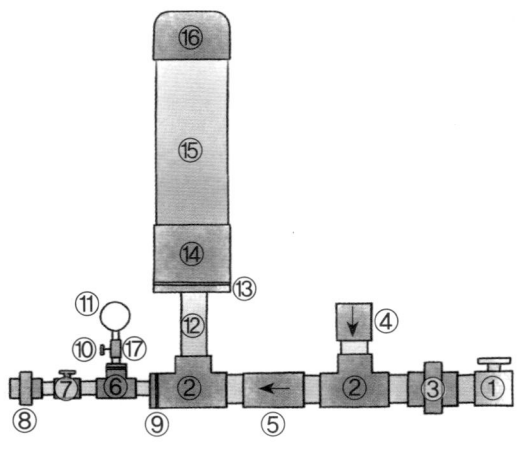

① 1¼″ 잠금밸브
② 1¼″ T 밸브
③ 1¼″ 연결밸브
④ 1¼″ 스윙체크밸브(배출밸브)
⑤ 1¼″ 스프링체크밸브(양수밸브)
⑥ ¾″ T 밸브
⑦ ¾″ 잠금밸브
⑧ ¾″ 연결밸브
⑨ 1¼″ ×¾″ 축받이 덧씌움(bushing)
⑩ ¼″ 관마개 (Pipecock)
⑪ 100PSI 압력측정계
⑫ 1¼″ ×6″ 니플(nipple)
⑬ 4″ ×1¼″ 축받이 덧씌움
⑭ 4″ 연결소켓(coupling)
⑮ 4″ ×24″ PR160 PVC파이프(압력용기)
⑯ 4″ PVC 접착마개
⑰ ¾″ ×¼″ 축받이 덧씌움

(※ 1″=2.54cm)

그림 2-4 PVC관 부속으로 집에서 만들 수 있는 마더 수격펌프

양수량을 결정하는 설계 공식은 다음과 같다.

$$D = \frac{S \times F \times E}{L}$$

D=24시간당 공급되는 물의 양(리터)
S=분당 공급되는 물의 양(리터)
F=수원과 펌프 사이의 낙차(미터)
E=펌프 효율(상업제작 수격펌프 효율 0.66, 자가제작 수격펌프 효율 0.33)
L=펌프에서 양수 위치까지 높이(미터)

저수지(수원)에서 펌프까지 높이의 5~12배 길이로 입력관을 만든다. 입력관의 길이는 양수관 직경의 500~1,000배가 적당하다. 입력관의 길이를 이러한 비율로 만들면 펌프는 1~2초에 1주기 운동을 한다.

농수 공급을 위해 수많은 전기펌프를 이용하고 있는 우리 농촌 실정을 생각할 때 전기를 사용하지 않는 수격펌프는 비록 사용처가 제한적이라도 지나치게 화석에너지에 의존하고 있는 상황을 개선할 수 있는 적정기술이다.

3. PVC파이프 펌프

이동형 파이프 펌프는 값싸고, 단순하고, 견고하고 효과적이다. 이동형이기 때문에 어떤 현장에서든 사용할 수 있다. 전동 양수기나 디젤 양수기가 아니더라도 그리 많지 않은 양의 물이라면 간단한 파이프 펌프로 40m 높이까지 양수할 수 있다. 즉 지하 20m 밑에 있는 물을 지상 20m 위의 물탱크까지 끌어올릴 수 있다. 파이프 펌프는 바닥밸브와 피스톤밸브, 2개의 체크밸브 사이에 물을 압축해서 물을 끌어올린다. 피스톤 작용에 의해 손잡이 끝의 출수구로 물을 뿜어내는 구조다.

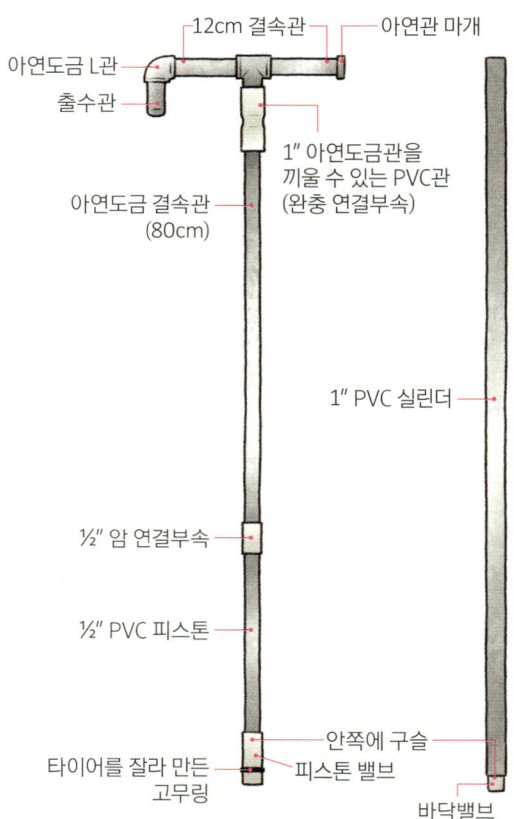

그림 3-1 파이프 펌프

손잡이

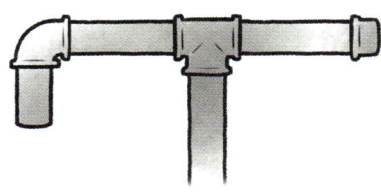

손잡이는 나사선을 낸 ½″ 아연도금 결속관(12~15cm) 2개로 만든다. T 연결부속에 연결된 수직관은 80cm 길이다. 손잡이 한쪽 끝은 막음용 마개로 막고, 반대쪽은 L연결구를 끼운 후 다시 한쪽만 나사선을 낸 3~5cm 출수관을 끼운다. 여기에 호스를 끼울 수 있다.

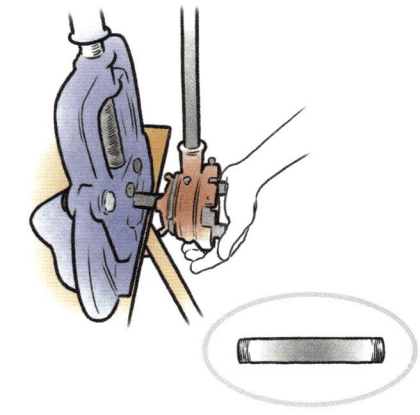

그림 3-2 파이프 펌프의 손잡이

손잡이와 실린더 파이프 완충 연결부속

1″ PVC파이프 양쪽은 살짝 직경을 키워 다른 관을 끼울 수 있도록 만들어야 한다. 이를 파이프 벨(pipe bell)이라 한다. PVC파이프 양쪽 끝을 살짝 가열한 후 아연도금 강관을 끼웠다 빼서 만들 수 있다. 완충 연결부속에 손잡이를 끼울 수 있고, 실린더 압력이 곧바로 전달되지 않도록 막아준다. 완충 연결부속이 없으면 압력에 의해 파손될 수 있다. 완충 연결부속 위에는 아연도금 강관으로 만들어진 손잡이를, 아래쪽은 80cm 길이 아연도금 강관을 끼운다. 이때 고무링 패킹을 끼우고 연결한다.

길이 3~4 cm, 직경 1″ 아연도금 강관을 꼭 끼워 넣는다.

2 파이프 벨

전체 길이: 10 cm

그림 3-3 완충 연결부속

80cm 아연도금 강관

1″ 아연도금 강관을 80cm 자르고 한쪽만 나사선을 낸다. 나사선을 낸 쪽은 암놈 PVC 연결부속을 이용해서 PVC 실린더관과 연결한다.

PVC파이프 실린더

PVC파이프 실린더의 직경은 1/2″이다. 파이프 한쪽에는 암놈 연결부속을 끼우고, 반대편은 암놈 연결부속과 수놈 연결부속, 유리구슬로 만든 피스톤밸브를 끼운다.

밸브의 작동 원리와 구조

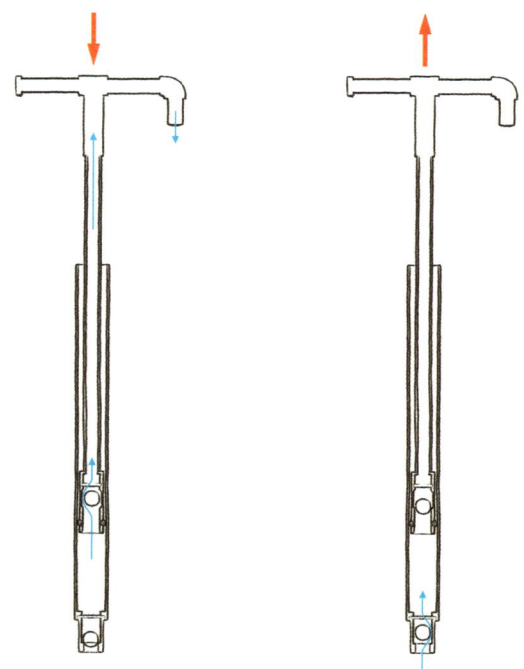

그림 3-4 볼 밸브와 물의 흐름

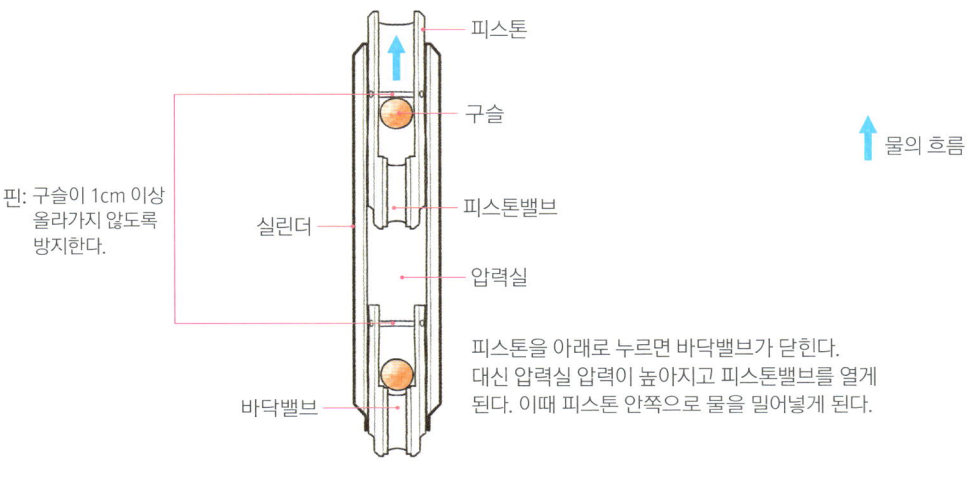

〈아래로 누를 때〉

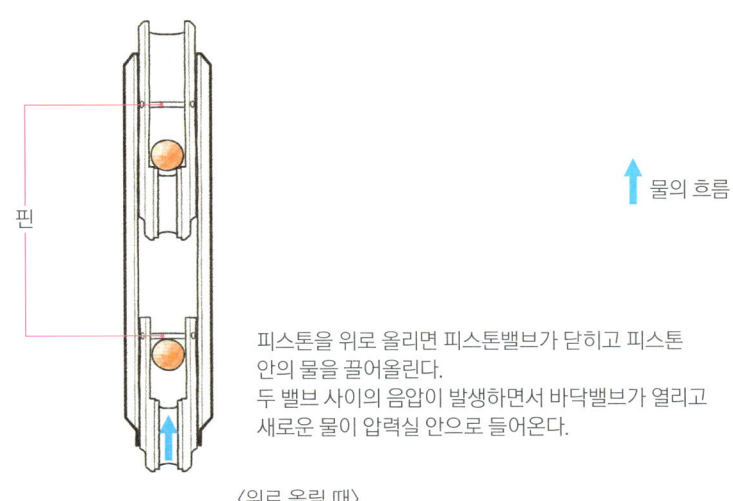

〈위로 올릴 때〉

그림 3-5 볼 밸브의 구조와 작동

바닥밸브와 피스톤밸브 만들기

밸브는 ½" PVC 암·수 연결부속과 유리구슬로 만든다.

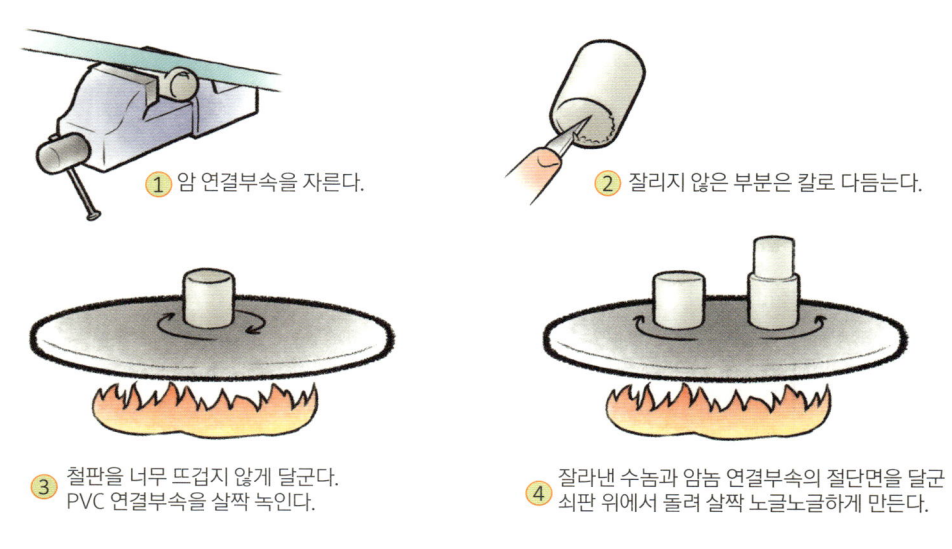

① 암 연결부속을 자른다.

② 잘리지 않은 부분은 칼로 다듬는다.

③ 철판을 너무 뜨겁지 않게 달군다. PVC 연결부속을 살짝 녹인다.

④ 잘라낸 수놈과 암놈 연결부속의 절단면을 달군 쇠판 위에서 돌려 살짝 노글노글하게 만든다.

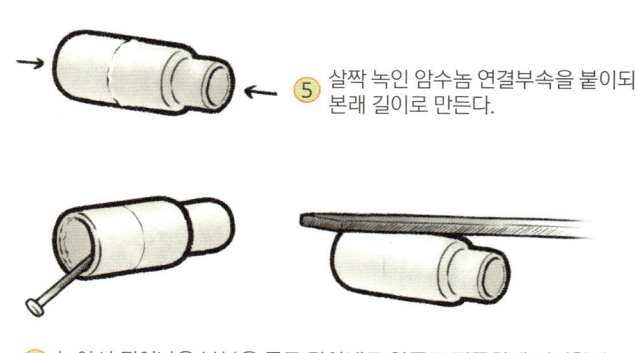

⑤ 살짝 녹인 암수놈 연결부속을 붙이되 본래 길이로 만든다.

⑥ 녹아서 튀어나온 부분을 줄로 갈아내고 안쪽도 깔끔하게 정리한다.

그림 3-6 볼 밸브 부속 제작

밸브 안쪽을 정리할 때는 구슬이 딱 막힐 정도로 깎지 말고 약간 여유를 준다. 연결관 안쪽을 정리할 때는 가열된 못을 망치로 두들겨 칼처럼 만들어 사용한다. 연결부속에 구슬을 넣은 후 1cm 높이에 핀을 꽂는다. 즉 구슬은 연결관 안에서 살짝 움직이며 굴러다닐 수 있어야 한다. 밸브를 보강하기 위해 PVC관을 이중으로 끼운다. ½″ 전선 도관 1~2cm를 자르고 접착제를 바른 후 파이프 안에 끼운다. ½″ 도관은 PVC파이프보다 얇아야 한다.

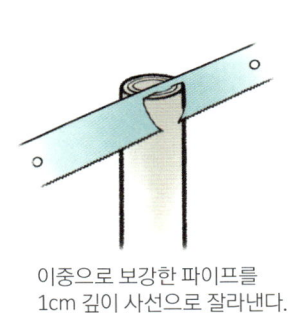   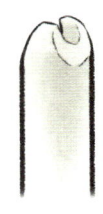

이중으로 보강한 파이프를
1cm 깊이 사선으로 잘라낸다.

모서리를 잘라낸 후 살짝 가열해서
안쪽으로 구부린다.

그림 3-7 보강파이프 상부
보강파이프는 구슬을 불어낼 정도로 단단하지만 물이 자유롭게 통과할 수 있어야 한다.

 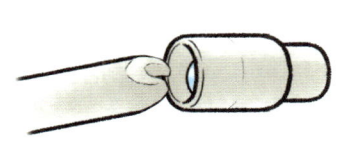 

암수놈을 붙인 PVC 연결관
안에 유리구슬을 넣는다.

보강파이프에 접착제를 발라서 연결관
안에 끼워 넣는다. 이때 구슬은 연결관 안
쪽에서 ±1cm 움직일 수 있어야 한다.

그림 3-8 볼 피스톤밸브 제작
이 단계까지 같은 방식으로 바닥밸브와 피스톤밸브를 만든다.

피스톤밸브

피스톤밸브는 고무패킹에 딱 맞아야 한다. 고무패킹은 폐타이어로 만들 수 있다.

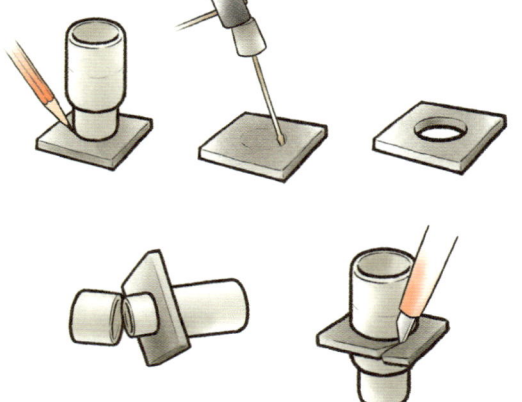

고무 타이어에 구멍을 뚫을 때는 일자 드라이버 모서리를 날카롭게 다듬은 다음 고무에 대고 망치로 두들긴다.

구멍을 뚫은 고무판을 피스톤밸브에 끼운다. 고무판을 끼운 후 암놈 연결관을 끼워 고정한다.

고무판을 대충 원형으로 잘라낸 후 줄로 다듬어 1″ 실린더 파이프에 끼울 수 있도록 만든다.

그림 3-9 피스톤밸브 고무판 제작

바닥밸브

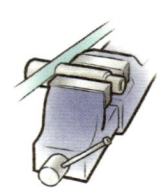

밸브의 수놈 쪽 나온 부분을 잘라낸다.

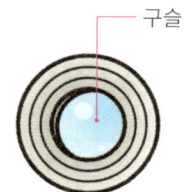

구슬

안쪽 밸브와 바깥 보강관까지 줄로 잘라낸 단면이다. 안쪽에 구슬이 보인다.

바닥밸브를 1″ 아연도금 강관 실린더에 끼운다. 밸브는 실린더 강관의 내경보다 약간 가늘어야 한다. 실린더 끝은 살짝 따내고 밸브를 힘을 주어 끼워 넣는다. 이때 접착제를 발라줘야 한다. 그래야 수압에 의해 빠져나오지 않는다.

그림 3-10 바닥밸브

펌프 조립

바닥밸브는 항상 최소 30~50cm 정도 물 속에 담긴 상태에 있어야 한다. 반대로 위쪽은 최소 50cm 이상 지면보다 높게 올라와 있어야 한다. 피스톤 파이프와 실린더 강관을 땅에 나란히 놓는다. 손잡이를 연결부속을 이용해서 피스톤 파이프에 끼운다. 피스톤 파이프를 실린더 강관 안에 끼워 넣을 때 피스톤밸브가 실린더 끝의 바닥밸브 위로 5cm 정도 위에 놓이도록 위치를 확인한다. 피스톤밸브와 실린더 바닥밸브 사이에 만들어지는 공간, 즉 압력실이 적어도 5cm 정도 있어야 한다. 이제 피스톤 파이프를 손잡이가 시작되는 부분에서 잘라내고 다시 손잡이에 끼운 후 실린더 안에 넣는다. 이렇게 하면 피스톤을 최대한 끼워 넣었을 때(즉 펌프를 눌렀을 때)에도 압력실 5cm 공간이 확보된다.

재료 목록

6m 펌프 재료	Tools
½" PVC관 6m : 1개 1" PVC관 6m : 1개 ½" 암놈 PVC 연결부속 ½" 수놈 PVC 연결부속 유리구슬 : 2개 PVC 접착제 폐타이어 : 1개 1" 아연도금 강관 3~5cm ½" 아연도금 결속관 80cm : 1개 ½" 아연도금 결속관 12cm : 2개 ½" 아연도금 결속관 5cm : 1개 (한쪽만 나사선) ½" 아연도금 T 연결부속 : 1개 ½" 아연도금 막음 : 1개 ½" 아연도금 L 연결부속 : 1개 ¾" 물 호스 2m	두꺼운 철판(가열용) 쇠솔 쇠줄 플라이어 쇠줄톱 칼 망치 못으로 만든 쇠줄 물통 파이프 나사선 내는 도구 줄자 파이프렌치 작업대 탁상용 프레스 파이프 프레스 가열용 가스버너

* 이 펌프는 아연도금 강관을 사용하지 않고 모두 PVC파이프 부속만을 이용해서도 만들 수 있다.

4. 자전거 세탁기

밭일이나 집마당 손보는 일을 하다 보면 으레 옷은 땀에 절고 흙이 묻어 더러워진다. 일하다 지친 몸으로 별생각 없이 세탁기에 작업복을 던져 넣으면 남자들은 아내의 호된 야단을 맞아야 한다. 땀과 흙에 찌든 작업복 세탁을 어찌할까. 세탁기는 가장 고된 가사노동인 빨래에서 인간을 해방시킨 고마운 문명의 이기이다. 그러나 흙 묻은 작업복이라면 문명의 이기도 거부한다. 작업복을 손빨래 할 때마다 '허드레 빨래용 세탁기'가 절실해진다.

귀찮고 성가신 일이 빨래뿐일까. 제 몸 외에도 농촌에서는 씻고 닦는 일들이 대개 힘들고 시간도 제법 걸린다. 과일이나 고구마, 감자나 무 등 농산물을 내다 팔려면 깨끗이 흙을 털어내고 닦아야 한다. 제법 농사 규모가 큰 경우라면 큰 스테인리스 물통에 전동모터와 교반기를 달거나 강한 수압으로 물을 뿜어내는 살수 세척기를 쓰곤 한다. 농사 규모가 작을 경우 큰돈 들여 농업용 세척기를 살 여지도 없으니 몸이 고생한다. 간단한 농업용 세척기 역시 절실해진다. 다행히 자전거로 만드는 허드레 세탁기와 농업용 세척기는 구조가 같다.

세탁기의 기본 구조

세탁기의 핵심 기능은 빨래통에 물을 담아 회전시키는 것 외에 별 게 없다. 때와 세제를 헹구기 위해 물을 자주 빼고 넣어주는 기능이 추가된다. 세탁기의 발전 과정을 살펴보면 초창기 세탁기의 구조는 세탁통에 믹서기처럼 빨래와 물을 회전시킬 수 있는 교반날개가 있었다. 교반날개에 종종 세탁물이 끼이거나 꼬여 빨래가 상했다. 이후 세탁통 자체를 회전할 수 있는 통돌이 세탁기 형태로 발전했다. 요즘 세탁기는 보통 이중 통돌이 구조다.

빨래를 헹구려면 물을 자주 갈아야 하기 때문에 바깥 통은 여닫을 수 있는 배수구가 뚫려 있고, 배수관이 부착되어 있다. 나중에 탈수를 하기 위해 안쪽 세탁통은 수많은 구멍이 뚫려 있는 타공 통으로 개선되었다. 이중 통돌이 세탁기는 바깥 통은 고정되어 있고, 안쪽 타공 세탁통만 회전한다. 세탁통의 회전을 위해 회전축이 있고 손으로 돌릴 수 있는 회전막대를 달거나, 자전거 페달이나 전동 모터에 연결하기 위한 기어변속 장치가 달려 있다.

최신 세탁기라도 핵심 구조는 이게 전부다. 전동 모터와 전자부품이 사용되면서 물의 급수와 배수, 회전 속도, 온수 냉수의 교체를 자동으로 조절하는 장치가 부착되기 시작했다. 급수, 불림, 세제 투입, 회전, 급수와 회전과 급수를 반복하는 헹굼, 완전 배수 후 탈수 건조 등 일련의 세탁 과정을 자동화한 것이 요즘 세탁기다.

최신 고급형은 온풍 분사 건조 기능까지 추가되었다. 하지만 편리를 위한 이러한 자동 기능이 결코 세탁기의 핵심 기능은 아니다. 세탁기의 기본 기능은 회전 외에는 없다고 봐야 한다. 세척기도 마찬가지다. 자전거를 활용하면 효과적인 세척기나 세탁기를 만들 수 있다.

자전거 세탁기의 구조

자전거 세탁기는 이중 구조다. 양쪽 삼각 받침대에 고정되어 있는 바깥 드럼통 안에 타공 세탁통이 들어 있는 구조다. 안쪽 세탁통에는 빨래와 물을 휘저어 돌릴 수 있는 교반

날개와 젓개가 통의 안쪽 면에 부착되어 있다. 안쪽 세탁통은 삼각 받침대 상부의 회전축에 연결되어 있다. 바깥 드럼통은 위아래 반을 가른 부분에 경첩이 있어 여닫을 수 있다.

다만 바깥 통 하부에는 뚜껑으로 막을 수 있는 배수구를 뚫어야 한다. 드럼통을 사용한 경우는 본래 있던 드럼통 뚜껑을 배수구로 이용한다. 안쪽 플라스틱 통에는 작은 투입구가 있고 문을 잠글 수 있다. 양쪽 회전축은 삼각대에 고정되어 있는데 한쪽은 자전거 페달과 연결된 회전기어 세트가 달려 있고, 반대쪽엔 손으로 돌릴 수 있는 회전 손잡이가 달려 있다.

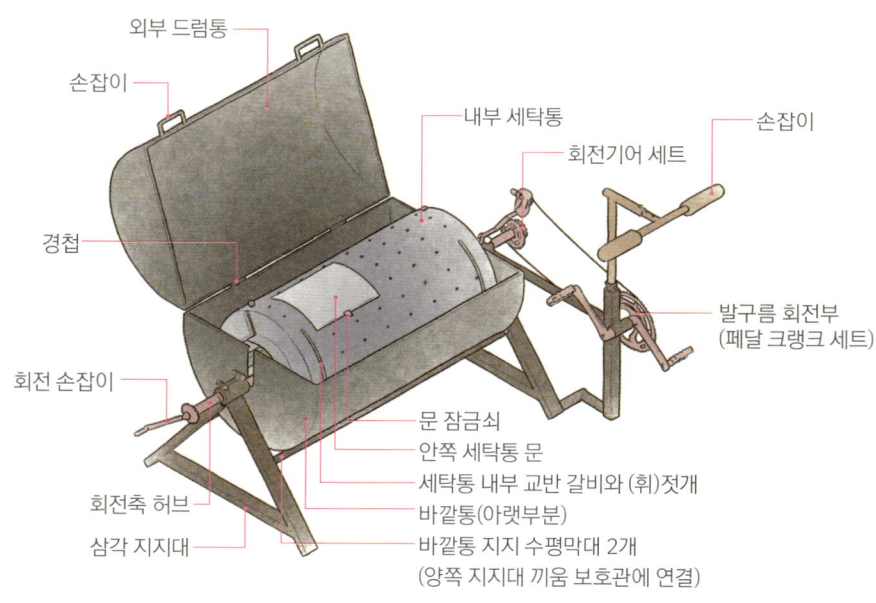

그림 4-1 자전거 세탁기의 구조 @Prisoners Assistance Nepal/Wrench Nepal

(단위 : mm)

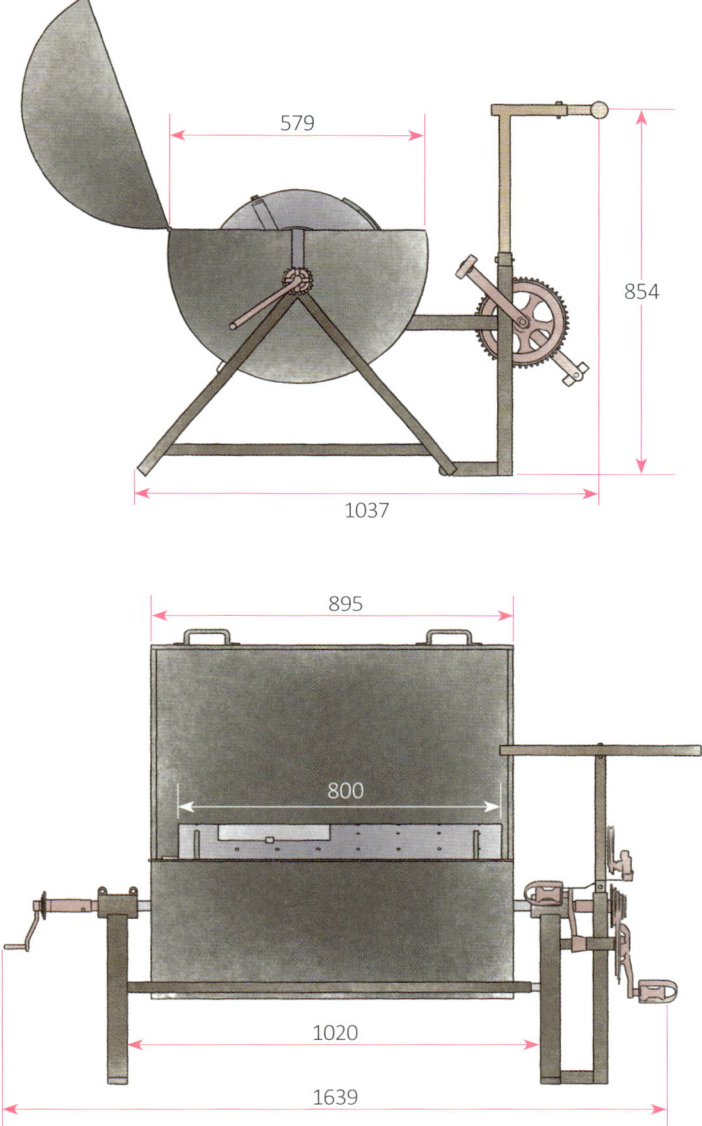

그림 4-2 자전거 세탁기의 크기 @Prisoners Assistance Nepal/Wrench Nepal

타공 세탁통

타공 세탁통은 플라스틱 통에 수많은 구멍을 뚫어서 만든다. 배수 구멍은 어른 검지 손가락 굵기로 뚫는다. 타공 세탁통은 지름 420mm, 길이 800mm인 통을 사용한다. 통의 앞뒤 양 끝엔 철강관이나 녹슬지 않도록 스테인리스 관으로 만든 (휘)젓개와 일체로 만든 회전축을 끼울 자릴 만든다. 젓개는 플라스틱 통에 나사못으로 고정한다. 참고로 농업용 세척기로 사용하려면 주로 세척할 농산물의 크기를 고려하여 타공 크기를 조절해야 한다. 농산물은 흙, 검불 등이 많이 붙기 때문에 세탁기로 사용할 때에 비해 훨씬 크게 구멍을 뚫어야 한다.

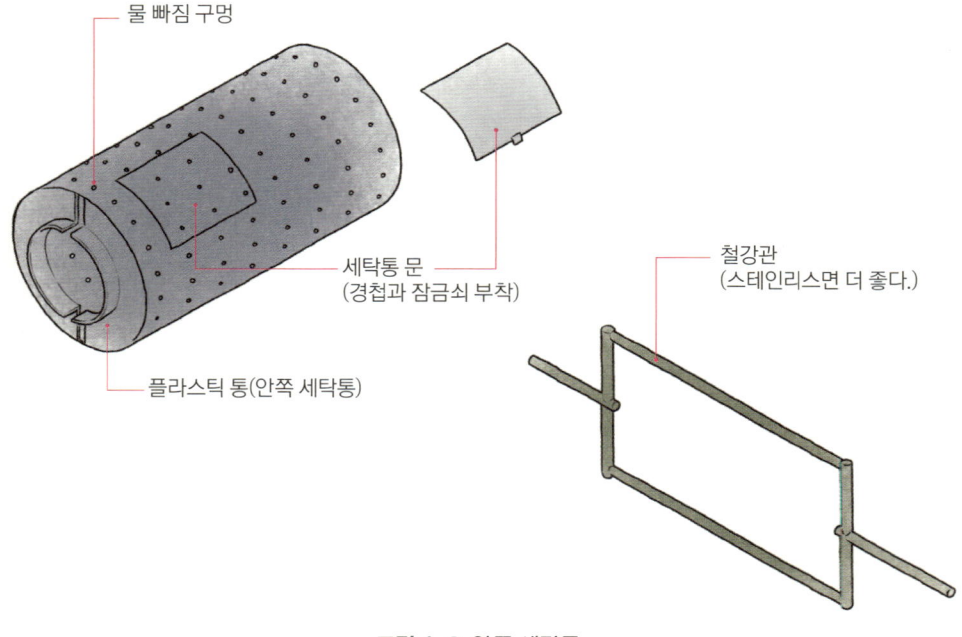

그림 4-3 안쪽 세탁통

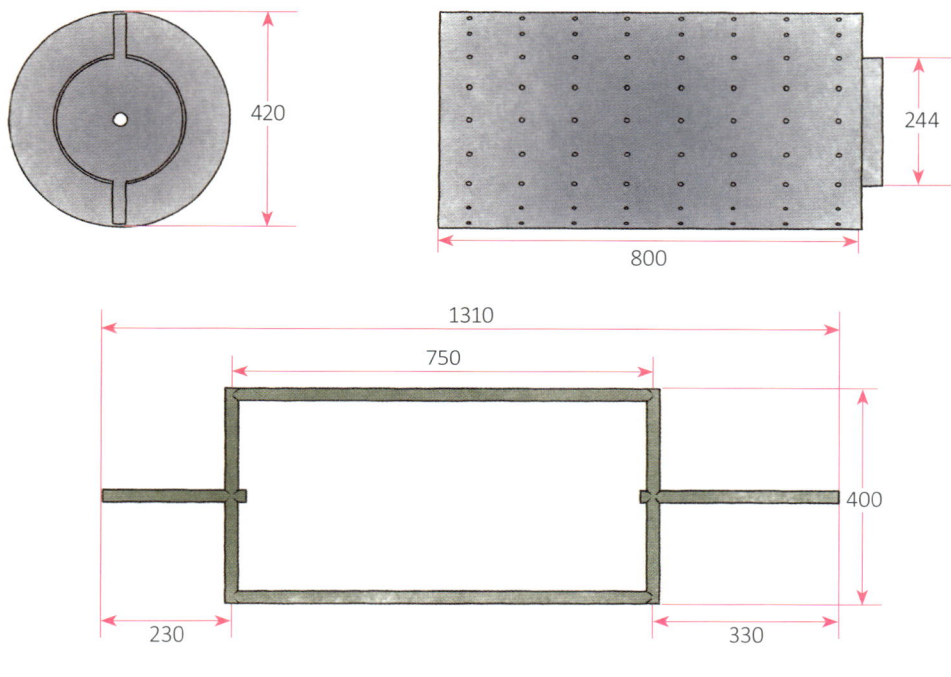

그림 4-4 회전축과 타공 세탁통

교반 갈빗살과 젓개

세탁물 또는 세척물을 골고루 뒤적이고 돌려주기 위해 세탁통 내부에 ⒣젓개 외에도 각관으로 만든 교반날개(갈빗살)를 부착한다. 안쪽 세탁통에 밀착시키기 위해 철근을 휘어 교반 갈빗살 양쪽 끝단에 용접한다. 세탁통 내부의 철물은 가능하면 녹슬지 않는 스테인리스 강을 사용한다.

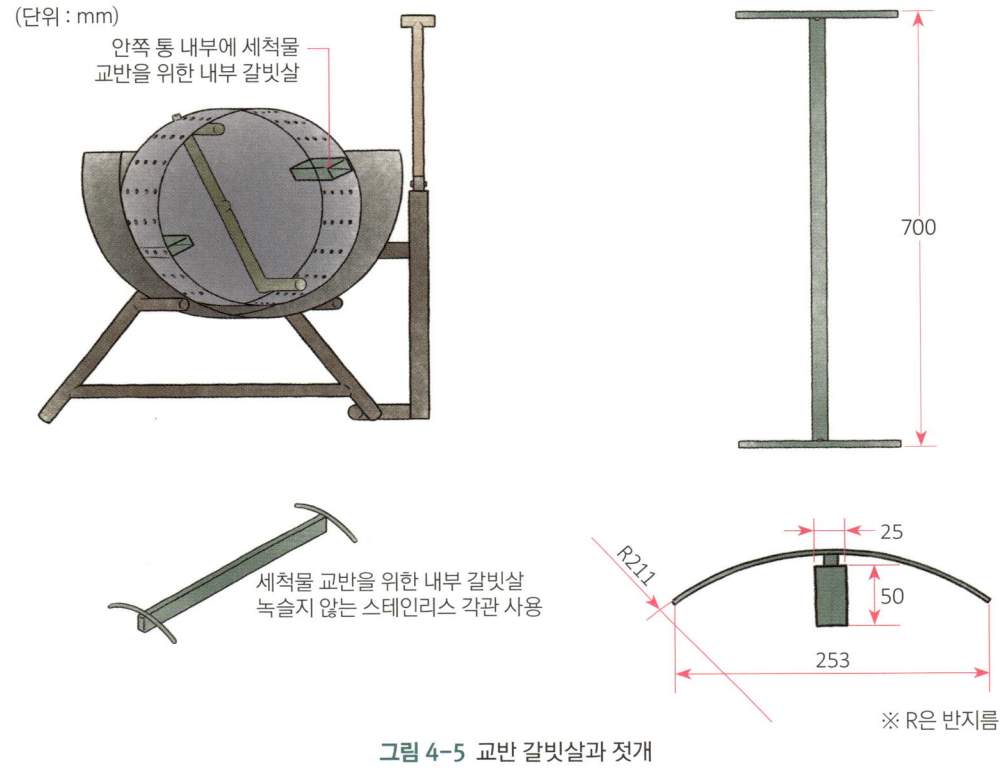

그림 4-5 교반 갈빗살과 젓개

바깥 세탁 드럼통 부분

바깥 세탁 드럼통은 철제 드럼통을 길이 방향으로 갈라 만든다. 드럼통 밑의 부분은 물이 충분히 고일 수 있도록 깊게 나누고, 윗부분은 뚜껑 역할을 할 정도로 얕게 가른다. 절단한 면이 날카롭기 때문에 철 봉재를 용접하여 테두리를 마감하거나 전기줄 끼워 넣는 전산호스나 물호스를 갈라 끼운다. 바깥 드럼통 양 끝단 면에는 안쪽 세탁통과 연결된 회전축을 끼울 수 있도록 긴 홈을 잘라낸다.

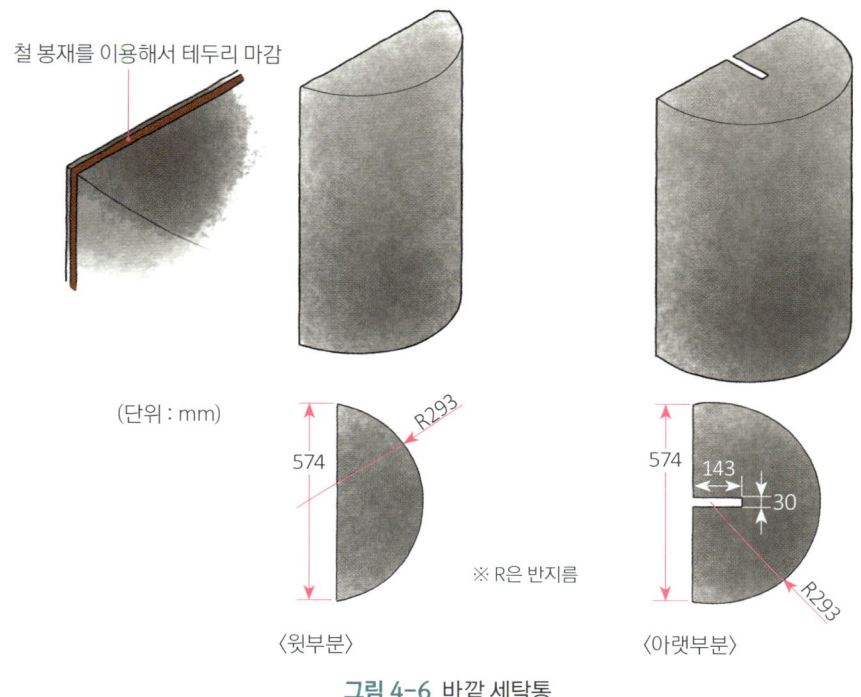

그림 4-6 바깥 세탁통

통의 윗부분에는 적당한 위치에 철 봉재를 ㄷ자로 휘어 손잡이를 만들어 용접한다. 통의 윗부분과 아랫부분은 2대 이상의 경첩을 부착하여 여닫을 수 있도록 만든다. 바깥 세탁통은 양쪽의 삼각받침대를 마주 연결한 받침대 위에 놓거나 고정한다. 통 하부에 물을 뺄 수 있는 배수구를 뚫되 여닫을 수 있게 만든다. 철물점이나 농자재상에 가면 플라스틱 재질의 마개 달린 배수구 부속을 구입할 수 있다.

회전축 허브

세탁통을 받치는 2개의 삼각받침대 맨 상부에는 회전축을 끼울 회전축 허브를 용접으

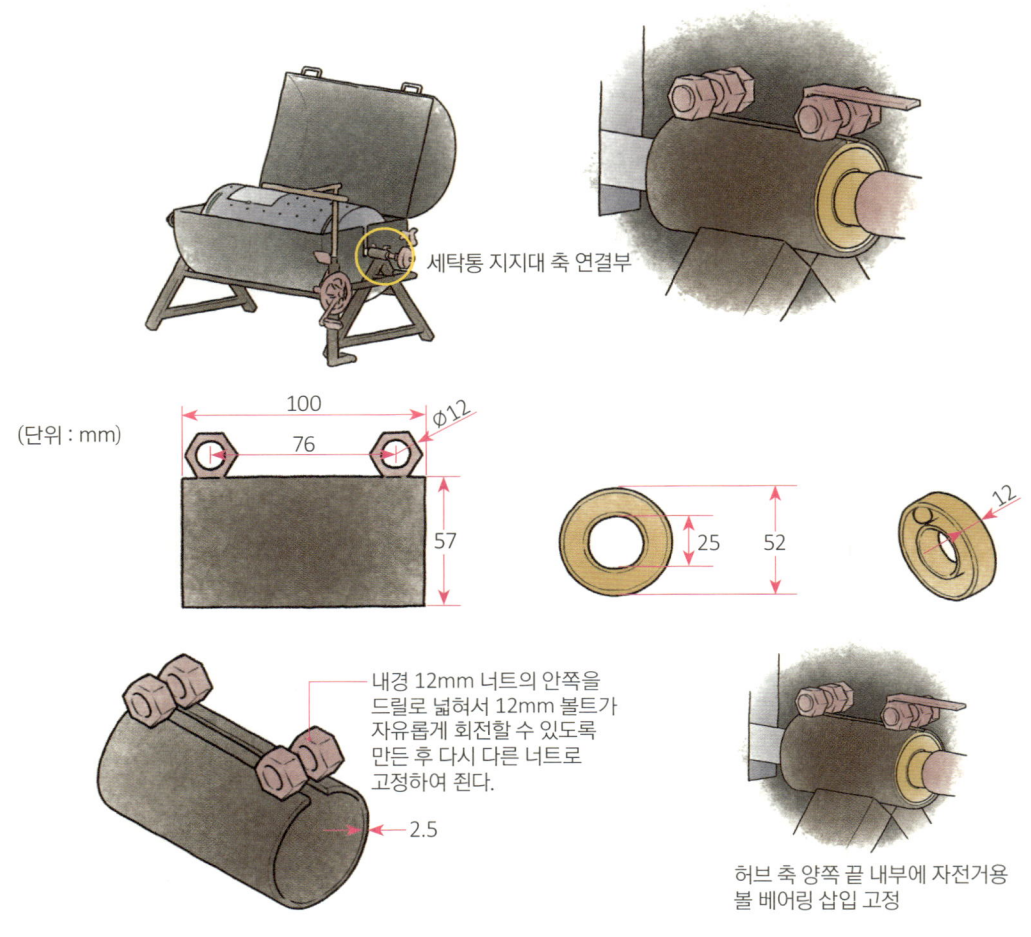

그림 4-7 회전축 허브

로 부착해야 한다. 축 허브는 내경 57mm 파이프를 길이 방향으로 가르고 절단면을 따라 각각 2개의 너트가 마주 보도록 용접한다. 너트는 총 4개다. 이때 너트는 내경 12mm인 것을 사용하는데 드릴로 구멍을 넓혀 12mm 볼트가 부드럽게 끼워질 수 있도록 만든다. 볼트로 죄기 전에 축 허브 파이프 안에는 회전축을 끼울 수 있는 볼 베어링을 삽입한다.

삼각받침대

세탁통을 받치는 삼각대는 철제 각관으로 만든다. 상부엔 회전축 허브를 부착하고 양다리의 가운데 부분에 받침봉을 끼울 수 있는 끼움봉을 용접하여 부착한다. 끼움봉은 직경 21mm인 강관을 적당히 잘라 만든다. 삼각대 양쪽의 끼움봉에 직경 25mm인 강관을 끼워 세탁통을 받치도록 만든다. 부착 위치는 드럼통의 회전 반경을 고려하여 회전축 허브에서 넉넉하게 거리를 띄워야 한다.

21mm 관에 25mm 관을 덧씌운 보호관 :
2개의 받침봉을 끼우기 위해 직경이 21mm인 작은 강관을 적당한 길이로 잘라 끼움봉을 용접한다.
양쪽 삼각대의 끼움봉에 직경이 25mm인 긴 강관을 끼워 세탁통을 받칠 수 있도록 만든다.

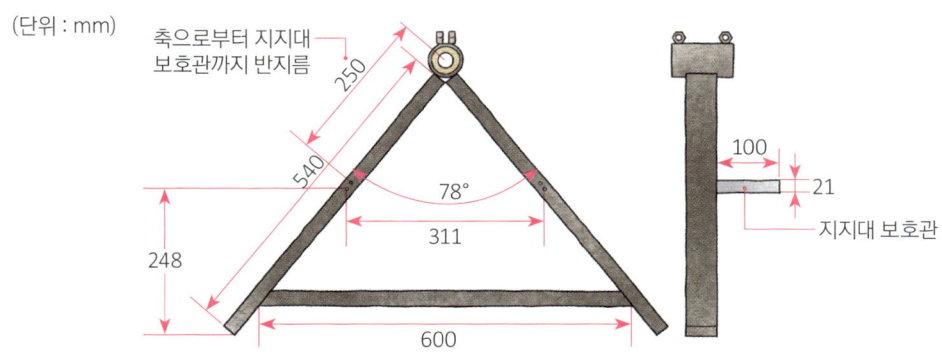

그림 4-8 삼각받침대

회전 손잡이

회전축의 한쪽에 끼울 수 있는 회전 손잡이는 핀으로 고정한다. 회전 손잡이는 자전거 페달 막대를 그대로 재활용한다. 자전거 페달 발판의 축은 손잡이로 사용한다. 회전 손잡이를 회전축에 끼우려면 손잡이 막대와 직각으로 용접해야 하는데 이때 작은 기어 부속을 강관 끝단에 대고 용접하면 단단하게 고정할 수 있다.

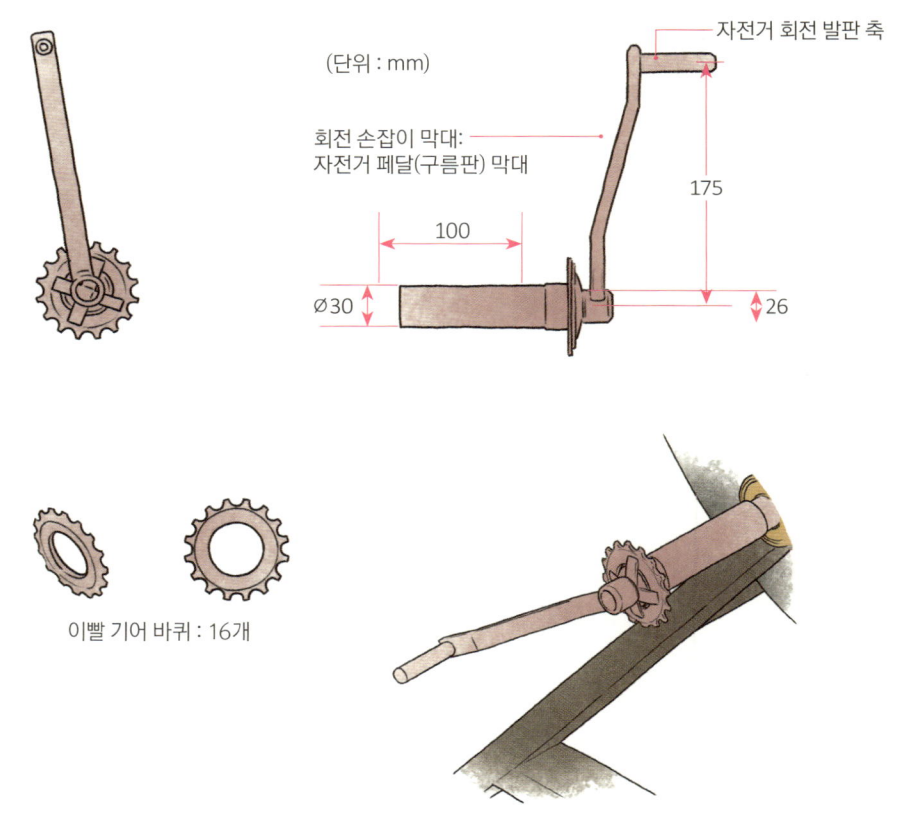

그림 4-9 회전 손잡이

페달과 회전기어 세트

회전축의 반대편에는 자전거 프레임과 페달, 크랭크 세트, 변속기어 세트, 체인 등을 이용하여 회전장치를 만든다. 변속기어 세트는 삼각받침대 상단의 회전축에 끼운다. 손잡이는 사용자의 키에 맞춰 높이와 거리를 조절할 수 있도록 만든다. 페달 회전장치는 삼각대의 중상단부와 밑부분에 용접하여 고정한다.

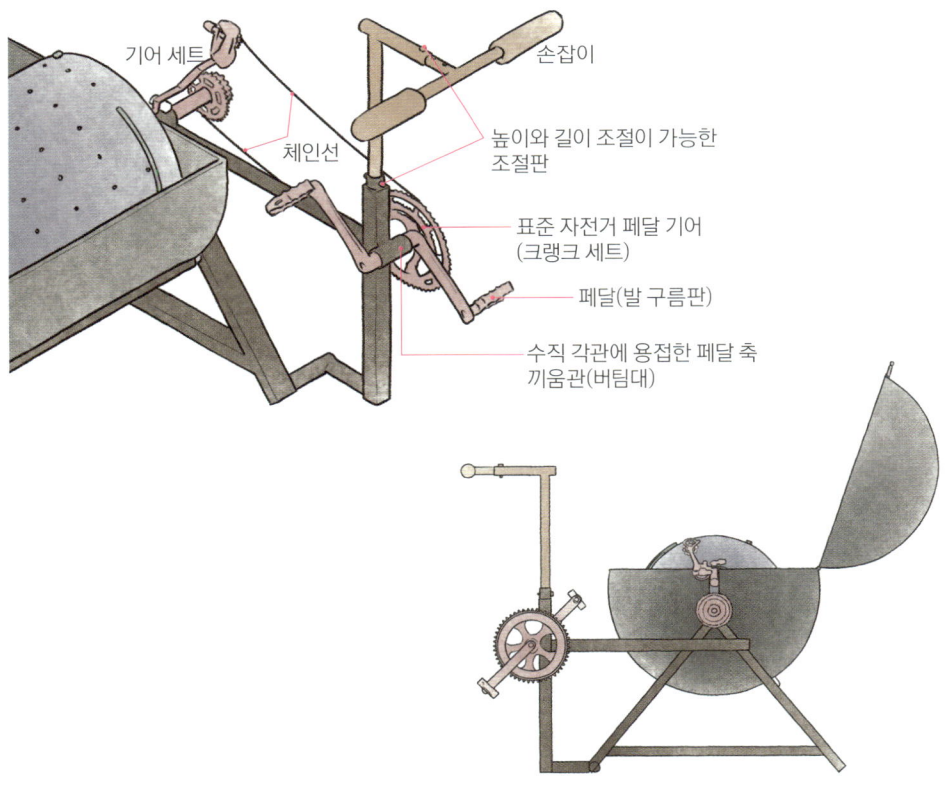

그림 4-10 페달과 회전기어 세트

5. 안개잡이 그물

 안개잡이 그물을 이용하면 안개에서 물을 구할 수 있다. 안개는 사실 거대한 미세 물방울 덩어리이다. 안개가 응결되면 송글송글 맺히고 좀더 커다란 물방울이 되면서 흘러 내린다. 안개 속에 있던 물방울은 어떤 물체와 접촉하게 될 때 맺힌다. 벌써 한 달째 비가 내리지 않는 폭염 속에서도 작물들이 견디고 있는 이유는 새벽마다 맺히는 이슬 때문이다. 공기 중에 포함되어 있던 습기가 밤이 되면 응결되어 안개가 되었다가 풀과 지붕, 곳곳에 부딪혀 이슬로 맺힌다. 새벽에 마당에 나가면 지붕에 맺혔던 이슬이 내렸다가 빗물 홈통으로 줄줄 내려오는 것을 볼 수 있다.

그림 5-1 캐나다의 비영리기관 포그퀘스트에서 만든 안개잡이 그물과 검은색 물탱크 @FogQuest

물을 구하기 어려운 높은 산, 섬, 건조지역이라도 낮과 밤 온도차가 크면 적지 않은 안개가 발생한다. 이러한 안개에서 신선한 물을 확보할 수 있다. 해발 400~1,200m 높이의 산이라면 안개보다는 산등성을 넘어가는 구름이나 층적운에서 물을 확보할 수 있다. 상설 취수장치라기보다는 보조적으로 물을 구할 수 있는 적정기술이라 할 수 있다. 사막이나 산악지대에서도 이러한 안개잡이 그물을 사용한다.

최근 조사에 따르면 안개잡이 그물은 다른 어떤 곳보다 해안에서 효과적이다. 바다에서 발생한 엄청난 해무가 밤바람에 육지로 실려오기 때문이다. 안개잡이 그물은 칠레, 에콰도르, 멕시코, 페루 등 남미에서 최소 30년 이상 성공적으로 사용된 검증된 적정기술이다. 물론 중동이나 아프리카, 유럽, 호주, 북미에서도 안개잡이 그물은 사용되고 있다.

안개잡이 그물의 구조

안개잡이 그물의 구조는 간단하다. 농촌에서 주로 사용하는 차광막이나 나일론 그물을 기둥에 묶어 사각형으로 펼친 형태다. 주로 바람이 부는 방향과 직각으로 안개잡이 그물을 펼쳐 놓는다. 칠레 엘토포(El Tofo) 지역에서 실험 삼아 설치한 안개잡이 그물은 2×24m 크기였다. 지역 기후에 따라 작게 나눠서 설치할 수도 있다. 최근 사막지역에서 물을 포집할 수 있는 적정기술로 관심받고 있는 와카워터(Waka Water)처럼 원기둥형이나 호리병형으로 만들거나 그 외 다양한 형태로 만들 수 있다.

칠레에서 사용한 차광막은 그물의 구멍 부분을 제외한 표면 밀도가 35% 정도를 차지한다. 이중 차광망을 사용하면 안개잡이 그물을 통과하는 수분의 30% 정도를 수확할 수 있다. 안개나 구름이 차광막을 통과하면서 맺힌 작은 물방울은 점점 더 큰 물방울이 되어 밑으로 흘러내린다. 안개잡이 그물 밑에는 보통 직경이 110mm PVC 홈통을 $2/3$로

그림 5-2 칠레 해안가에 설치된 안개잡이 그물 @UNEP

갈라서 받쳐 놓는다. 홈통은 살짝 기울기를 주어 물탱크로 연결해둔다. 자연스럽게 홈통으로 떨어진 물방울은 물줄기가 되어 물탱크 안으로 흘러들어간다.

물탱크는 밀폐되어 이물질이 들어가지 않아야 한다. 가능하면 햇빛이 들어가지 않는 비투과성 재질로 만들어져 있어야 한다. 빛이 들어가면 녹조가 생길 수 있다. 칠레의 사례를 보면, $30m^3$ 크기의 물탱크에 물을 포집했는데 하루 마을에서 필요한 최대 물소비량의 $1/2$ 정도를 저장할 수 있었다. 하지만 안개 발생이 가변적이기 때문에 여분의 물을 저장할 수 있는 보조 물탱크가 필요하다. 오래 저장된 물을 요리나 식용수로 사용하기 위해서는 염소소독이 가능한 탱크가 필요하다.

그림 5-3 안개잡이 그물의 기본 구조

유지관리

안개잡이 그물을 유지관리하기 위해 별도로 훈련이 필요 없다. 하지만 안개잡이 그물을 설치할 때 참여한 사람이면 더 적합할 것이다. 그물 밑의 홈통과 물탱크가 오염되지 않게 수시로 세척하거나 오물을 제거해주면 된다. 또 그물이 안정되게 유지되고 있는지 점검하면 된다. 주로 그물을 잡고 있는 기둥과 밧줄이 느슨해지지 않도록 점검하고 그물이 찢어진 곳이 있다면 보수한다.

그물은 팽팽하게 유지되어야 한다. 느슨해지면 포집할 수 있는 수량이 줄어든다. 1~2년 정도 사용하다 보면 그물에 물이끼가 끼고 먼지가 쌓일 수 있다. 물맛이나 냄새가 나

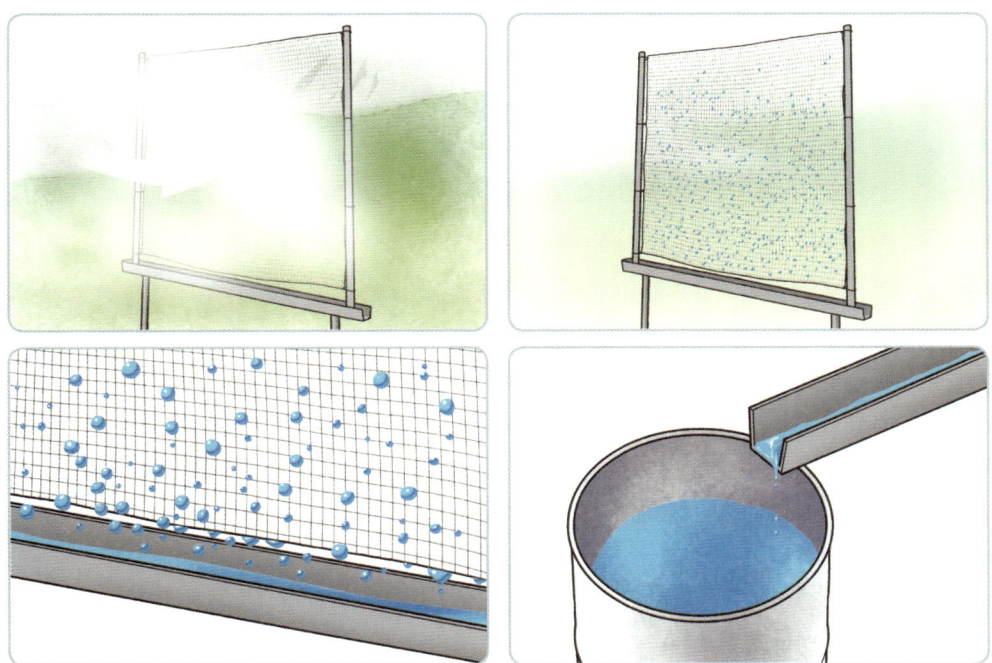

그림 5-4 안개잡이 그물의 각 부분

빠지게 만든다. 물이끼나 먼지가 쌓일 때는 아주 부드러운 솔로 그물을 씻어준다. 홈통에서 물탱크로 연결되는 부분에 촘촘한 거름망을 설치해서 이물질이 물탱크로 들어가지 않도록 만든다. 이 거름망은 종종 오염될 수 있으니 정기적으로 닦거나 세척해주어야 한다. 만약 홈통과 물탱크 사이에 파이프나 물호스가 연결되어 있다면 이 부분들도 수시로 청소를 해줄 필요가 있다. 물탱크 역시 마찬가지이다. 물탱크에 곰팡이나 박테리아가 생기지 않도록 종종 염화칼슘으로 소독해야 한다.

제작 및 설치

안개잡이 그물을 설치할 때는 가능한 마을 사람들이 함께 참여하면 좋다. 설치에 들어가는 인건비도 줄일 수 있고, 지역주민의 자발적 유지관리 보수를 위해서도 필요하다. 제작비용은 자재의 수급 환경에 따라 다르다. 칠레 북부에서 그물 크기 $48m^2$인 안개잡이 그물 시스템 전체를 만드는 데 약 378달러가 소요되었다. 이 금액은 자재비와 인건비, 기타 비용을 포함한 금액이다. 가장 많은 비용은 물탱크와 홈통을 구입하는 데 든다. 유지관리 비용의 예로, 칠레 안토파카스타(Antofagasta) 지역에 설치한 안개잡이 그물을 유지하는 데 연간 600달러 정도 비용이 들었다.

안개잡이 그물의 효율

칠레에 마을 단위로 설치한 안개잡이 그물은 하루에 $5.31\sim13.41m^2$의 물을 포집할 수 있었다. 물론 계절, 고도, 날씨, 지역에 따라 수율은 다르다. 예멘 서부고원에 크기 3×2m 안개잡이 그물을 설치했는데 식구가 다섯 명인 한 가족이 마실 물을 충분히 포집할 수 있었다. 예멘의 여자들과 아이들은 더 이상 건기에 물을 긷기 위해 먼 거리를 오고갈 필요가 없어졌다. 어떤 안개잡이 그물은 6시간 만에 15~25L나 되는 물을 건기에 모을 수 있었다. 한 달 동안 포집된 평균 수량은 350L나 된다.

설치 위치

안개잡이 그물을 설치하기 좋은 위치를 선택하기 위해서 다양한 요소를 사전에 조사해야 한다. 안개 발생빈도, 안개에서 포집된 물의 수질, 설치하고자 하는 안개잡이 그물의 형태, 바람의 속도나 방향을 고려해야 한다. 지형과 바람은 가장 중요한 변수다. 일반

그림 5-5 예멘 고원 산등성이에 설치된 안개잡이 그물 @UNDP

적으로 바람 부는 방향이 일정한 곳이 안개잡이 그물을 설치하는 데 유리하다. 해안가의 높은 산이나 섬은 최적지라 할 수 있다. 지형적으로는 높은 산등성이나 계곡, 언덕이 적절한데 최소한 수 킬로미터 이상 상승하는 바람이 방해 받지 않는 지형이어야 한다. 즉 안개나 구름이 생성되는 것이 방해 받지 않는 곳이어야 한다.

수증기를 많이 포함하는 구름이 지나가는 해발 400~1,000m의 고산지대가 안개잡이 그물을 설치하기에 최적의 조건이다. 안개잡이 그물을 여러 개 설치할 때는 각각 4m 정도 간격을 두어 바람길을 남겨두어야 한다. 너무 촘촘하게 연이어 설치하면 바람 때문에 동시에 날려갈 수 있다. 본격적으로 대규모 안개잡이 그물을 설치하기 앞서 소형 시스템을 설치해서 실용가능성을 점검해야 한다.

장점과 단점

안개잡이 그물망은 쉽게 현장에서 조립 설치할 수 있다. 별도의 에너지가 들지 않는다. 설치비용은 상대적으로 적게 들고 유지관리 비용도 적다. 기술적으로도 접근성이 높고 누구나 쉽게 설치할 수 있다. 하지만 미리 작게 만들어 실험 프로젝트를 진행하지 않는다면 원하는 양만큼 물을 포집하지 못하고 돈만 날릴 가능성도 높다. 가능하면 개인 프로젝트보다는 마을 공동 프로젝트로 진행하는 것이 좋은데 소통 비용이나 기간이 많이 소요될 수 있다.

와르카 워터(Warka Water)

　에티오피아 외딴 마을에서 농사에 충분한 물을 구하기 쉽지 않았다. 수원에서 멀리 떨어진 경우 물을 길어오느라 너무 먼 거리를 이동해야 하고 적지 않은 시간과 노동력이 든다. 심할 경우 하루 종일 걸릴 수 있다. 이러한 문제를 해결하기 위해 와르카 워터가 개발

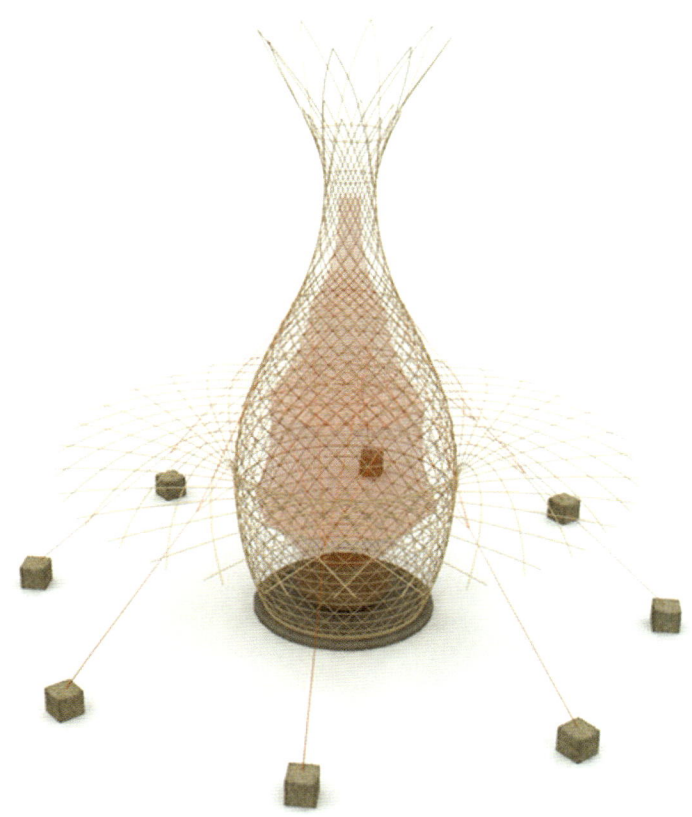

그림 5-6 와르카 워터 안개잡이 그물 구조 @WarkaWater

되었다. 와르카 워터는 호리병이나 꽃병 형태 또는 원통형으로 만들어진 안개잡이 그물 구조물이다. 단 안개를 포집하기보다는 이슬을 포집하기 때문에 수량이 상대적으로 적다. 대나무로 만들어진 이삼중 구조물에 그물을 감싼 형태다. 중앙에는 물을 받을 수 있는 도기 항아리가 놓여 있다. 하루에 식수 95L를 포집한 경우도 있다.

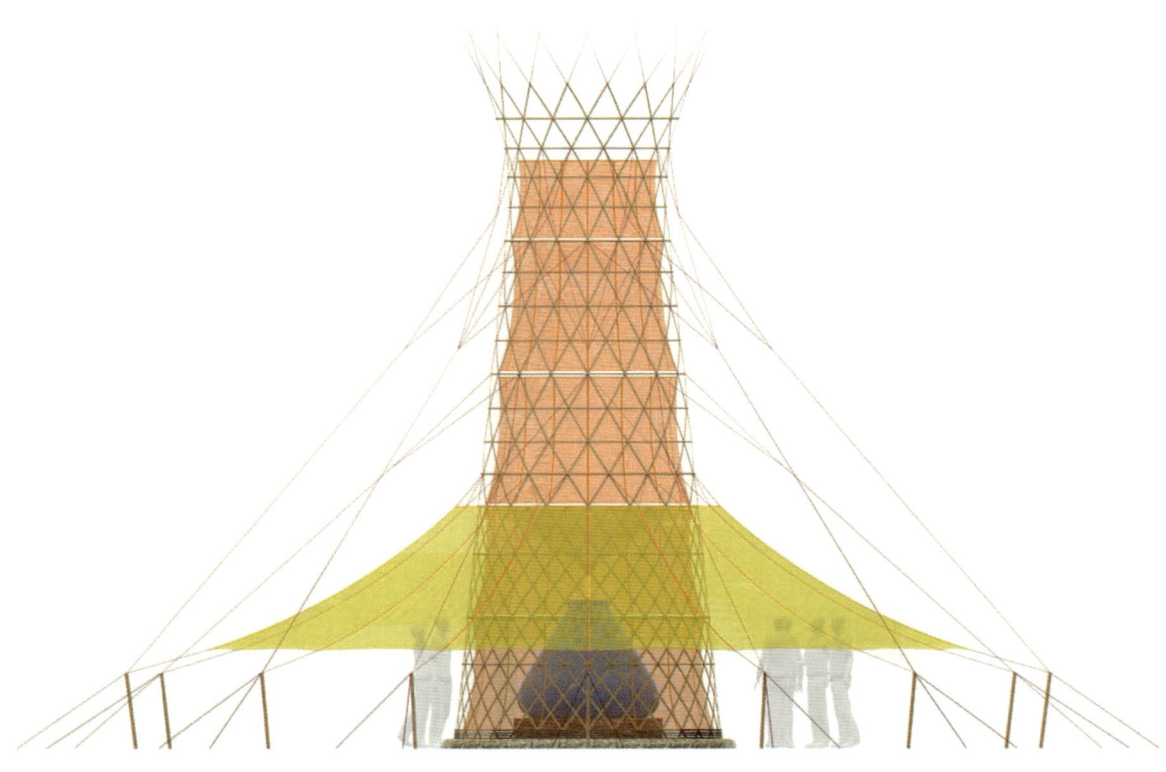

그림 5-7 원기둥형 와르카 워터 @WarkaWater

06
비전력 도구 장인

이 사람 저 사람 보기 싫을 때, 단순 작업이 최고다. 어디 이뿐이랴. 미치고 환장할 때, 화가 머리끝까지 오를 때, 우울할 때, 손 놀리는 일만 한 심리치료가 없다. 시골에 살더라도 심리치료가 필요한 순간은 때때로 찾아온다. 시골도 사람 사는 곳이다.

협동조합을 만든다고 생고생하다 마음에 깊은 내상을 입었다. 한 1년 사람 보기도 싫고 집에 칩거하며 처박혀서 지냈다. 이때 시작한 일이 직조다. 내 아버지는 조각 천을 재생해서 실을 만들고, 그 실을 직조해서 발판을 만드는 가내수공업으로 생계를 꾸리셨다. 갑자기 어렸을 적 보아왔던 직조작업이 기억났다. 직조와 베틀에 관련된 책들을 구해 읽고, 인터넷을 뒤져 자료를 찾아보았다.

다양한 직기 구조를 파악하고 몇 가지 직조 도구를 인근 목수와 함께 만들었다. 크고 작은 베틀을 만들고 자료를 뒤져 간단한 직물을 짜기 시작했다. 수십 년 전 '직조'에 관한 책(『手織』)을 쓰신 조선대 한선주 교수님을 찾아가 배움을 청하기도 했다. 직물 짜는 일이란 끝임없는 반복 작업이다. 작업의 특성이 고스란히 작업자에게로 전달된다. 어떤 고요한 리듬이랄까 이런 것이 몸으로 배어든다. 울화가 치솟던 마음도 차분히 가라앉는다.

이제 그만해야지 마음먹어도 어느새 손은 계속 북을 들어 날실 사이에 씨실을 끼우고 있다. 명상이 따

로 없고 무아지경이 따로 없다. 심리치료가 따로 필요 없다. 이렇게 놀다 보니 화병도 가라앉았다. 다시 일을 벌일 힘도 생겼다. 내 자신도 돌아보고 공예술에 대해서도 요모조모 살피게 되었다.

남자가 뭐 그따위 일을 하냐고 비꼬는 이 가운데는 남자들이 많았다. 관심을 보이는 이들은 여자들이 많았다. 우리나라 남자들 가운데 적지 않은 이들이 남자는 힘쓰거나 폼 잡는 일만 해야 하는 줄 안다. 세계적인 직조가들 가운데는 남자도 있고, 아프리카나 동남아에서는 남자들이 베틀 짜는 모습을 자주 볼 수 있다. 예전에 중동에서는 남자 장인들만 할 수 있는 비밀스런 작업이 타페스트리 직조였다.

공부하지 않으면 꼰대가 된다. 남자들은 지루하고 힘들어 하기 싫은 일은 다 여자 일이라고 넘겨버리는 수작질을 하는 버릇이 있다. 나는 양심상 적어도 대놓고 그런 말은 하지 못한다. 핑계를 댈 뿐이다. 아내와 함께 '베틀베틀'이라고 이름 붙인 직조 워크숍을 파주, 전주, 하동, 강진 등 여러 곳에서 열었다. 영등포에 있는 하자센터나 강화도에 있는 산마을고등학교에서도 직조 워크숍을 개최했다. 직조 워크숍에는 전국에서 대안학교 선생님들과 평소 직조에 관심 가지고 있던 이들이 모였다. 수많은 여자들 틈에서 직조를 하다 보니 나도 모르게 입꼬리가 올라간다. 이만한 심리치료가 없다. 아내는 혀를 차며 알고도 모른 척해준다.

직조를 시작한 김에 다양한 공예 분야로 관심을 확장했다. 대바구니 짜는 것에도 도전해보았다. 아내와 함께 종려나무 표피로 솔을 만들어 키보드 청소용으로 사용하고 있다. 수수나 갈대로 빗자루도 만들고, 옥수수 껍질로 자연종이도 만들어보았다. 최근엔 바틱 염색에 도전해보았다. 이렇게 지역에 나는 재

료로 기물을 만드는 일에 빠지다 보니 재료와 기술에 대한 지식이 늘어난다. 기술과 지식이 늘어나니 시골 사는 일이 겁날 것도 지루할 것도 없어진다. 꽤 오랫동안 낯설던 시골 자연에 무엇 하나 버릴 것 없다는 생각을 하게 된다. 자연 속에서 살고 자연으로 삶을 꾸린다는 게 무엇인지 체감하게 된다. 이렇게 만들고 창조하는 일거리가 많아지다 보니 비로소 시골 생활이 축복이라 여기며 감사하게 되었다. 제 손으로 수공예를 해보지 않은 이들은 모를 일이다.

어떤 일을 하는 데 강제 받지 않고 자유로 자신의 리듬을 찾아 오랫동안 할 수 있는 공예술은 작업자를 변화시킨다. 공예술마다 고유한 작업 리듬과 다루는 재료의 느낌과 특성이 어떻게든 작업자에게 영향을 끼친다. 직조의 반복된 작업은 무아의 문양을 직물에도, 내 마음에도, 몸에도 새겼다.

'철든 사람들'이란 대장간 워크숍을 열었다. 대장작업에는 뜨거운 희열이 있다. 대장화덕 불꽃에 눈빛도 영혼도 함께 이글거린다. 내려치는 망치에 뜻대로 모양이 만들어지는 쇳덩어리와 함께 작업자는 신화의 거인이 된다. 쇠를 다루는 대장장이 마음이 베 짜는 이 마음과 같을 수 없다. 몸도 다르게 변한다.

'장흥은 석기시대'란 동네 남정네들 워크숍도 열어보았다. 돌을 갈아 다연기를 만드는 석공예는 오랜 세월을 견딘 돌의 견고함에 경외를 느끼게 만든다. 돌을 쪼고 갈아보며 그 단단함을 만든 세월을 느낀다. 그 이후 굴러다니는 돌을 이전처럼 바라볼 수 없다.

하나둘 도전하다 보니 못할 일은 없을 것처럼 여겨진다. 재미도 있고 어떤 일은 평생 밥벌이로 해봐도 좋겠다 싶다. 공예술을 하다 보면 좀더 잘 만들겠다는 향상심에 내 몸도 마음도 생각도 담금질되거나 직조되거나 조각된다. 그렇게 근질거리는 나의 손과 몸을 움직이다 보니 몸과 마음과 생각이 만들어진다.

자연물 공예를 하다 보면 전용 도구가 필요하다. 공예술은 도구와 함께 발전한다. 직조를 하려면 베틀이 필요하고, 바구니를 짜려면 대 가르는 칼과 송곳, 바늘이 필요하다. 대나무를 다루다 보니 몇 개의 대나무로 스타돔도 만들었다. 대나무 쪼개는 도구도 사게 되었다. 빗자루 만들다 보니 빗자루 묶는 실타래나 작두가 필요하다. 바틱을 하다 보니 잔땡이란 밀납 펜도 구하게 되었다. 종이 만들다 보니 종이 거르는 채에 관심을 두게 되고, 밧줄매듭을 익히다 밧줄을 꼬는 권선기를 알게 된다. 이때부터 농촌에 필요한 다양한 도구가 새롭게 보이기 시작했다. 남도에 지천인 동백, 녹차, 잰피 씨에서 기름 짜는 데 압착기가 필요하다. 과거 농촌에서 사용하던 대다수 도구가 나무도구이거나 나무로 된 기계였다.

요즘엔 시골에 내려와 당장 빚을 내 크게 영농사업을 하려는 이들이 줄고 있다. 농사도 경험이 필요하고 견습 기간이 필요하다는 걸 깨닫는 듯하다. 요즘 내려오는 젊은이들은 귀농을 하더라도 소농이 대부분이다. 귀촌자들은 기껏 텃밭 농사를 한다. 그런 이들은 크게 일을 벌이지 않고 조금조금 쪼물락거리듯 일을 한다. 이것저것 큰돈 들이지 않고 시도를 해본다. 사정이 이러니 그런 사람들이 필요한 도구들은 작고 간단한 것들이다. 전기를 사용하지 않는 수작업 도구라도 충분하다. 게다가 이쁘고 감각적인 도구들이다. 과거와 다른 미감과 태도를 갖고 있는 젊은 귀농 귀촌자들이 늘어나고 있다.

이런 현상이 앞선 일본 농촌을 보면 알 수 있다. 내가 다양한 비전력 도구에 관심을 갖는 이유다. 마음 다스리기 위해 시작한 직조에서부터 이렇게 다양한 공예술로 빠져든 오지랖으로 부산스럽기도 하지만 소소한 즐거움과 깨달음은 여전히 풍요롭다.

1. 나무틀 압착기

들깨나 참깨를 수확해서 기름을 내리려면 방앗간 기름 내는 값이 솔찮다. 지역마다 다르지만 보통 한 병 짜는 데 4천 원이 든다. 깨 농사의 수고로움에 비하면 값이 문제가 아니지만 기름 짜는 값이 이래서야 생협에서 파는 유기농 기름과 비교해도 가격 경쟁력이 떨어진다. 소농 입장에선 수확 물량도 많지 않은데 기름 짜는 비용까지 부담해야 하니 달리 방도를 마련해야 한다. 만약 집에서 기름을 집에서 짤 수 있다면 방앗간에 내는 돈만큼 아낄 수 있다. 집에서 간단히 기름 짜는 도구를 만들 수는 없을까?

기름 짜는 방법

식물에서 기름을 뽑아내는 방법은 가열, 압착, 용해 세 가지가 있다. 식물성 기름을 가열하면 기름이 더 잘 나오는데 이 방법은 상업적으로 이용되지 않는다. 가열하는 데 에너지 비용이 많이 들고 가열해서 뽑은 식물성 기름은 산패하기 쉽기 때문이다. 식물성 기름이 상온에서 액체인 데 반해 코코넛, 코코아와 같은 식물성 지방은 묵이나 버터 같은 반고체 상태. 식물성 지방은 녹는 온도가 기름보다 높기 때문에 주로 가열 후 압착해서 뽑아낸 것을 굳혀서 사용한다.

공장에서 기름을 뽑아낼 때는 용해법을 주로 사용한다. 용해제로 식물성 기름을 녹여내는 방법이다. 반면 가정에서는 주로 압착법으로 기름을 짠다. 제일 간단하고 손쉽기 때문이다. 가장 간단한 압착은 광목 같은 천에 기름 재료를 넣고 비틀어 짠 후 다시 무거운 돌을 올려놓고 바짝 눌러서 기름을 빼내는 방법이다. 더 효과적으로 기름을 압착 추출하려면 압착기가 필요하다.

지렛대 압착기

지렛대 원리를 활용한 압착기는 집에서 간단하게 만들 수 있다. 중앙에 광목에 싼 식물 씨앗을 담을 수 있는 구멍 뚫린 상자나 통, 그리고 그 위의 누름판에 힘을 가하는 지렛대가 전부. 상자나 통 바닥 또는 측면에는 작은 구멍들이 뚫려 있어 압착된 기름이 밖으로 흘러나오게 되는데 이것을 받아내는 통이나 그릇을 밑에 둘 수 있는 구조로 만든다. 처음엔 사람의 손으로 지렛대를 눌러 압착한 후, 지렛대에 무거운 돌을 달아서 자동으로 오랫동안 기름이 나오도록 놔둔다.

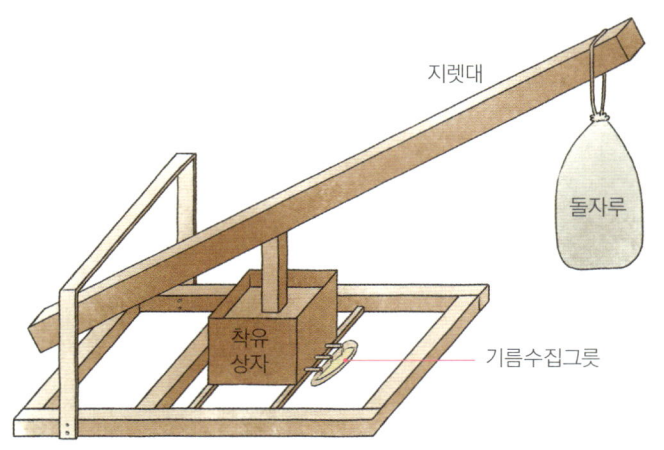 

그림 1-1 지렛대 압착기

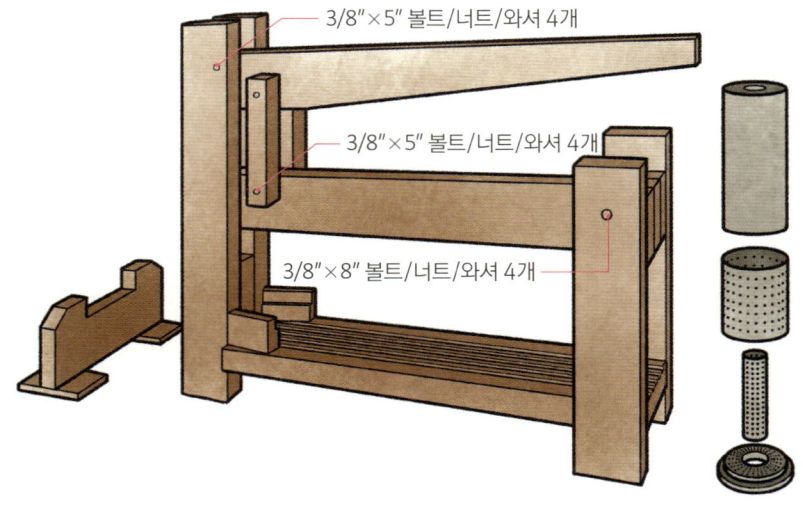

그림 1-2 EWBCGP 바이오매스 압착기

라오스 지원 프로젝트인 EWBCGP의 일환으로 릴런드 하이트(Leland Hite)와 그의 동료가 만든 바이오매스 연료 압착기는 식물성 기름을 추출할 수 있는 압착기로도 이용할 수 있다. 지렛대 작용이 다중으로 작용하도록 해서 착유 압력을 높일 수 있다. 이 다중 지렛대 압착기 역시 나무와 볼트, PVC관 드릴 등으로 쉽게 만들 수 있다.

회전 압착기

회전 압착기는 주로 기름을 소량 뽑아낼 때 사용한다. 작은 구멍이 많이 뚫린 원통형 통에 광목에 싼 식물 씨앗을 넣고 조임 장치를 돌려 압착 추출한다. 압착통은 스테인리스 멸치통을 사용하거나 나무통, PVC관에 구멍을 뚫어 만든다. 방앗간에서 쉽게 볼 수 있는 기름 압착기가 이렇게 생겼는데 다만 전기모터로 회전축을 돌린다는 점이 다르다.

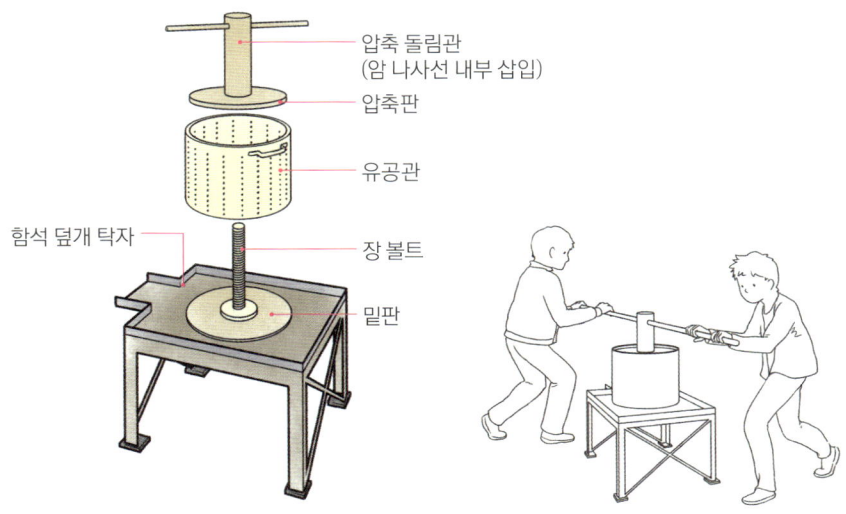

그림 1-3 회전 압착기

유압 압착기

유압 압착기는 압착판 위에 유압장치가 달려 있다. 자동차 바퀴 교체용 소형 유압잭을 사용한다. 유압잭은 누름판에 거꾸로 부착한다. 보통 이런 유압식 착유기로 식물성 기름을 완전히 짜내는 데 30~45분 정도 걸린다. 식물성 기름을 직접 짜면 비용도 줄이고 더 깨끗한 기름을 먹을 수 있다.

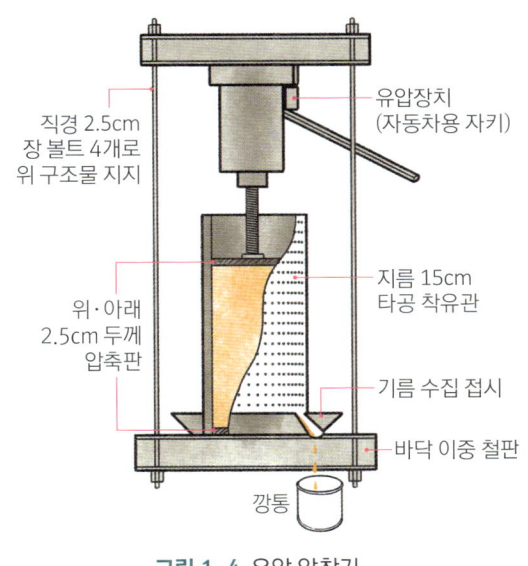

그림 1-4 유압 압착기

기름을 짤 때뿐 아니라 두부를 만들 때, 과일주스 만들 때 다양한 압착기가 필요하다. 가정에서 만들어 사용할 수 있는 다양한 압착틀을 살펴보았다. 기름을 짜든, 과일주스를 만들든 먼저 파쇄해야 한다. 기름을 짜기 위한 파쇄는 맷돌을 이용하고, 과일 파쇄는 롤러식 파쇄기를 많이 사용한다. DIY로 만드는 압착기들은 최근 자동차용 유압압축기나 자키레버를 압력장치로 활용하는 사례가 많다.

식물성 기름의 용도와 수율

오랫동안 사람들은 식물의 씨에서 기름을 뽑아 사용했다. 식물성 기름은 주로 식용으로 사용되었다. 식물성 기름은 칼로리와 용해성 비타민을 상당히 포함하고 있다. 기름 그대로 먹거나 음식물에 첨가하거나 음식물을 지지거나 볶거나 튀길 때 사용한다. 물론 식용이 아닌 다른 용도로도 널리 이용된다. 윤활유나 도료, 알칼리 성분과 혼합해서 끓이면 비누가 되기도 하고, 화장품의 원료로도 쓰인다.

씨앗	사용 가능한 기름 성분(%)	용도	씨앗	사용 가능한 기름 성분(%)	용도
아몬드	50	음식, 샐러드유, 비누	유채씨	40	샐러드유, 조리유
아주까리	50	약품, 윤활유	참깨	50	샐러드유, 조리유
목화씨	30	음식, 도료, 수지	해바라기	35	샐러드유, 조리유, 비누
대마씨	35	도료, 목재용 수지, 비누	콩	20	조리유
아마씨	40	도료, 비누, 목재용 수지, 합성수지	코코아	40	초콜릿, 음식
올리브	40	샐러드유, 조리유	코코넛 유박	50	음식, 비누, 화학품
땅콩	50	샐러드유, 조리유	팜넛	50	음식, 비누, 화학품
들깨	50	도료, 수지, 조리유	버터나무	55	음식, 비누, 초
꽃양귀비씨	50	샐러드유, 조리유			

앞의 표는 대량 생산할 경우 식물별로 뽑아낼 수 있는 최대 수율을 표시한다. 익숙한 참깨나 들깨는 제법 수율이 높은 편이다. 콩은 수율이 낮은 편이라서 압축 방식이 아닌 용해제로 뽑아낼 수 있다. 용해제는 한마디로 시너(thinner)로 콩기름을 뽑아내는 방식이다. 참기름과 들기름도 대량 생산하는 경우는 압축 방식이 아닌 용해 방식을 이용한다. 종종 잔류 용해제의 유해성에 대해 논란이 있다. 이런 이유 때문에 소량이라면 집에서 압착기를 만들어 기름을 짜면 건강에도 좋고 비용도 줄일 수 있다.

2. 밧줄 제작 권선기

직조 베틀이 사라지기 전까지 실을 꼬기 위해 크고 작은 권선기(Yarn Winder)를 가정에서 사용했다. 농장에서는 밧줄을 꼴 수 있는 밧줄 권선기도 사용되었다. 세 가닥의 실을 동시에 따로 고리에 걸고 꼬아서 가닥을 만들 수 있다. 다시 세 가닥의 실을 꼬아 더 굵은 밧줄을 만들 수 있다. 다양한 굵기로 밧줄을 만들 필요가 있다면 간단한 권선기 하나 만들어볼 일이다.

밧줄 권선기 제작

밧줄 권선기는 3/4″ 두께, 폭 4″ 합판으로 만들 수 있다. 한 조각은 길이가 20″, 다른 조각은 15″로 준비한다. 아래 그림에서 A는 손잡이를 만들고, B와 C를 잘라 ㄴ자 형태로 목공풀과 나사못으로 접착해서 기본 몸체를 만든다. D는 잘라서 이후에 실 가닥을 구분하는 갈래주걱을 만들 때 사용한다. 실 가락을 끼우는 홈은 나중에 파낸다. E는 고리를 고정하는 판으로 사용한다.

손잡이와 갈래국자용 부재에 반지름 1¾″ 원을 그린다. 각도기로 60° 간격으로 표시한 후 3시, 7시, 11시 위치에 구멍자리를 표시하고 모양대로 잘라낸다. 손잡이에 드릴로 구멍을 뚫을 때는 기본 몸체 윗부분에 해당하는 C와 A를 클램프로 서로 고정하고 두 부재를 관통하여 같은 자리에 드릴로 구멍을 뚫는다. 이때 구멍의 직경은 1/8″이다. 이 구멍은 나중에 실을 거는 3개의 고리를 끼울 자리다.

(단위 : ″)
※1″ = 2.54cm

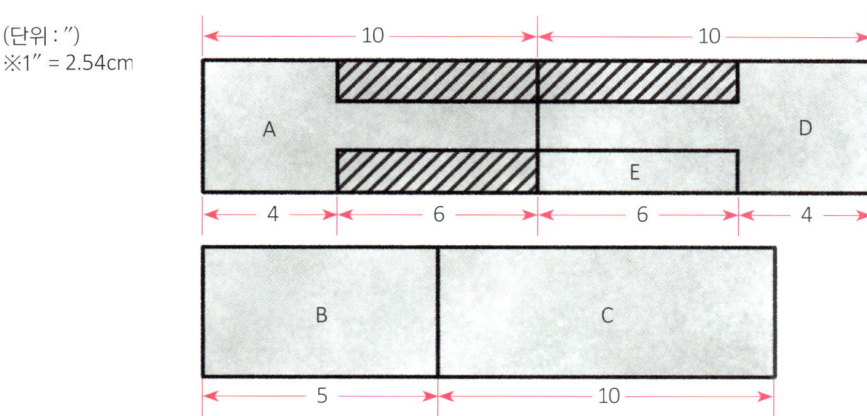

그림 2-1 손잡이

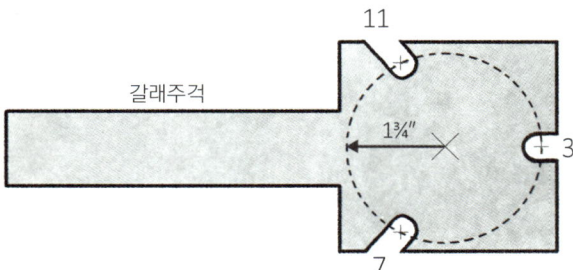

(단위 : ″)
※1″ = 2.54cm

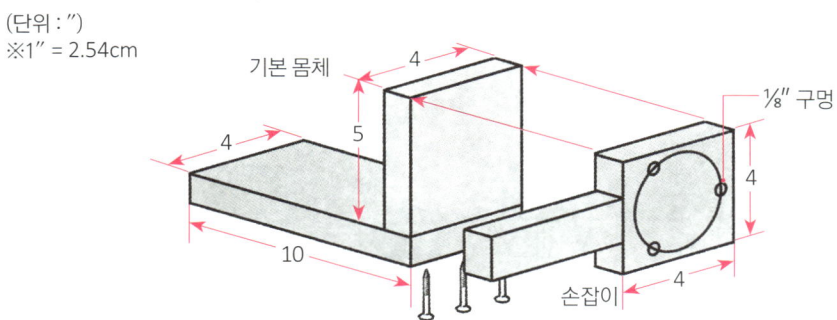

그림2-2 갈래주걱과 기본 몸체

제6부 | 비전력 도구 장인　223

실을 걸을 회전 고리는 철사 옷걸이를 재활용해서 만든다. 대략 8″ 길이로 세 가닥을 준비한다. 철사는 두 번 L자 형태로 꺾는다. 끝에서 1½″ 위치에서 한 번, 다시 꺾인 부분에서 1½″ 더 나간 위치에서 한 번 더 꺾는다. 나중에 손잡이와 몸체 구멍에 끼운 후 고리 모양으로 반대쪽 끝을 만든다.

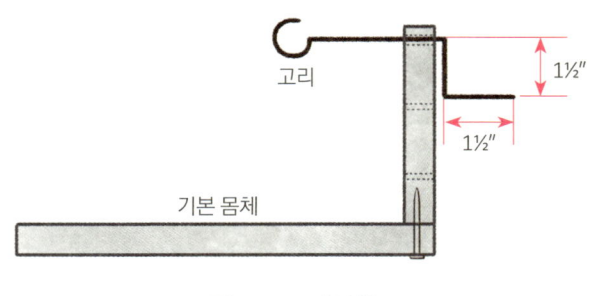

그림 2-3 고리 부착

갈래주걱은 실을 꼬아 밧줄을 만들 때 세 가닥의 실을 분리해주는 장치다. 갈래주걱은 앞서 설명한 손잡이와 만드는 방법이 동일하다. 즉 전체적인 모양, 크기, 표시하는 원과 구멍의 위치가 같다. 단, 갈래주걱에는 구멍 대신에 실을 끼울 홈을 같은 위치에 판다.

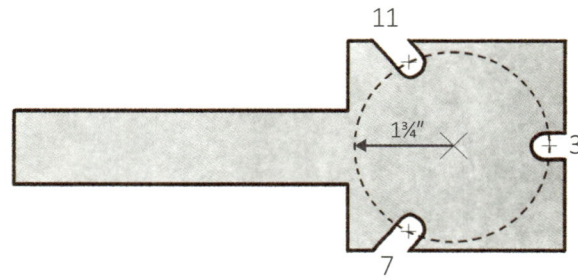

그림 2-4 갈래주걱

반대쪽 끝단 고리는 재단한 부재(E)를 이용한다. 부재의 정중앙에 3″ 길이의 문고리용 나사못 고리를 박는다.

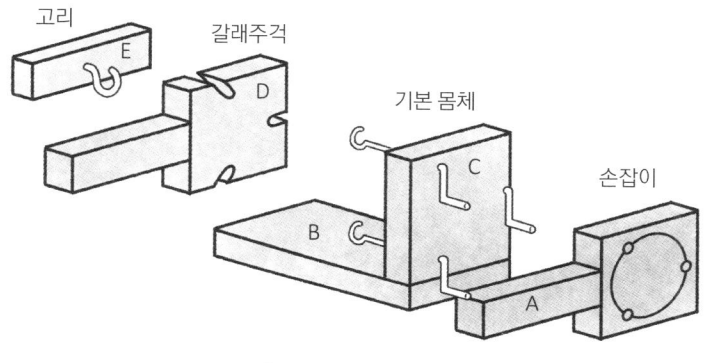

그림 2-5 밧줄 권선기 부품 일체

밧줄 권선기 사용법

우선 완성된 기본 몸체(B, C)를 클램프로 탁자에 고정한다. 약 180cm 길이의 밧줄을 만들기 위해서는 18m 정도의 실이 필요하다. 실 한쪽 끝을 권선기 몸체에 부착된 3개의 회전 고리 중 한 개에 묶는다. 180cm 정도 거리에 놓인 끝단 고리에 실을 건다. 다시 실을 반복해서 남은 회전 고리와 끝단 고리에 걸고 마지막으로 묶어 고정한다. 끝단 고리는 벽이나 기둥에 박아서 고정되어 있거나 누군가 잡고 있어야 한다. 세 가닥 실의 중간에 갈래주걱을 끼워 넣는다. 몸체의 손잡이를 시계 방향으로 돌려 실을 꼰다. 이때 갈래주걱으로 세 가닥의 실이 엉키지 않도록 이동한다. 처음 세 가닥을 따로 꼬고, 다시 이 세 가닥을 하나로 모아서 반대 방향으로 꼬아 밧줄을 만든다. 갈래주걱을 어떻게 움직이느냐에 따라 밧줄이 촘촘해지거나 느슨해진다. 기본적으로 밧줄을 만들거나 여러 가닥의 실을 합쳐 두껍게 만드는 합사 방식은 같다.

3. 화물 자전거와 자전거 수레

사람들은 왜 자전거를 탈까? 다리 근육이 뻐근할 정도로 힘차게 페달을 굴려 먼 거리까지 가는 것을 좋아하는 사람들도 많다. 자전거라면 경치를 감상하며 적당한 속도로 달릴 수 있기 때문이 아닐까? 자신의 신체적 힘을 사용해 이동하고, 몸으로 직접 바람과 주변 환경을 보고 느끼는 '신체성'이야말로 사람들이 여가로 자전거를 타는 이유라고 할 수 있다.

자전거를 타는 다른 이유도 있다. 짐받이가 큰 '짐자전거'가 기억난다. 한 세대 전만 해도 적지 않은 사람들이 물건을 실어 나르기 위해 자전거를 사용했다. 지금 한국에선 자동차와 오토바이가 화물 자전거를 대체해버렸다. 반면 유럽에서는 화물 자전거가 공공 지원을 받으며 다시 주목받고 있다.

유럽의 자전거 물류(Cycle Logistics) 프로젝트

유럽 정부는 2011~2014년 화물 자전거 확산을 위해 '자전거 물류'라는 지원 프로젝트를 진행했다. 이 프로젝트는 유럽 내 도시 화물운송을 자전거로 대체하는 사업이다. 기후 변화와 에너지 위기에 대응해 화물운송 에너지를 절감하기 위해서다.

이 프로젝트로 수행된 연구에 따르면 화물 자전거는 도시 화물의 25%를 감당할 수 있다. 화물 자전거가 갖는 생태적·사회적 가치는 분명하다. 연료 절감, 오염 감소, 적은 소음, 교통 체증 감소, 차량 사고 감소, 주정차 편리성 등 많은 이점을 갖고 있다. 화물 자전거는 상인과 배달 서비스 산업에 상당한 경제적 이익을 준다. 화물 자전거 배달은 차량 배달보다 저렴하다. 우선 차량에 비해 자전거 구입비가 훨씬 적게 든다. 보험료, 수리비, 유지비, 감가상각비도 상대가 되지 않을 정도로 적게 든다.

화물 자전거는 평지가 많은 유럽에서나 가능하다는 반론이 있을 수 있다. 하지만 오르막길을 오를 때 잠깐 사용할 수 있는 전동 모터나 소형 엔진을 부착하는 대안을 고려해 볼 수 있다. 베를린에서 독일 교통연구소가 실시한 연구 조사에 따르면 전동 모터를 보조 장치로 부착할 경우 화물 자전거는 화물 자동차 운행의 85%까지 대체할 수 있다.

사실 도시 화물 수송은 매우 비효율적이다. 대부분 승합차와 트럭, 개인 자동차, 오토바이가 담당한다. 교통 체증 때문에 차량 배달은 속도가 늦다. 유럽 화물자전거협회에 의하면 도시 배달 화물의 평균 하중은 100kg 미만, 부피는 $1m^3$ 수준. 이 정도 화물은 화물

그림 3-1 차체를 개조한 화물 자전거 Babboe City Cargo Bike @babboecargobike

자전거로 충분하다. 화물 자전거로 평균 최대 180kg의 화물을 나를 수 있다. 간헐적으로 사용할 수 있는 전동 모터를 장착할 경우 화물 용량을 늘릴 수 있다. 세발자전거나 네발 자전거는 더 많은 화물 용량과 더 큰 부피의 화물을 배달할 수 있다. 아직 국내에서는 유럽에서 보급되는 화물 자전거는 구하기도 어렵고 살 수 있다 해도 구입비용이 높다. 직접 만든다 해도 생산비가 높아지는 까닭은 자전거 차체를 변형해야 하기 때문이다.

자전거 수레(Bike Trailer)

화물 자전거(cargo bike)처럼 자전거 차체를 완전히 개조하지 않아도 대안은 있다. 예전엔 일반 자전거 짐받이 뒤에 리어카(handcart)라 부르던 손수레를 매달아 상당한 화물을 실었다. 자전거 수레(bike cart 또는 bike trailer)라 할 수 있다. 필요에 따라 수레를 탈부착할 수 있다. 유럽 자전거 시장에서 자전거 수레는 시장에서 굵직한 제품 카테고리를 차지하고 있다. 하지만 수레를 따로 만들 필요는 없다. 자전거에 매달 작은 수레나 카트(cart)류들은 주변

그림 3-2 자전거에 부착한 짐수레 @cargobikesystem

에서 쉽게 구할 수 있다. 대형 마트의 쇼핑 카트, 여행용 카트, 화물 카트들도 그중 하나. 일반 자전거에 이러한 크고 작은 수레나 카트를 바이크 히치라 부르는 연결장치로 매달면 자전거 수레를 간단히 만들 수 있다.

바이크 히치(Bike Hitch) 만들기

바이크 히치가 없던 예전엔 바퀴의 고무 튜브나 폐타이어 밧줄로 손수레를 자전거 짐받이에 매달았다. 바이크 히치는 지면 상태에 따른 수레의 상하좌우 움직임과 흔들림, 회전을 적절히 제어하면서 수용할 수 있는 회전축과 탄성을 갖고 있어야 한다. 자전거 운전에 충격을 줄 정도로 앞뒤로 움직여서는 안 된다. 이미 개발된 다양한 자전거 수레용 연결부속들이 판매되고 있다. 바이크 히치 정도는 우리가 직접 만들어보면 어떨까. 자전거나 수레를 직접 만들어보라고 하지는 않겠다. 과거에는 제작이 재료를 만드는 데서부터 시작했다면 현대적 제작의 특징은 '조립'과 '연결'이다.

현대인들은 직접 자신의 손으로 부품을 조립하거나 기성품을 연결해서 다양한 도구를 만든다. 다른 용도의 부품들을 조립하거나 개조해서 바이크 히치를 만들 수 있다. 월드 바이크 릴리프(world bicycle relief)가 소개한 자전거와 수레를 연결하는 간단한 방법은 2개의 고리를 수직으로 엇갈려 연결한 형태이다. 우선 그림처럼 자전거 뒷바퀴축을 고정하고 있는 2개의 지지대에 고리가 달린 연결 팔(Hitch Arm)을 부착한다. 고리 모양의 손수레 손잡이에 연결 팔의 걸쇠 고리를 엇갈려 걸기만 하면 저전거 수레는 완성된다.

아프리카에서 폐자전거로 새 자전거를 만들거나 화물 자전거를 만드는 사회적기업 리사이클(Re-Cycle)은 또 다른 방법을 제시한다. 특징은 폐자전거 차체와 부속들을 철저히 이용해서 자전거용 수레를 만들고 자전거에 연결하는 것이다. 자전거 앞바퀴축을 지지

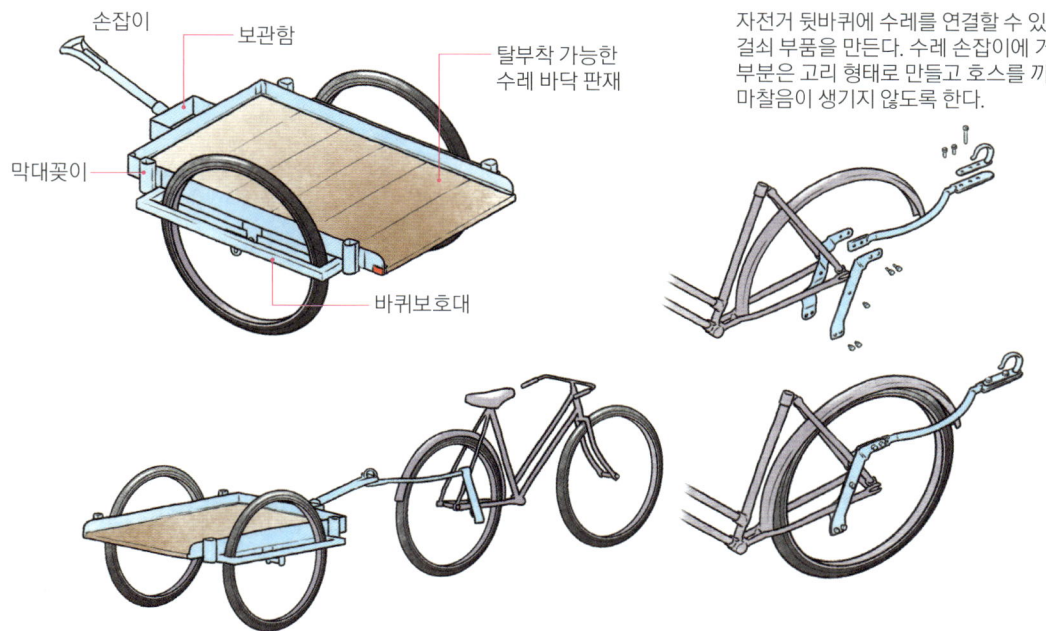

그림 3-3 자전거와 수레를 연결하는 고리형 바이크 히치

하는 고정대(fork) 2개를 수레의 바퀴 지지대로 재활용한다. 수레 하부틀은 일(日)자 형태로 만든다. 길이는 앞바퀴축 고정대의 갈라진 앞부분 2배이고, 폭은 40~90cm이다.

자전거 안장 밑에서 지지하는 삼각틀의 일부를 ㄱ자 형태로 잘라 수레를 자전거에 연결하는 연결 팔을 만든다. 이 연결 팔 끝에 자전거 핸들 고정대를 부착하고 휠 수 있는 유연 파이프를 끼워서 자전거 뒷축에 고정한다. 유연 파이프는 자전거 차체에서 잘라낸 2개의 짧은 강관 안에 스프링 강선을 끼워 넣어서 만든다. 스프링 강선은 빠지지 않도록 별도의 강선으로 잡아당겨 고정한다. 유연 파이프 한쪽은 와셔와 볼트로 강선을 고정하고, 다른 쪽은 납작하게 눌러 구멍을 뚫는다. 이 구멍을 자전거 뒷축에 끼운다.

오직 여가를 위해서 자전거 타기의 '신체성'이 중요한 것은 아니다. 조금 힘들지 모르지

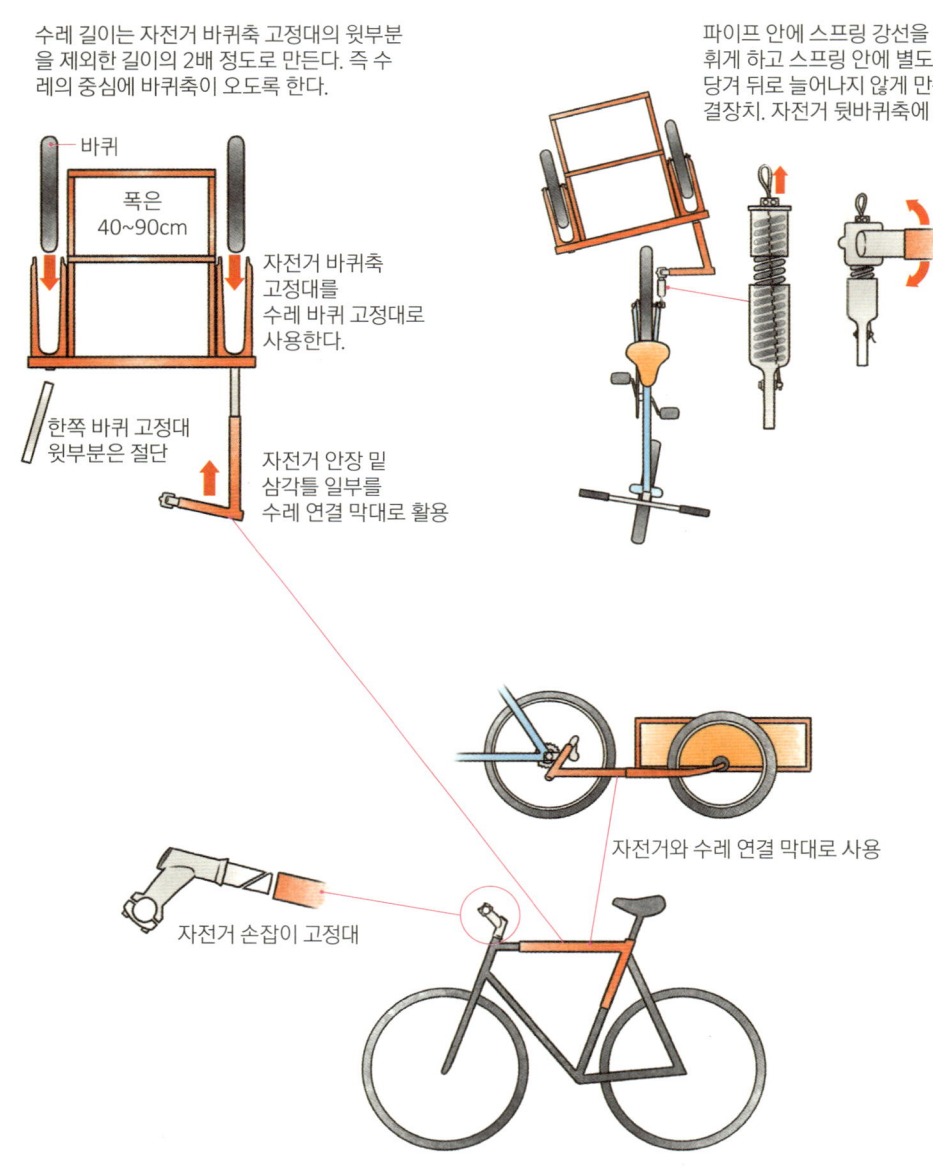

그림 3-4 폐자전거 부품을 활용한 자전거 수레 제작과 연결 방법

만 화물 자전거로 도시 화물을 운송하며 자전거의 다양한 가치를 몸으로 느낄 수 있다. 깨달음의 신체성이라 할까. 그것이 무엇이든 몸으로 체험하면 머리로만 알던 때보다 강렬한 확신을 갖게 된다. 지금 당장은 화물 자전거를 직접 만들지 않더라도 작은 부품인 바이크 히치를 자신의 손으로 만들어보길 바란다. 우리의 몸은 언제나 만들고 창조하기를 바라고 있다는 걸 알게 된다. 결국 만들고 창조하는 일의 신체성에 중독된다. 비로소 만드는 일은 즐거운 여가가 될 수 있다.

4. 칼갈이 장인의 자전거

 이게 웬일일까? 장흥 용산 마실장에 칼갈이가 등장했다. 최근 귀촌한 목수였다. 장에 나와 커피를 파는 부인 옆에서 커피콩도 볶고 한 1년 칼을 갈기 시작했다. 참 묘한 조합이다. 한때 화가였다던 그는 인천에서 목공방을 할 때부터 칼을 갈았다. 단골 식당주인이 부탁한 칼을 목공용 샌딩페이퍼로 갈아준 일이 계기가 되었다.

 소문을 듣고 칼 갈아 달라는 이웃들 요청이 늘었다. 매번 거저 해주기 힘들어 조금씩 돈을 받다 보니 칼 가는 일이 부업이 되었다. 그동안 칼 못 갈아 체증이 생겼던 것일까.

그림 4-1 칼갈이 장인의 자전거 @Museo Galileo

장날만 되면 기다렸다 집 안에 있는 칼, 가위며 온갖 날붙이를 가지고 나오는 이들이 적지 않다. 칼갈이 수입도 제법 짭짤하다. 칼 하나 가는 데 3천 원이다. 그는 모터가 달린 회전 연마석과 전동 샌딩페이퍼를 사용하면 1시간에 20자루 이상 칼을 갈 수 있다. 시급 1만 원도 보장되지 않는 상황에서 그는 시간당 6만 원을 버는 셈이다. 한마을에 칼을 갈아준다며 갔을 때는 100여 개 넘는 날붙이가 나왔다.

요즘은 도시건 농촌이건 날붙이를 갈아 쓰는 이들이 드물다. 간단하게 칼 가는 도구를 마트에서 살 수 있다. 하지만 제대로 날이 서도록 갈기 위해선 기술이 필요하다. 쉽게 값싼 칼을 살 수 있기 때문에 대개 굳이 칼을 갈아 쓰지 않는다.

남편들은 늘 바쁘다. 요즘은 칼 갈아 본 남편도 드물다. 집 안에는 무딘 칼들이 쌓이다 버려진다. 시골도 마찬가지. 젊은 사람이야 숫돌에 칼이나 낫을 갈아 쓰지만, 나이 든 독거노인은 그마저 힘이 든다. 값싼 중국 낫은 쓰다가 날이 무뎌지면 쉽게 이곳저곳에 버려진다.

이탈리아 자전거 라로띠노(L'Arrotino)

기술의 과거를 현재로 불러오고 싶어 자료들을 꼼꼼히 찾아보다 이탈리아 칼갈이 자전거 도면을 발견했다. 칼갈이 자전거는 자전거 페달을 돌려 연마 휠을 돌릴 수 있다. 이동할 때 뒷바퀴에 거는 체인과 별도로 연마석에 거는 작업용 체인과 기어세트가 있다. 작업할 때는 뒷바퀴 체인을 페달에서 빼내어 뒤 거치대에 걸어둔다. 원형 연마석은 자전거 중앙 프레임에 얹어 볼트로 고정하거나 아예 용접해서 부착한다. 연마 휠은 용도에 따라 다양하게 교체하며 사용할 수 있다.

요즘은 기본 연마석을 그대로 두고 끼워 사용할 수 있는 연마재들이 다양하다. 교체

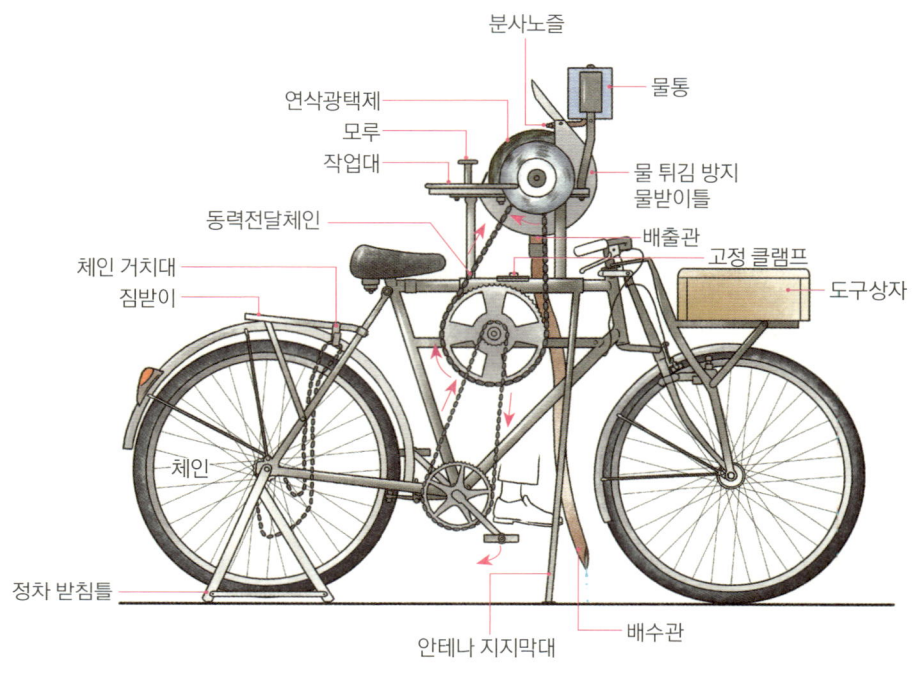

그림 4-2 로만 스타일 칼갈이 자전거

할 수 있는 원형 띠 사포, 광택용 빠우, 다양한 원형 숫돌, 마무리용 융빠우 등등 다양한 연마재를 사용할 수 있다. 연마석 위로 냉각수를 담는 통이 달려 있다. 칼을 갈다 보면 마찰열 때문에 칼이 물러지기 쉬우므로 종종 냉각할 필요가 있다. 연마석 둘레로는 물이 튀기지 않도록 물받이틀이 붙어 있다. 그 아래로 흘러내리는 물이 빠지는 배수관이 지면까지 내려져 있다.

연마석 앞에는 작은 모루가 고정된 작업대가 놓여 있다. 자전거 앞뒤에는 판매하는 칼이나 가위를 진열할 상자나 각종 공구와 소모품을 담는 상자를 싣는다. 자전거를 안전하게 세워두기 위해 측면이나 뒷바퀴에 안테나처럼 조절할 수 있는 지지대와 삼각받침이 달려 있다. 안장은 오랜 작업에 적합하게 편리하고 푹신하게 만들어져 있다.

그림 4-3 펜실베이니아 윈터 바이스클스가 주문 생산한 칼갈이 자전거 @Winter Bycycles

　최근 미국 펜실베이니아에서 사업 중인 맞춤형 자전거 제작공방(Winter Bicycles)은 1940년대 유행했던 라로띠노(L'Arrotino)라 불리는 로만 스타일의 칼갈이 자전거를 참조해서 현대적 칼갈이 자전거를 만들었다. 그들이 칼갈이 자전거를 주문받아 완성한 때는 먼 과거가 아닌 2011년이었다.

칼을 가는 일은 보기와 달리 상당한 숙련과 기술이 필요하다. 적당히 냉각시키지 않으면 쇠가 물러질 수 있다. 가열된 후 지나치게 냉각하면 날이 깨지기 쉽다. 연마도 건식과 습식으로 나뉜다. 날을 가는 앞뒤 각도가 중요하고, 쇠붙이 종류에 따라 연마하거나 광택을 내는 방법도 다르다. 거친 연마재에서 시작해 서서히 더욱 고운 연마재로 바꾸어가며 날을 세우고 광택을 내야 한다.

부엌칼이나 회칼 가는 법이 다르고, 가윗날 세우는 법이 다르다. 미용실 가위가 다르고 재단 가위가 다르다. 날을 제대로 세울 줄 알면 좋은 칼, 좋은 가위를 볼 안목도 늘게 된다. 각종 연마 광택재도 구분할 수 있어야 한다. 연마재를 파는 곳을 찾아보니 천일연마상사(paperchunil.com), 한국물산(www.grindingdisc.co.kr), 대원연마(dwco.co.kr) 등 몇 곳이 나온다.

여러 사람들이 들고 오는 서로 다른 날붙이를 갈려면 서글서글 인상도 좋아야겠고 말재주도 있어야 한다. 칼 갈러 나온 사람들과는 또 어떤 이야기를 나누게 될까? 어쩌면 골목길을 다니며 "칼 갈아요"를 외치는 소릴 머지않아 듣게 될지도 모른다. 무엇보다 이처럼 기술의 과거를 탐험하는 이를 만나기를 기대해본다. 옛 도구가 만드는 삶의 풍경을 살펴보고 예기치 못한 내일을 만들어가려는 엉뚱한 꿈을 꾸는 사람들 말이다.

5. 다용도 스타돔

 봄볕 즐기기 좋은 계절이다. 겨우내 답답했던 이들은 야외로 나가 캠핑을 즐긴다. 텃밭 농장이라도 다니는 가족이라면 손바닥만 한 농사라도 핑계 삼아 들로 밭으로 나간다. 캠핑을 나선 이들이나 봄 행사를 준비하는 이에겐 천막이 필요할 때다. 또 농부는 덩굴식물을 올릴 지줏대를 세울 때다. 이런 때 스타돔(Star Dome)은 다용도로 요긴한 적정기술이다. 일본 기타큐슈시립대학 다케카와 다이스케 교수가 개발한 스타돔은 대나무, 강선 활

그림 5-1 다양한 용도로 사용하는 스타돔 @Stardome Jp/Simplydiffrently

대, 캠핑용 활대, PVC파이프로 잠깐이면 지을 수 있다. 스타돔은 따져보면 성글게 큰 바구니 짜듯 엮은 자연 움막의 변형이다.

활대 준비

스타돔은 모두 같은 길이로 휠 수 있는 활대 15개를 사용한다. 원형의 바닥 테두리는 같은 길이의 활대 2개를 연결하여 만들 수 있고, 밧줄로 대체할 수도 있다. 바닥 테두리에는 고정연결점 10개가 있다. 연결점마다 각각 3개의 활대를 모아 고정한다. 총 17개의 활대가 필요하다. 만약 밧줄로 바닥 테두리를 대체한다면 활대는 15개만 필요하다. 돔의 규모가 커질 때 구조를 보강하려면 큰 활대의 절반 크기인 작은 활대 30개를 추가로 사용할 수도 있다. 별도의 연결 부속이나 복잡한 계산을 할 필요도 없다. 단지 활대를 교차한 후 끈이나 케이블타이로 묶거나 볼트로 죄면 완성된다. 활대가 교차하는 부분은 활대들을 서로 고정하기 위해 구멍(약 8mm)을 뚫는다. 대나무로 활대를 사용할 때는 쪼갠 대나무를 사용한다. 직경이 약 10cm인 대나무를 쪼개면 활대 4개를 만들 수 있다.

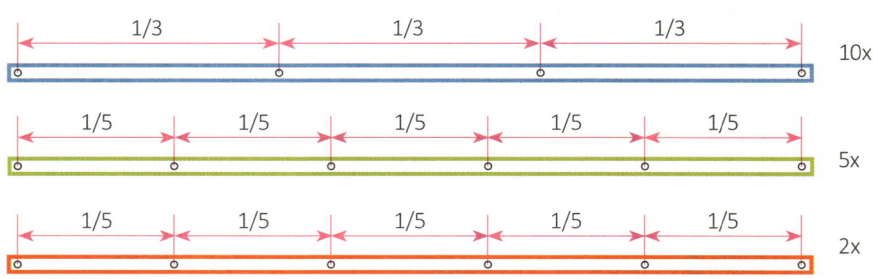

그림 5-2 스타돔의 기본 활대와 연결 및 교차 부위 고정을 위한 구멍의 위치
맨 아래 붉은 활대는 바닥 테두리 활대이다.

활대 엮기

활대가 준비되었다면 이제 활대를 교차하여 별(star)과 오각형을 만들어 겹치도록 하고 단단히 바닥 테두리 활대나 밧줄에 고정할 차례다. 사실 활대를 고정하면 스타돔 구조는 완성된다. 작업 순서는 그림과 같다.

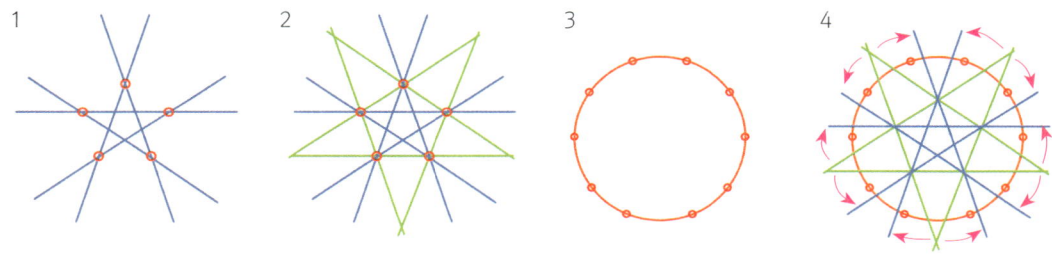

그림 5-3 활대 엮기 @Simplydiffrently

1. 청색 활대 5개를 교차하여 작은 별을 만든다. 이때 교차는 3등분 지점에 맞춘다.
2. 녹색 활대 5개를 서로 교차하여 큰 별을 만든다. 교차는 5등분 지점에 맞춘다.
3. 바닥 테두리 활대 2개를 연결한 후 미리 10개의 지점을 표시한 바닥 테두리(적색)를 준비한다. 바닥 테두리는 대나무가 아닌 단단한 끈으로 대체할 수 있다. 이때는 바닥에 원하는 돔의 직경에 맞춰 원을 그린 후 10등분 지점마다 말뚝을 박거나 표시만 해둔다.
4. 청색 활대와 녹색 활대의 각 연결부를 끈 또는 케이블타이, 볼트로 고정한다.
5. 바닥 테두리 위에 2개의 별 모양이 겹친 활대 묶음 구조를 얹어 놓는다.
6. 바닥 테두리의 각 고정연결점에 활대 묶음 구조의 각 끝부분을 고정한다. 이때 녹색 활대 묶음은 별 끝점마다 2개씩 활대가 모여 있는데 이것을 X자 형태로 교차하

여 청색의 활대와 만나게 해야 한다. 고정연결점에 활대 끝을 모아 고정할 때는 여러 사람이 활대 각 끝을 잡고 동시에 안쪽으로 오므리며 바닥 테두리 고정연결점마다 각각 2개의 활대가 모아지도록 해야 한다. 조금씩 오므리며 활대 묶음을 세우면서 돔을 만든다.

7. 바닥 고정연결점마다 활대 2개씩 모은 상태에서 연결점에 고정하거나 활대 끝을 끈으로 묶어 전체 구조가 펼쳐지지 않고 원을 유지하도록 한다.
8. 남은 5개의 청색 활대로 돔 측면을 위아래로 지나며 가로질러 엮어 보강한다. 이때 보강 활대는 바닥 고정연결점 한 곳에서 시작해 6번째 바닥 고정연결점에 활대 끝을 전체 구조와 함께 묶어 고정한다. 그 결과 모든 바닥 연결점에는 각 3개의 활대가 모여 있어야 한다.

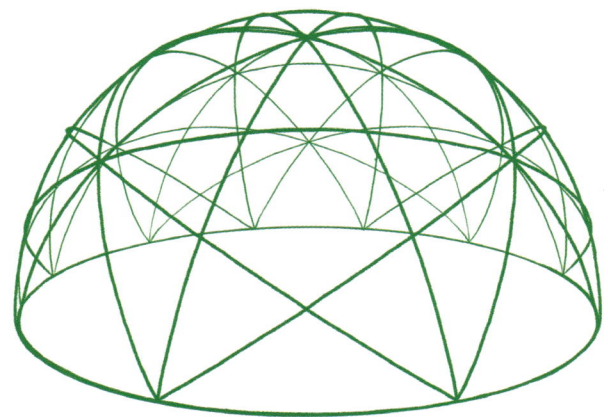

그림 5-4 돔의 바닥 테두리 활대와 지주 활대들을 모두 연결한 상태 @Simplydiffrently

스타돔 공식

스타돔의 크기에 따라 준비할 활대의 길이가 달라진다. 원과 관련된 공식을 포함한 몇 가지 공식을 기억해둘 필요가 있다. 만들고자 하는 스타돔의 지름, 높이, 바닥 면적 등을 미리 파악할 수 있다.

원주(돔의 둘레) = 지름 × 3.14

원의 면적(돔의 바닥 면적) = 반지름 × 반지름 × 3.14

반구 표면적(돔의 겉넓이) = $\dfrac{4 \times 3.14 \times 반지름 \times 반지름}{2}$

반구 부피(돔의 체적) = $\dfrac{4 \times 3 \times 3.14 \times 반지름 \times 반지름 \times 반지름}{2}$

기본 활대의 길이 = $\dfrac{원주}{2}$

활대 교차에 의해 만들어지는 삼각형 또는 오각형의 면 길이 = 지름 × 0.1 × 3.14

지름 = 돔의 활대 교차에 의해 형성되는 삼각형 또는 오각형의 면 길이 × 10 / 3.14

돔의 높이 = $\dfrac{지름}{2}$

계산이 귀찮고 어려운 사람은 simplydifferently.org/Star_Dome에 들어가 The Calculator 이하의 입력란에 원하는 지름 값을 넣고 오른쪽 calculator 버튼을 누르면 활대의 길이, 돔의 높이, 면적, 체적, 다각형 면 각 부위 높이나 길이 값이 자동으로 계산되어 각 해당란과 오른쪽 그림에 표시된다.

스타돔 구조가 다 만들어지면 나뭇잎 모양으로 천을 재단해서 이어 붙여 씌우면 천막이 된다. 나뭇잎 모양의 캔버스 천막을 재단하려면 돔의 지름, 높이, 그리고 몇 개의 나뭇잎 형상을 이어 붙여 만들지를 결정해야 한다. 역시 복잡한 계산이 싫다면 앞서 소개한 사이트를 이용하면 자동 계산이 가능하다. 이렇게 계산까지 대신해주는 사이트를 만들어 운영하는 사람들이 있다니 수학에 소질이 없는 사람들에게 얼마나 다행인가? 먼저 작은 종이띠를 잘라 시도해보시라.

사람을 구분해보라 한다면 나는 '공간을 만들 줄 아는 인간'과 그렇지 않은 사람으로 나눠볼 것이다. 아무리 단순해도 자신의 손으로 자신을 위한 공간을 만들어본 이는 삶을 살아가는 힘이 다르다. 당신은 어떤 사람인가?

6. 자연물 빗자루

요즘 새로 귀농한 이들에게 종종 건네는 말이 있다. 아직 논밭 가진 것 없어 뭘 먹고살지 고민하거나 농사일은 애당초 글러 먹은 청춘이라면 여지없이 한마디 건넨다. "수수 빗자루 엮어봐!" 뜬금없이 빗자루 엮으란 말에 다들 뜨악해 한다. 싼값에 쏟아져 나오는 플라스틱 빗자루뿐이랴. 동남아시아에서 수입되는 예술품 수준의 공예 빗자루도 인터넷으로 쉽게 구할 수 있다. 빗자루 엮어 살아보란 소리가 귀에 꽂힐 리 없다.

사정이야 일본이나 서양이 다를까. 하지만 무슨 일이 일어나고 있는지 그곳에선 수공예 빗자루 박물관도 생기고, 빗자루 전문가게(oglesbroomshop.com/)도 등장하고, 빗자루 만들기 워크숍도 개최되고 있다. 빗자루형제(thebroombrothers.com/)처럼 이래저래 수공예 빗자루로 벌어 먹고사는 이들이 늘고 있는 듯하다. 단지 상품으로만 보면 공산품 빗자루나 수입 빗자루에 비길 수 없겠지만 제 땅에서 나는 재료를 가지고 솜씨 좋은 장인이 만든 빗자루는 아무래도 뭔가 다른가 보다.

웬일일까? 한국에서도 핸드메이드, 수공예 박람회나 관련 행사가 줄을 잇는다. 소비의 흐름

그림 6-1 빗자루형제의 공예 빗자루 @Broombrothers

이 바뀌고 있는 것이다. 일자리 얻기 어려운 청춘들 가운데 쪼물락쪼물락 수공예품을 만들어 대안장터니 프리마켓이니 하는 곳에 내다 파는 이들이 늘고 있고, 공산품에 식상한 소비자층이 손맛 나는 생활공예품으로 관심을 돌리기 시작한 까닭도 있다.

어쩌면 앞으로 빗자루만 잘 만들어도 먹고살 수 있는 시대가 올 듯하다. 딱 돈 벌 요량은 아니더라도 이제 긴 겨울 심심치 않은 손놀림거리로도 빗자루 엮기만 한 게 없다. 어찌 되었든 귀농 귀촌자라면 생활도구 하나쯤은 제 손으로 만들어봐야 하지 않을까?

빗자루의 묶음 구조

꽃술이 오르기 직전 속 찬 갈대를 소금물에 담가두었다 빗자루를 만들 수 있다. 수수빗자루 만드는 법을 알아보자. 빗자루의 기본적인 구조는 간단하다. 길고 곧은 가지로 만든 나무자루가 있고, 자루 한끝에 잔가지나 거친 화본과 식물의 대 또는 줄기, 까락, 술 묶음으로 만든 빗머리가 있다. 빗머리를 철사나 노끈, 삼끈 등으로 자루에 고정시킨다.

이때 묶음이 중요한데 빗머리를 한 묶음으로 막대에 고정하는 머리고정 묶음과 큰 묶음이 있고, 그 다음 수수의 대 부분을 여러 가락 한 묶음씩 나누어 묶는 중간 묶음, 가는 수수 까락을 갈래갈래 촘촘히 꿰매는 작은 묶음이 있다. 활개를 펼친 듯한 날개 빗자루를 만들 때는 큰 묶음에서 빗술을 조금씩 줄여 갈래 치며 묶는 갈래 묶음이 있다. 이나저나 큰 묶음에서 단계적으로 묶음을 줄여가며 작은 갈래로 나누어 묶는 것은 같다.

그림 6-2 빗자루의 묶음 구조 @김성원

재료와 공구의 준비

빗머리를 만들려면 볕 좋은 날을 골라 수숫대 윗부분을 위에서 60cm 이상 넉넉히 잘라낸다. 수수 알맹이는 털어내고 굵기와 크기 별로 가지런히 정렬하여 한 움큼씩 다발을 만들어 놓는다. 빗자루 막대를 만들려면 한 손에 쥘 정도 굵기로 단단하고 곧은 가지를 45cm 이상 잘라 6개월 이상 건조시켜 둔다. 건조된 상태에서 나무껍질이 벗겨지지 않아야 한다. 자루의 양 끝엔 비걸이 끈 또는 빗머리 고정 묶음 철사를 끼울 수 있는 구멍을 뚫어둔다. 자루를 준비하는 동안 수숫대를 약 15분 물에 담가 부드럽게 휘고 쉽게 다룰 수 있도록 만든다. 자루와 수수 빗머리를 묶고 고정할 철사줄, 나일론끈, 삼끈을 준비한다. 공구는 철사를 구부릴 펜치나 니퍼와 줄, 가위나 칼, 수수 빗머리를 자를 작두, 빗자

그림 6-3 빗자루 만들기 과정
①② 빗머리 준비 ③ 자루 준비 ④⑤ 자루에 빗머리 고정 ⑥ 빗머리 갈래 묶음 ⑦⑧ 손잡이 직조 ⑨ 빗머리 재단 @Broombrothers

루를 고정하고 넓게 펼 바이스가 필요하다. 별도의 바이스가 없다면 각재 2개를 맞대고 드릴로 구멍을 뚫은 후 여기에 나비볼트 2개를 끼워 만들 수 있다.

빗머리 고정

가지런히 정렬한 수숫대 끝을 맞춰 자루를 깜싼 후 철사로 단단히 고정한다. 이때 미리 자루 끝에 뚫어둔 구멍으로 철사를 통과시킨다. 단단하게 철사를 감되 세 차례 정도 나누어 감는다. 철사 끝은 수숫대 속으로 감추어 마무리한다. 빗머리를 펼쳐 바이스로 고정시킨 후 노끈이나 삼끈, 기타 다른 가죽끈으로 수숫대를 몇 갈래씩 나누어 묶는다. 처음엔 전체 수숫대를 한 묶음으로 묶고 점점 묶음을 줄여가며 묶는다. 수수 까락은 좀 더 촘촘하게 나일론끈으로 꿰매듯이 묶는다. 자루에 묶은 수숫대를 날실로, 삼끈을 씨

그림 6-4 빗머리를 눌러 펴기 위한 나무막대 바이스 @Broombrothers

실로 삼아 한 번씩 교차하며 통과하여 직조 모양으로 고정한다. 직물로 짠 수숫대를 접어 다시 같은 방식으로 직조한다. 이렇게 직물로 만든 고정 부분은 두 겹이 된다. 빗머리 끝을 작두로 잘라 길이를 맞춘다.

빗머리 보강과 나무자루

빗머리를 두껍고 넓게 만들려면 수숫대를 속대와 바깥 대로 나누어 자루에 고정한다. 속대는 수수 까락 쪽은 길게, 대 부분은 짧게 자른 것을 우선 자루에 고정하고 다시 이 위에 대가 긴 수숫대를 둘러 막대에 고정한다. 이때 자루에서 수수 빗머리가 빠지지 않도록 자루를 살짝 깎아 굴곡을 만들어둔다. 요즘 공예적인 빗자루는 나무자루 부분에 다양한 그림을 그려넣기도 한다. 자루뿐 아니라 자루걸이 끈, 빗머리 묶는 끈의 재질과 색상을 달리하여 멋을 낼 수 있다.

그림 6-5 공예 빗자루(좌)와 빗머리 고정 부분(우) @Enversductor

빗자루 제작 틀

손으로만 하는 일이 왜 고달프지 않을까? 서양 농부들은 빗자루 만드는 도구를 발전시켜 힘을 덜고 있다. 주로 빗자루를 잡아 고정시키고 실타래를 걸어두고 단단히 돌려 묶기 위한 작업대라 할 수 있는데 종류도 다양하다. 주로 나무나 약간의 철물을 결합해 만드는데 동력은 사용하지 않는다. 빗자루뿐 아니라 농촌에서 사라지고 있는 생활공예, 생활기술들을 현재화시키는 데는 디자인을 바꾸는 것도 중요하고, 도구를 적절한 수준까지는 발전시킬 필요도 있다. 다만 화석에너지를 이용하지 않고 큰 틀에서 수공예를 벗어나지 않기를 바란다. 사진, 영상, 글로 기록하여 콘텐츠화하고 대안장터나 수공예 축제를 통해 알릴 필요도 절실하다.

그림 6-6 서양의 빗자루 제작 도구
@Kicknstitchrooms

빗자루 만들기가 그리 어려워 보이지 않을지도 모르겠다. 하지만 수수 빗자루를 우습게 볼 수 없다. 빗자루 엮는 이마다 솜씨도 다르니 한갓 빗자루도 격이 다를 것이다. 빗자루 하나 만들기까지 수수 심고 키우고 거두고 갈무리하는 일까지 몸과 손, 마음 쓸 일이 촘촘하다. 어디 그뿐이랴. 제 땅에서 거둔 것으로 제 삶에 쓰일 기물 하나쯤 만들다 보면 솔찮게 깨끗한 깨달음 하나 너끈히 얻는다. 하찮고 섣부른 생각일랑 어느새 저만치 쓸려간다. 농한기에 빗자루 몇 개 엮으며 마음도 잔잔히, 생각도 잔잔히, 꾸벅꾸벅 평안해지면 어떨까.

07

소소한 생활기술자

지난 10년 시골 살면서 익힌 기술을 돌아보니 두 손으로 꼽기 어려울 정도로 많다. 어떤 기술은 취미 삼았고, 어떤 기술은 집을 짓고 고치는 데 이용했다. 가끔 몇 가지 다른 기술로 돈벌이도 했다. 기술 관련 책을 몇 권 냈고, 때때로 강의도 한다. 지금도 새로운 기술을 탐구하고 도전하기를 마다하지 않는다. 누군가는 "요즘 세상에 그런 기술로 돈이 됩니까?" "경쟁력이 있습니까?"란 핀잔 섞인 질문을 하곤 한다.

기술 습득과 제작의 동기가 오로지 경제적이어야만 할까? 우리는 어느새 단지 경제라는 잣대만으로 우리 삶의 모든 활동을 저울질하는 습관이 들어버렸다. 기술을 배워야 하고 제작 노동을 해야 하는 이유가 단지 돈벌이라면 그런 삶이 과연 재미있을까? 풍요롭고 즐거운 삶이라면 기술을 익히고 무엇인가 만들어볼 이유와 동기는 수없이 많을 것이다. 그런 질문을 받을 때마다 왜 그렇게 많은 기술을 탐색하고 갖가지 제작에 도전해왔는지 나 자신에게 되묻곤 한다.

첫 번째, 아직도 못해본 게 너무 많기 때문이다. 나는 본래 호기심도 많고 탐구심도 많은 아이였다. 학창시절엔 공부보다 시를 쓰거나 소설을 읽거나 중창단과 합창단 활동을 하느라 정신을 팔았다. 개그맨 전창걸은 교회를 함께 다닌 친구였는데 연극 대본도 쓰고 함께 공연을 하기도 했다. 직장을 갖고 난 후에는 근 15년 동안 컴퓨터 강사로, 웹 기획자로, 정보시스템 설계자로, e-비즈니스 컨설턴트로, 패션회사 마케터로, 광고 전략가로 변신해가며 팔색조처럼 살아왔다.

늘 새롭고 재미있는 일을 찾아 직장을 옮겼다. 어떤 일에 더 이상 재미를 느끼지 못하고 열정이 식어버리는 순간 새로운 일과 직장을 찾아나섰다. 근기도 있고 집중력도 있는 편이지만 성정 자체가 워낙 새로운 것에 끌리는 편이다. 아직도 나의 호기심과 탐구심을 자극하는 것들이 너무 많다. 아직도 나는 도전해보

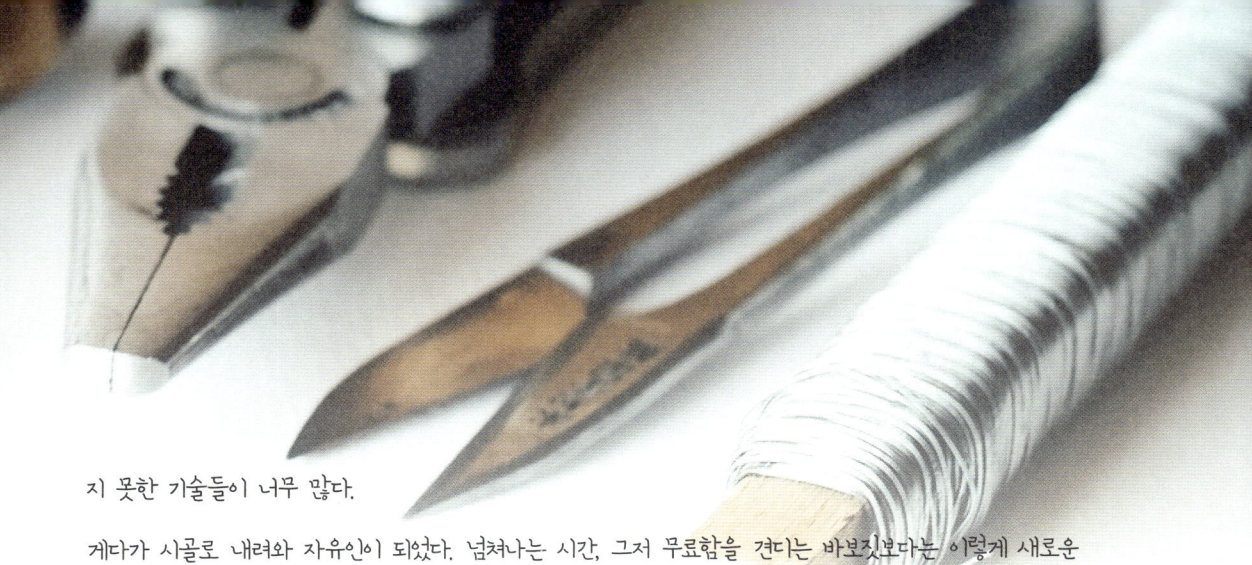

지 못한 기술들이 너무 많다.

게다가 시골로 내려와 자유인이 되었다. 넘쳐나는 시간, 그저 무료함을 견디는 바보짓보다는 이렇게 새로운 기술을 탐구하는 과정 자체가 즐겁다. 그 기술을 이용해서 직접 제작에 도전해보는 일은 또 다른 재미가 있다. 이 재미를 알면 쉽게 빠져나올 수 없다. 적어도 나는 호호 할아버지가 될 때까지도 심심치 않게 살 것이다.

두 번째, 버는 게 적으니 몸을 쓸 수밖에 없다. 나는 돈보다 자유에 가치를 더 두고 산다. 시골로 온 이유이기도 하다. 적당히 생활을 유지할 만큼 벌면 일을 멈춘다. 가끔 관계가 복잡해져 쉽게 일을 멈추지 못하고 일에 빨려들기도 한다. 무엇인가 새로운 일에 도전해보고 싶은 욕심에 내가 일을 벌이기도 한다. 이내 후회하고 일을 덜어낸 후 다시 넉넉한 시간에 자신을 돌아보며 즐기려 애쓴다. 나로선 돈 벌 기회가 있어도 자유 시간 확보가 우선이다. 쉽지 않지만 늘 생계를 위한 일과 자유 사이에 균형을 유지하려 한다.

이런 태도로 살면 아무래도 버는 게 적으니 경제적으로 조금은 부족하기 마련이다. 벌이가 시원치 않으니 집도 가능하면 직접 고치고, 집에 필요한 기물 모두는 아니더라도 몇 가지라도 내 손으로 만들어보려 한다. 돈으로 사기보다 내 손으로 해결해보려 잡다한 기술을 평소에 익혀서 써먹는다. 설령 돈이 있어 쉽게 남에게 시킬 수 있는 처지라도 시골에선 마음대로 되지 않는 일들이 적지 않다. 당장 지하수 관정이 고장나 물이 나오지 않아도 전문기술자를 불러 고치려면 반나절이 걸릴지 며칠이 걸릴지 모른다. 농사를 조금만 지어도 다뤄야 하는 도구와 장비가 많다 보니 웬만한 고장은 스스로 해결해야 한다.

생활환경이 기술적으로 디자인되고 상업적 기술서비스로 촘촘히 관리되는 도시와 달리 시골의 생활환경은 끝임없는 변화와 갑작스런 상황 전개가 새삼스럽지 않다. 도시보다 야생적인 곳이 시골이다. 이런 곳에서 살아가려면 갖가지 기술을 익혀두지 않을 수 없다. 이런 잡스런 일도 일이라면 일이지만 돈 버는 일과 달리 내가 주체적으로 내 리듬에 따라 일을 할 수 있다.

세 번째, 나의 기술 편력은 인생 후반기 직업을 탐색하는 과정이기도 하다. 나는 워낙 관심이 휙휙 옮겨가고 쉽게 싫증 내는 편이다. 그러니 나이가 들어가며 새롭게 직업 삼을 기술이라면 내 기질과 능력에 딱 맞아 지속할 수 있는 일이어야 한다. 하는 일이 즐겁고 재미도 있어야 한다. 자유로우면서도 창조적이고 조금은 돈도 벌어야 하겠단 생각도 해본다. 적당히 머리도 쓰고 몸도 쓰는 일이라면 더욱 좋겠다. 아무래도 기준이 까다롭다.

이래서는 도무지 인생 후반기 직업을 정할 수 없을지도 모르겠다. 어찌되었든지 내가 세운 조건을 충족시킬 직업 기술을 찾으려면 우선 이해하고, 무조건 내 몸으로 해봐야 한다. 10년 동안 이것저것 해보다 보니 이제 두 가지 정도로 좁혀졌다.

흙미장이 나는 아무래도 좋다. 재료가 주는 자유로움과 부드러움이 좋다. 흙일을 하다 보면 마음이 평안해진다. 특히 색토와 천연페인트로 벽을 치장하고 모양을 내는 일이 좋다. 다음으로 직물을 짜는 일이 좋다. 직물을 짤 때 역시 마음이 편안하고 조용해진다. 문양 하나하나가 도전 과제다. 나는 도전할 과제가 많은 일과 기술에 끌린다. 앞으로 큰 병에 걸리거나 사고가 나지 않는다면 30~40년 정도 더 살 수 있을 텐데, 늙어가면서도 계속할 수 있는 직업 기술을 선택할 생각이다. 직조는 그런 점에서 적합하다. 시간이 지나면서 사회적으로 내 역할이 바뀌어야 하는 상황이라면 더 적극적으로 바꿔보려 한다.

내가 기술을 탐색하고 제작에 도전하는 이유는 수없이 많다. 구겨진 자존심을 세우고 아내에게 인정받기 위해서이기도 하고, 다른 이들에게 나의 능력을 증명하기 위해서이기도 하다. 누군가 나를 인정해준다면 왜 즐겁지 않은가. 기술과 제작의 기회를 통해 새로운 사람들과 관계를 확장하며 벌어지는 기대치 못했

던 경이로운 사건의 전개와 인연들을 즐기기 위해서이기도 하다. 아직 충분한 실천이 따르지 못하지만 나름 갖고 있는 생태적 가치에 따라 사회 전환을 위한 기술적 노력이기도 하다. 내가 관심 갖고 있는 이러한 기술 자산도 다음 세대에게 물려줘야 한다는 작은 의무감도 있다. 그동안 활동을 통해 갖게 된 기술 철학에 따른 실천이기도 하다.

잡다한 기술로 오지랖을 넓히다 보니 돈벌이가 특별히 나아진 것은 없다. 하지만 돈 때문에 헉헉 대지도 않고 연연하지도 않는다. 그렇다고 시골에서 그저 놀기만 하며 어떻게 살 수 있을까? 놀기만 하다간 우울증이나 갑갑증에 걸리거나, 치매만 빨리 올 뿐이다. 아니면 굶어 죽었을 것이다. 아무리 기술이 있다 해도 시골에서 먹고사는 일이 힘들지 않을 리 없다. 마루야마 겐지의 말처럼 "시골은 그런 곳이 아니다. 어디를 가든 삶은 따라온다." 장점만큼이나 단점 많은 곳이 시골이다.

무얼 하든 선택할 자유와 시간이 중요하다. 그 자유의 시간과 공간에서 나는 몸과 마음의 리듬에 맞춰 하는 일을 선택할 수 있다. 놀듯 일한다는 게 별것 아니다. 내 선택과 리듬에 따라 일을 시작하고 멈출 수 있다면 일도 놀이가 된다. 어느새 마음도 몸도 적당히 적응해서 누구라도 하는 걱정 정도만 하면서 살아가는 시골 생활 유유자적, 이쯤이면 되었다.

소소한 기술을 알아가고 몸에 익힐 때마다, 내 손으로 만든 작은 기물들이 집 안 곳곳을 채울 때마다, 소박한 마을 장터에서 가끔 솜씨를 자랑할 때마다 소소한 기쁨들이 일상을 채운다. 매일매일 반복되는 일상 속에서 또다시 새로운 소소한 기술에 도전해본다. 마치 끝없는 더위에 허덕일 때 문득 불어오는 바람결에 몸을 맡기듯 잠시 몰입의 시간을 즐긴다. 말하고 보니 참 배부른 소리다.

1. 밧줄매듭과 장대 구조물

　귀농한 지 벌써 몇 해가 지나도 아직 몸 써 하는 일이 서툴기만 하다. 우리 부부 살 집도 짓고 제법 쓸 만한 화덕도 제 손으로 만들어 요긴하게 쓰고 있으니 동네 어른들은 손재주가 좋다 칭찬한다. 되려 어른들께 배워야 할 농촌 살림 기술들이 많은데도 당신들 갖지 못한 기술은 부러워하고 정작 당신들 손에 익혀둔 기술은 하찮다 감춘다. 어깨너머 그분들 손놀림 지켜보면 어느 하나 매혹적이지 않은 게 없다. 본래 생각 많은 사람이나 도시내기는 제 손놀림을 하며 생각 없이도 술술 풀어낼 수 있는 습관처럼 밴 기술은 찾기 어렵다.

　그럭저럭 집 밖에서 일할 만큼 날씨가 풀린다 싶어 지붕에 올라 바람에 휘청이던 연통을 바로잡는다. 4m 높이의 연통을 북풍에 흔들리지 않게 사방을 철사로 묶는 일이 쉽지 않다. 야물게 묶지 못한 철사가 끊기는 바람에 연통이 넘어지면서 다칠 뻔. 집 안에 있던 아내와 뒷집 이웃을 불러서야 제대로 연통을 바로잡아 세웠다. 손이 야물지 못하니 철사 매듭 묶을 때마다 서툴기 그지없다. 대개 귀농한 이들이 이럴 것이다.

　귀농한 이 가운데 어떤 이들은 뒤돌아보면 직장에선 줄 설 줄 모르고, 농촌에 와선 제대로 줄 맬 줄도 모르는 처지일지 모른다. 고춧대 줄을 매 보면 어지러운 것이 거미줄 뺨을 친다. 장인어른 앞에서 마당 빨랫줄 맬 때 낑낑대던 부끄러운 모습도 떠오른다. 비닐하우스 파이프 두 개를 마당에 대여섯 걸음 간격을 두고 박은 다음 여기에 스테인리스 줄을 매서 빨랫줄을 만들었다. 전동 드릴, 쐐기, 고정 철물, 망치, 펜치, 철사 절단기 등 별별 공구들을 다 늘어놓고서야 간신히 이불 빨래를 널어도 넘어지지 않게끔 만들 수 있었다.

그림 1-1 농촌생활에 유용한 기본 매듭법

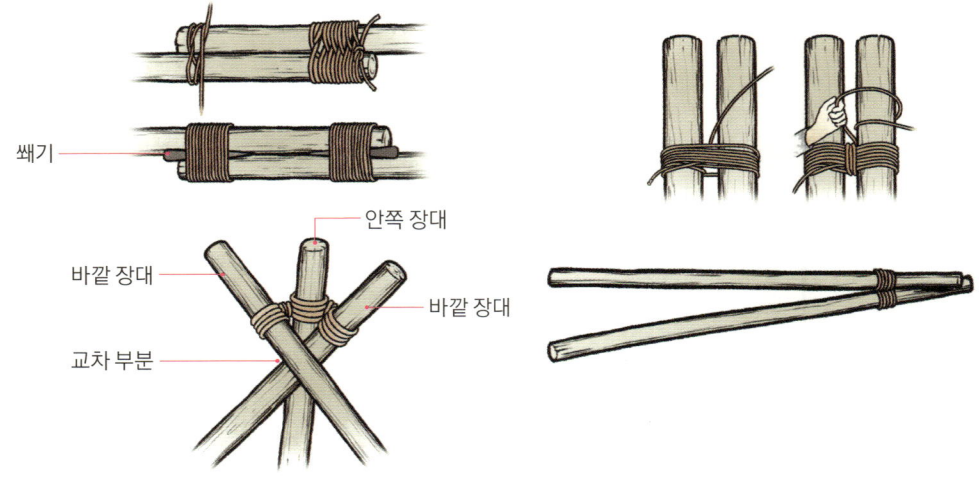

그림 1-2 두 장대 이음 밧줄매듭법과 삼각 장대 매듭법

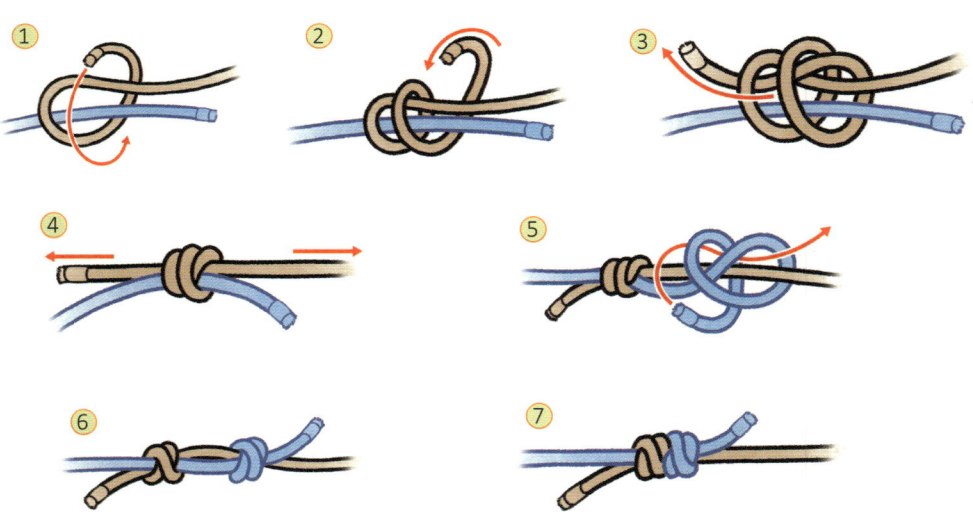

그림 1-3 짧은 두 줄을 이을 때 매듭

귀한 딸 시골 데려와서는 빨랫줄도 제대로 못 매는 사위가 믿음직스럽지 않았던지 잠깐 머물다 후딱 돌아가 버리신다. 돌이켜 생각해보니 장대에 밧줄 매는 법만 몇 가지 알았다면 그렇게 많은 공구를 늘어놓지 않고도 간단히 해냈을 일이다. 여러분은 어떠신가.

화물매듭

어쭙잖게 제대로 배워둔 매듭법 하나가 있다. 트럭 적재함 줄(일명 바) 매는 법이다. 트럭에 짐을 싣고 그저 단단히 옭아매는 것으론 부족하다. 영업 화물차를 모는 동네 형님에게 배웠는데 고리에 건 채로 당겨도 풀리지 않은 채 단단히 화물을 옥죌 수 있는 방법이다. 머릿속으로 떠올리려면 어렴풋하던 것이 적재함에 밧줄을 걸어 잡으면 생각 없이도 손짓이 매듭 길을 찾아간다. 생각 많은 사람이라도 결국은 머리가 아니라 손이 배운다. 아직도 몸과 손에 익혀두고 배운 것이 모자라다.

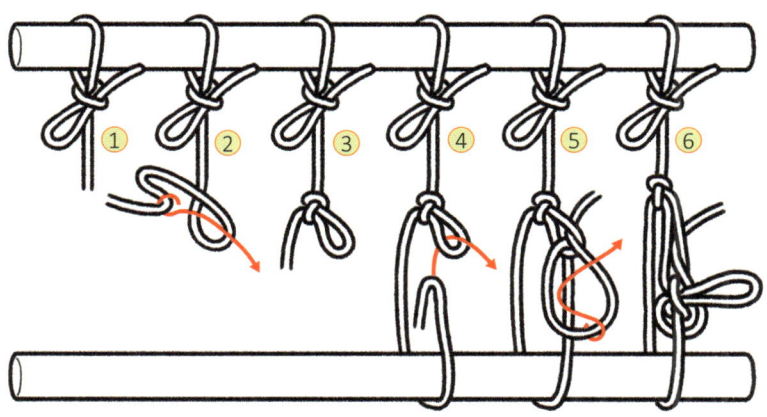

그림 1-4 트럭 적재함 화물을 묶을 때 사용하는 매듭법

그림 1-5 항만이나 부두에서 사용되는 다양한 밧줄매듭법

장대매듭

시골에는 밭을 집터 삼아 지어 마당과 밭 구분이 따로 없고 담장과 문도 따로 없는 집들이 적지 않다. 우리 집이 그렇다. 옹벽 둘레로 사철나무 생울타리가 일부 둘러쳐 있고, 집 뒤는 마른 고랑이 있어 집 안팎을 나눈다. 텃밭과 사랑채 둘레는 두충나무가 한 발씩 띄엄띄엄 심겨 있어 나름 경계를 이루지만 듬성듬성 성근 틈으로 오가는 사람 눈길도 낮

선 불청객 방문도 피할 수 없다.

　간벌한 잔가지나 마을에 지천인 대나무로 마른 울타리라도 만들어야지 마음만 먹고 있다. 지난 여름엔 생태화장실 옆에 수세미 넝쿨이 뻗도록 대나무 지지대를 삼끈으로 묶어 세워봤는데 멀찌감치 떨어져 보니 코웃음만 나온다. 수세미 덩쿨손도 손 내미길 마다한다.

　대나무에 못을 박으면 쉽게 쪼개지기 때문에 대나무로 울을 만들려면 필히 삼줄을 이용해서 묶어야 한다. 미뤄 두었던 생각을 실현하려면 울타리 매듭부터 먼저 배워야 한다. 양파나 시레기, 마늘 엮을 때도 그렇고 잡물 걸어둘 줄 고리 만들 때도 제대로 매듭을 묶을 줄 알아야 한다. 이처럼 농촌 살림엔 용도에 맞게 배워야 할 매듭이 많다.

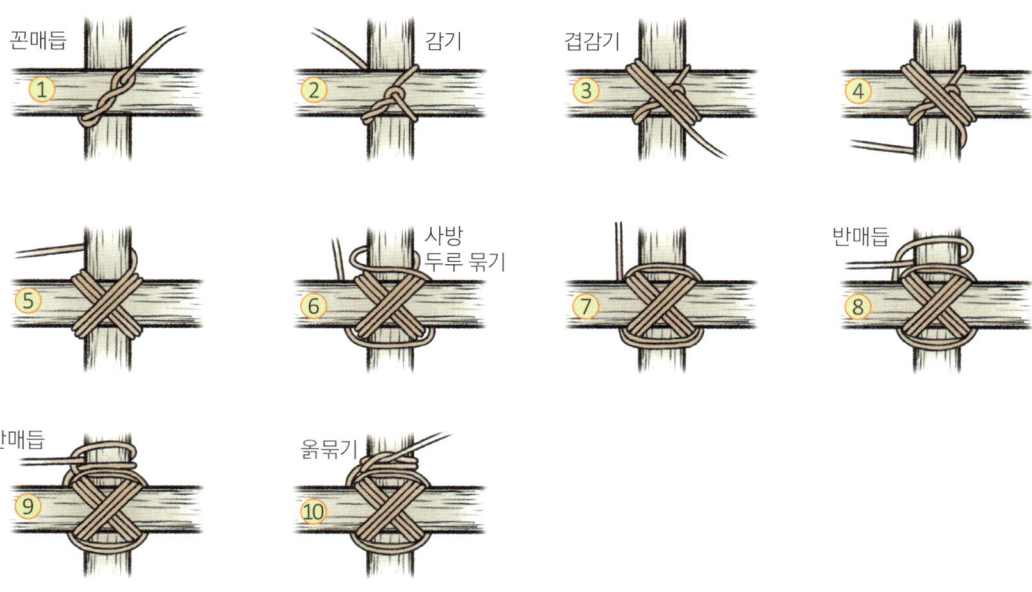

그림 1-6 장대, 울타리, 사다리를 묶을 때 사용하는 매듭법

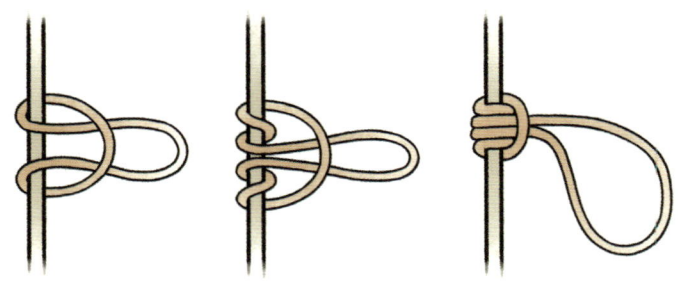

그림 1-7 물건을 걸어두기 위한 줄 고리 매듭

매듭은 실이나 끈, 밧줄을 묶는 방법이다. 매고, 묶고, 조이는 방법에 따라 다양한 모양을 만들 수 있고 여러 용도로 사용할 수 있다. 매듭이라면 보통 장식적인 전통공예 매듭을 떠올리는 사람도 있다. 하지만 용도에 따라 다양한 실용 매듭이 많다. 실용 매듭은 끈목의 한끝을 매어 매듭을 지을 때나 끈목과 끈목의 끝을 서로 맞이을 때, 줄을 다른 물체에 잡아매거나 물건을 늘어뜨릴 때, 밧줄의 길이를 줄이거나, 소나 말을 잡아맬 때 등 생활 속에서 다양하게 이용한다.

매듭법을 발견하면서 인류는 사냥이나 낚시는 말할 것도 없고, 건축, 물건 운반 등이 가능하게 되었다고 해도 지나친 말이 아니다. 목구조를 짜맞추는 결구법이나 못이 등장하지 않았던 원시시대에 칡넝쿨과 같은 덩굴을 끈 삼아 나뭇가지를 잡아매서 움막을 짓기 시작했다. 이뿐 아니라 매듭은 문자로도 이용되었는데, 매듭문화가 가장 발달한 고대 페루에는 키푸(quipu)라는 줄매듭을 이용한 결승문자가 사용되었다. 매듭을 이용해서 수를 세기도 했는데 하와이 원주민, 인도, 타이완의 고산족(高山族) 등이 매듭 수를 이용했다. 이처럼 매듭은 인류에게 기원이 오래된 근원적인 전통기술 그 이상이었다.

농촌 살림에 필요한 매듭법을 가르치는 '매듭 학교'나 '밧줄 학교'가 어딘가 만들어지면 좋을 듯하다. 그깟 몇 가지 밧줄매듭으로 어떻게 학교를 만들겠냐 싶겠지만, 전 세계에 알

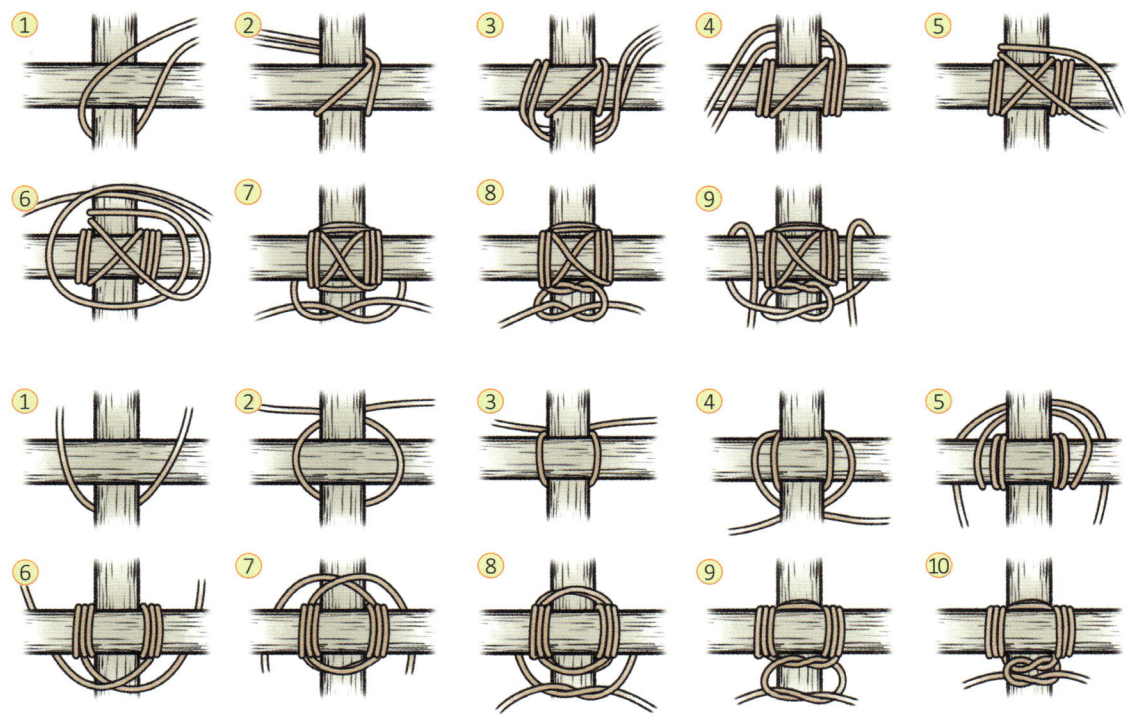

그림 1-8 목책, 대나무 울타리, 장대 사다리 묶는 매듭법

려진 매듭법만 4천여 가지라니 학교를 만들 만하다. 조금은 방향이 다르지만 이미 한국숲밧줄놀이연구회란 곳도 생겨 활동하고 있다. 하찮아 보이는 전통기술 그 어느 하나라도 꼼꼼히 살펴보고 정리해보면 인류 문화의 근원에 맞닿아 있는 보물임을 알게 된다.

유럽과 호주, 북미에는 농촌 생활에 필요한 돌담 쌓기, 잔목울타리 엮기, 이엉엮기 등 사라져가는 농촌기술들을 복원하고 체험교육이나 장인을 키워내는 정규교육 과정을 운영하는 기관과 협회, 협동조합들이 의외로 많다. 농촌기술과 공예 축제를 벌이고 있는 미국의 빅스킬(www.thebigskill.com), 데본농촌기술신탁(www.drst.org.uk), 코츠월즈농촌기술(www.

cotswoldsruralskills.org.uk)을 살펴보면 그들이 어떻게 농촌의 전통기술을 의미 있는 현재의 기술로 만들어가고 있는가를 알 수 있다. 밧줄매듭도 현재의 기술로 복원할 그중 하나다.

장대 기본 구조

매듭법을 익혔다면 이제 장대를 밧줄로 묶어 무엇인가를 만들어보자. 우선 장대 기본 구조를 만들 줄 알아야 한다. 사각, 삼각, 마름모꼴 등이다. 대다수 장대 구조물들은 A형 구조를 기본으로 구성되어 있다. 쌍 막대, 곁다리, 사각 가대(버팀다리), 직사각 가대를 가진 A형 구조물들은 안정적이다. 기본 구조물을 세운 후에 여러 개의 장대를 연결하면 망루나 다리와 같은 구조물들을 세울 수 있다.

그림 1-9 기본 장대 구조물

도르래

　장대와 매듭을 이용한 구조물을 만들 때 종종 바퀴 하나짜리 도르래를 사용하거나 바퀴 두 개인 도르래를 사용한다. 밧줄 굵기에 따라 사용하는 도르래 크기가 다른데 50mm 밧줄용으로 150mm 도르래를, 75mm 밧줄용으로 230mm 도르래를 사용한다. 도르래를 여러 개 연결할수록 많은 하중을 지탱할 수 있다. 대부분 바퀴 하나짜리 도르래 2개와 바퀴 두 개짜리 도르래 2개를 함께 사용한다. 도르래 고리에 밧줄을 걸 때는 그냥 걸지 않고 줄로 고리의 열린 곳을 감아 '고리 입막음'을 한다. 도르래는 밧줄작업에 가장 유용한 도구라 할 수 있다. 다시 강조하지만 도르래를 사용하기 위해서도 적절한 매듭법을 익혀두어야 한다.

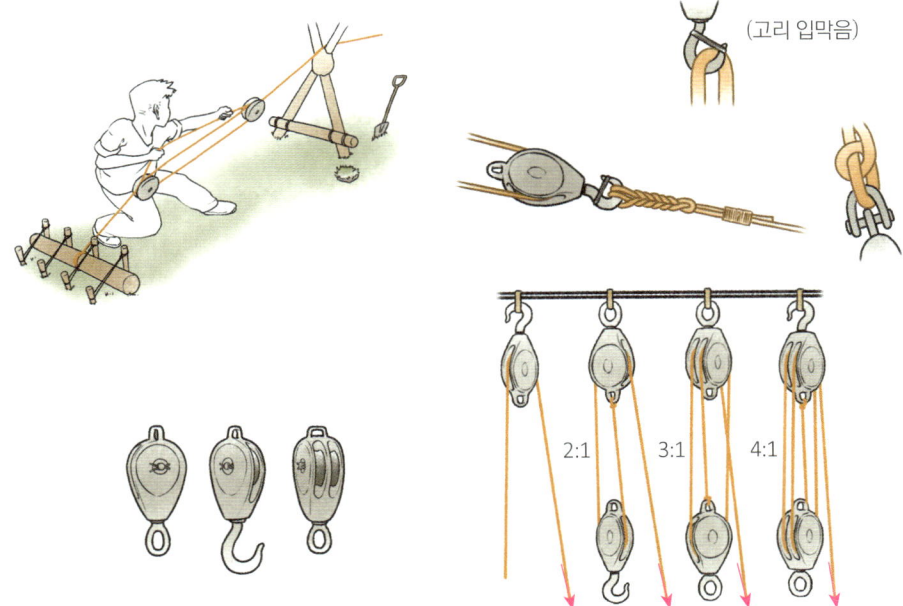

그림 1-10 도르래

말뚝 박기

밧줄을 고정하려면 말뚝이나 앵커 박기, 나무고정법 등을 익혀두어야 한다. 특히 다리를 만들 때 높은 하중을 견딜 수 있도록 여러 말뚝을 박아 고정하는 3-2-1 말뚝법을 사용한다. 밧줄을 맨 통나무를 땅에 묻는 매장 앵커는 통나무에 하중을 받는 밧줄을 묶고 여러 개의 말뚝으로 지탱하는 방법이다. 인근 나무에 직접 밧줄을 묶을 때는 나무가 상하지 않고 밧줄이 미끄러지지 않도록 모포나 가죽 등을 대고 묶어야 한다. 이때 25mm 밧줄을 네 번 이상 감는다.

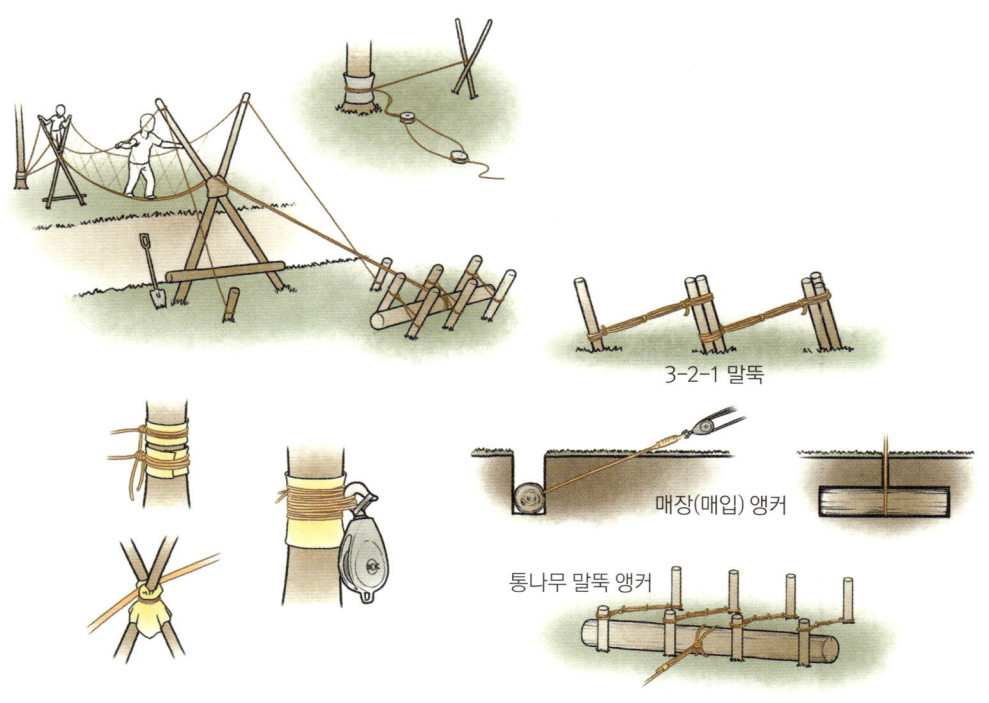

그림 1-11 말뚝 고정 방법들

밧줄다리

'외나무 안전다리'는 긴 장대나 통나무를 눕혀 건널 수 있을 정도의 강 너비에 적당하다. 강 중앙에는 2개의 가로대가 부착된 X자 모양의 받침 구조물을 세우고 굵은 통나무를 강에 가로질러 걸친다. 통나무 양끝에 쐐기를 박아 구르지 않게 고정한다. 통나무 양끝단 옆에 손 높이 정도로 말뚝을 박고, 눕혀 놓은 통나무와 수평으로 두 말뚝에 장대를 걸치거나 줄을 걸어 손잡이로 사용한다.

이 방법에서 좀더 개선된 방법은 '오지 밧줄다리'다. 통나무를 강에 걸쳐 눕히고 고정하는 방법은 위와 같다. 통나무 위에 사람 손 높이로 어깨 넓이보다 좀 넓게 벌려 2개의 손잡이 줄을 팽팽하게 강 양쪽 나무에 고정한다. 2개의 줄과 통나무에 거꾸로 세운 A형의 막대 지지물을 그림과 같이 고정한다.

그림 1-12 외나무 안전다리

⟨오지 밧줄다리⟩　　　　　⟨원숭이 밧줄다리⟩

그림 1-13 오지 밧줄다리와 원숭이 밧줄다리

'원숭이 밧줄다리'를 만들려면 X형의 지지 구조물을 강 양쪽에 세운다. 2개의 X형 지지물마다 교차점과 벌어진 장대 2개 끝단에 3개의 밧줄을 수평으로 서로 걸어 팽팽하게 당긴다. 밧줄은 3-2-1 말뚝을 박아 고정한다. 1개의 굵은 밧줄은 받침줄이 되고, 2개의 굵은 밧줄은 손잡이줄이 된다. 이렇게 걸린 3개의 밧줄에 일정한 간격마다 V자 형으로 수직의 밧줄을 걸어 수평 밧줄이 벌어지지 않게 잡아준다. 받침줄은 75mm 두께인 굵은 밧줄을 사용한다.

사다리 교각

'상호지지 다리'는 2개 또는 3개의 사다리를 서로 지지할 수 있도록 맞대거나 걸쳐서 다리를 만드는 방식이다. 이때 사다리의 가로대는 사다리를 맞대거나 걸쳤을 때 충분히 하중을 견딜 수 있도록 견고하게 부착되어 있어야 한다. 가대 교각(버팀다리 교각)은 2개의 사다리를 맞댄 중앙에 직사각형 기본 구조물로 받친 형태이다. 직사각형의 기본 받침 구조물은 2개의 수직 장대에 2~3개의 가로대와 X형으로 보강목을 묶어 만든다. 다리바닥

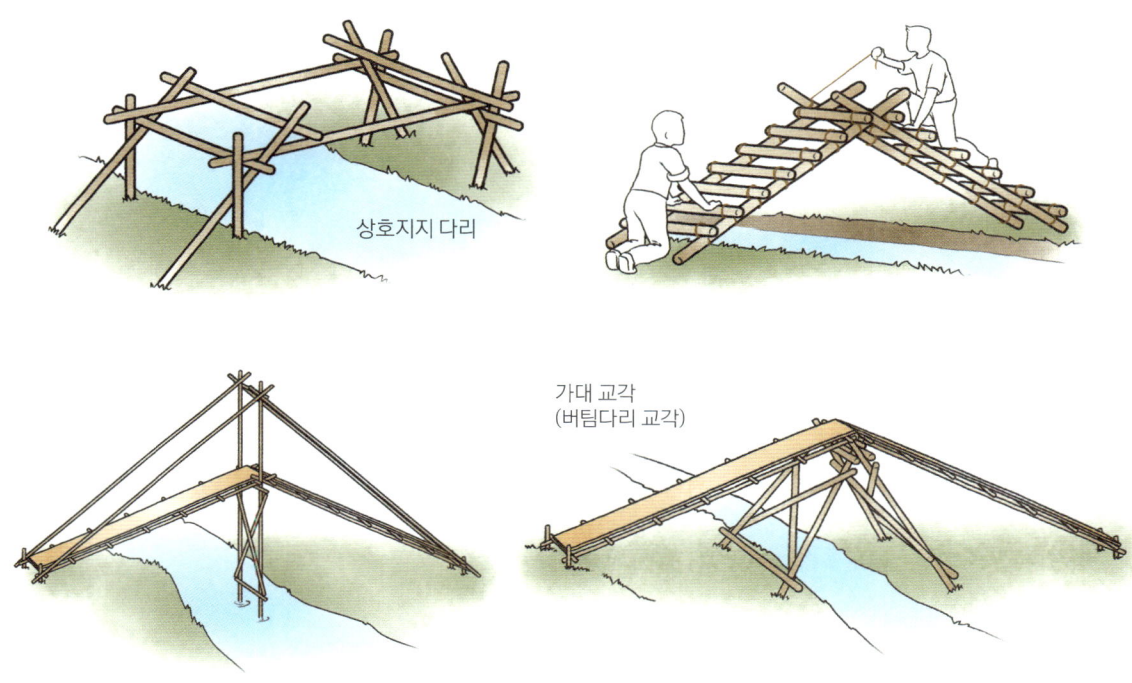

그림 1-14 상호지지 구조의 다리

이 되는 나무 사다리에는 널판을 깔아 더 안전하게 보행하게 할 수 있다.

사다리를 이용한 교량은 다양한 형태로 변형이 가능하다. 직사각형 기본 받침 구조물을 강 중앙에 세우지 않고 강 양쪽에서 강 중심을 향해 기울여 세우고 밧줄로 단단히 고정하거나, 양쪽 받침 구조물 사이를 통나무로 일정한 간격을 벌려 고정하거나, 전체적으로 A 트러스 구조가 되도록 세우고 여기에 사다리 형태의 다리바닥을 걸쳐 만들 수 있다.

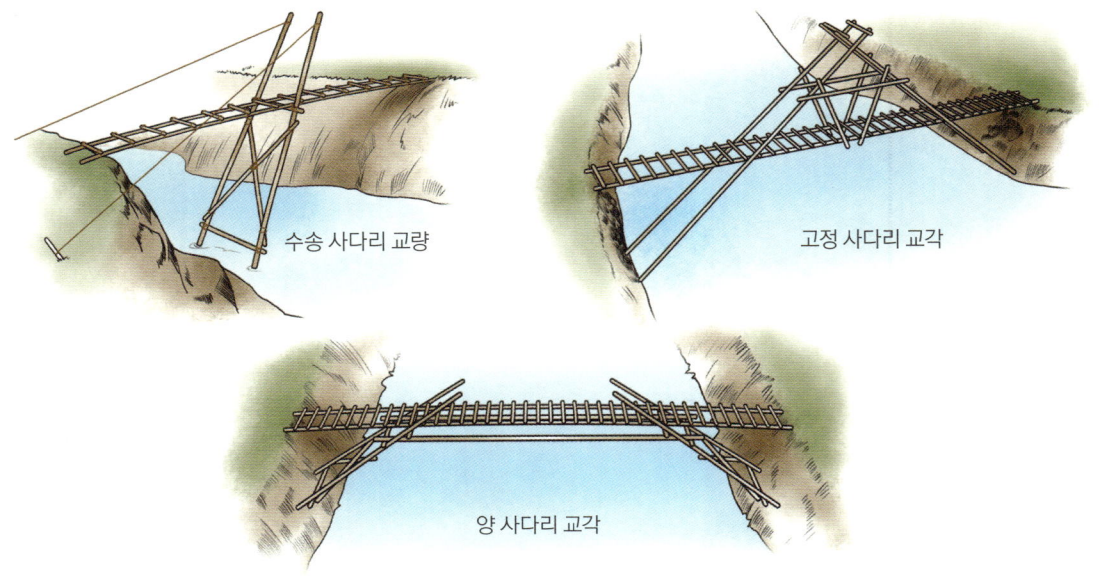

그림 1-15 A 트러스 구조의 사다리 교량

밧줄 현수교

    강 중앙에 받침 구조물을 세우고 다리 폭 넓이로 2개의 통나무를 걸친 후 이 위에 줄줄이 짧은 장대들을 촘촘히 놓아 다리를 만들 수 있다. 하지만 긴 장대나 통나무를 구하기 어려운 조건에서 다리를 놓는 다른 방법은 없을까. 그것은 밧줄을 이용하여 다리바닥을 들어주는 현수교 방식이다.

    우선 나무 사다리 형태의 긴 다리바닥을 만들 수 없을 때, 밧줄로 짧은 장대들을 줄줄이 엮은 줄사다리로 만들 수 있다. 다만 이 줄사다리는 출렁이기 때문에 단단하게 잡아주어야 한다. 강둑 양쪽에 다단하게 세운 A형 또는 직사각형 구조물 상부에 묶은 밧줄로

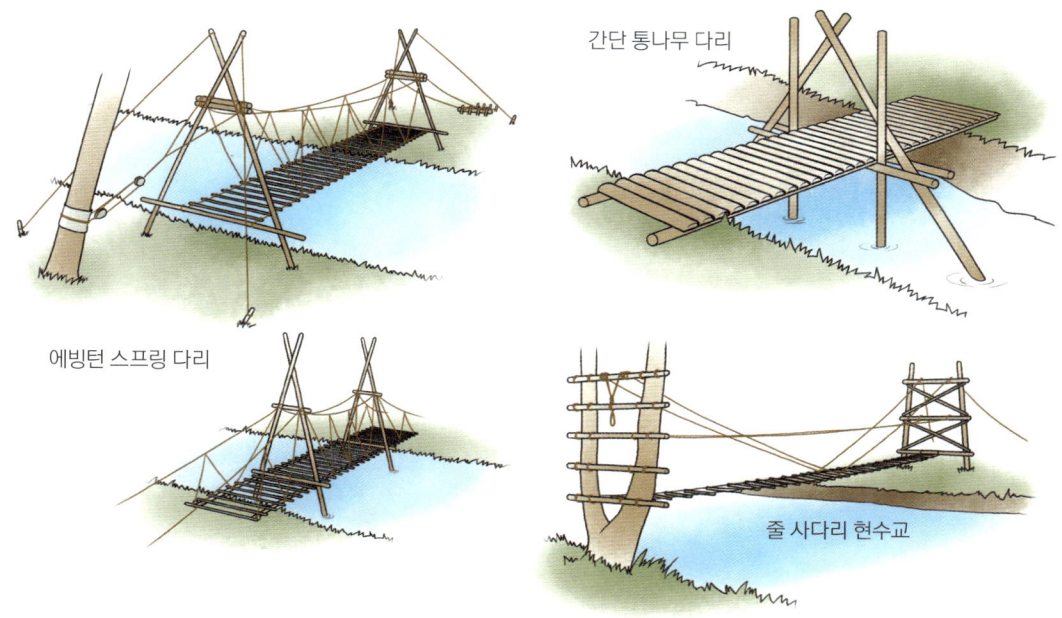

그림 1-16 밧줄 현수교

줄사다리의 중앙을 끌어올려 잡아준다. 강둑 양쪽 지지 구조물을 팽팽하게 건 굵은 밧줄을 걸고 이 밧줄과 줄사다리를 반복된 삼각형 형태로 잡아줄 수 있다.

    이런 장대 구조물을 언제 사용할까 생각할 사람도 있을 수 있다. 어쩌면 길도 없고 다리도 없는 오지에 살게 될지도 모른다. 기술은 배워서 손해볼 일 없다. 언젠가는 쓰이기 마련이다. 등산을 좋아하다가 또는 보이스카우트 지도자 활동을 하며 밧줄과 장대 구조물을 배운 이들이 숲놀이터에서 활약하고 있다. 심지어 한국숲밧줄놀이연구회까지 만들어 곳곳에서 숲속에 밧줄과 장대로 놀이터를 만드는 워크숍을 진행하고 있다. 집마당 농사용 구조물을 세워도 되고, 아이를 위한 작은 놀이시설을 만들 때에도 밧줄매듭, 장대 구조물은 요긴하게 사용할 수 있다.

2. 도르래의 원리와 활용

도르래는 끌어당기는 힘에 비해 곱으로 더 많은 짐을 끌어당길 수 있는 기계적 이점을 갖고 있다. 도르래는 주로 물건을 끌거나 들어올리는 데 사용하거나 인장력을 보강하기 위해 사용한다. 힘은 강도와 방향을 갖는다. 농촌에서 도르래를 잘 활용하면 많은 일들을 처리할 수 있다.

1:1 방향전환

1:1 방향전환 도르래 시스템은 짐에 연결된 밧줄을 고정점에 달린 도르래를 통과해서 다시 반대편 지면까지 걸친 형태다. 짐을 들어올리기 위해서는 짐에 가해지는 하중에 해당하는 당기는 힘이 필요하다. 기계적 이점은 없다. 1:1 시스템에서 당기는 밧줄 길이만큼 짐은 같은 높이로 올라간다.

짐을 들어올릴 때 짐에 묶인 밧줄을 위로 끌어당기는 것보다 이처럼 도르래를 이용해서 밧줄을 아래로 당겨 짐을 올리는 것이 훨씬 편리하다. 이때 도르래를 매단 고정점은 2배의 하중을 받는다. 즉 한쪽은 짐의 하중, 한쪽은 밧줄로 당기는 힘이다. 〈그림 2-1〉에서 고정점은 힘 200kg을 받는다. 참고로 힘은 일반적으로 뉴턴역학 단위(N)로 설명할 수 있다. 여기서는 쉽게 이해할 수 있도록 힘을 무게 단위인 kg으로 표현하며, 각도에 따른 힘이나 마찰계수 등은 고려치 않고 도르래의 작동에 대해 설명한다.

2 : 1 도르래

2 : 1 도르래는 말 그대로 2 : 1 비율로 기계적 이점을 갖는다. 이 시스템은 고정점 2개와 도르래 2개를 사용한다. 고정점 하나에 밧줄 한쪽 끝을 묶는다. 여기서 출발한 밧줄은 짐에 묶은 도르래⒜를 거쳐 다른 고정점에 묶인 도르래⒝를 통과한 후 바닥 쪽으로 내린다. 이 밧줄을 당겨서 짐을 끌어올릴 수 있다. 2 : 1 도르래에서는 100kg의 짐을 힘 50kg으로 끌어올릴 수 있다. 짐에 부착된 도르래⒜를 통과한 밧줄이 묶여 있는 고정점에는 50kg의 하중이, 도르래⒝가 부착된 고정점에는 100kg의 하중이 걸린다.

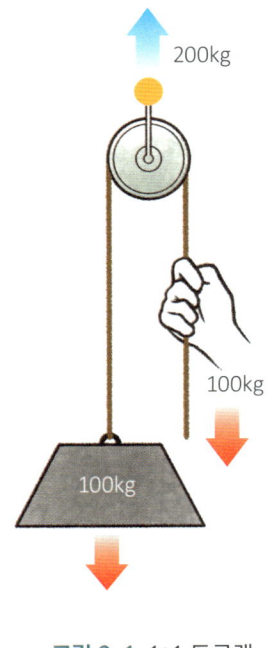

그림 2-1 1 : 1 도르래

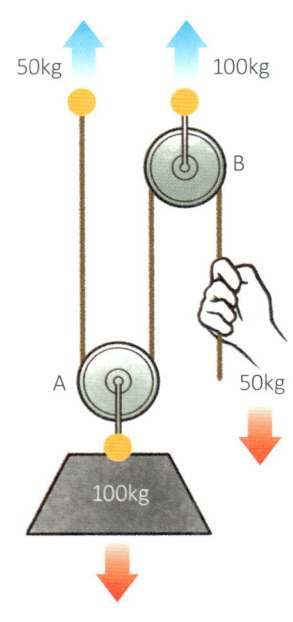

그림 2-2 2 : 1 도르래

3 : 1 도르래

이 구성은 고정점 2개와 도르래 3개가 필요하다. 첫 번째 밧줄 한끝을 짐에 묶인 도르래⒜에 묶는다. 이 밧줄을 위로 올려 고정점에 걸려 있는 도르래⒝를 거쳐 다시 짐에 묶인 도르래⒜를 지나게 한다. 마지막으로 다시 밧줄을 올려 다음 고정점에 매달려 있는 도르래⒞를 돌아 아래로 밧줄을 내린다. 이 밧줄을 당겨 짐을 올릴 수 있다. 짐과 도래르⒜는 같은 방향으로 들어올려진다. 이 시스템은 3 : 1 비율로 기계적 이점을 갖는다. 90kg인 짐을 들어올릴 때 당기는 힘 30kg만 필요하다. 고정점 2개는 각각 60kg 하중이 고르게 걸린다.

4 : 1 도르래

4 : 1 비율로 기계적 이점을 갖는다. 즉 100kg 짐을 들어올리는 데 단 25kg 정도의 당기는 힘만 필요하다. 이 구성은 3개의 고정점과 4개의 도르래가 필요하다. 밧줄 한끝은 고정점에 묶는다. 그 다음 짐에 묶은 도르래⒜를 통과한 후 위로 올려 고정점에 매달린 도르래⒝를 통과한다. 다시 밧줄을 내려 역시 같은 짐에 연결된 도르래⒞를 통과한 후 위로 올려 마지막 고정점에 매달린 도르래⒟를 통과해서 바닥으로 줄을 내린다. 이 밧줄을 당겨 짐을 들어올릴 수 있다. 이 도르래 구성에서는 밧줄을 4m 당길 때마다 짐은 1m 정도 올라간다. 즉, 짐을 끌어당기는 속도가 줄고 필요한 밧줄은 더 길어진다. 고정점 순서대로 첫 번째 고정점에는 25kg, 두 번째 고정점에 50kg, 세 번째 고정점에 하중 50kg이 걸린다.

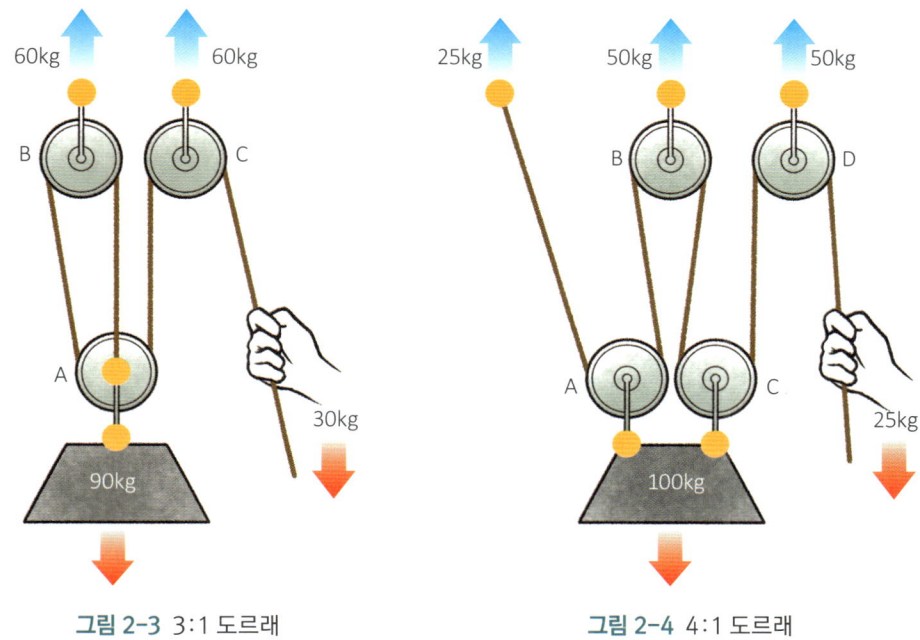

그림 2-3 3:1 도르래

그림 2-4 4:1 도르래

5 : 1 도르래

5 : 1 비율로 기계적 이점을 갖는다. 즉 100kg 짐을 들어올리는 데 당기는 힘 20kg만 필요하다. 이 구성은 고정점 3개와 도르래 5개가 필요하다. 밧줄의 한끝은 짐에 묶인 도르래에 바로 묶은 후 위로 올려 고정점에 묶인 도르래를 거쳐 다시 짐에 묶인 본래 도르래를 돌아 그 다음 고정점에 걸려 있는 도르래를 통과한다. 다시 밧줄을 내려 짐에 묶인 또 다른 도르래를 통과한 후 마지막 고정점에 묶인 도르래를 통과한 후 지면으로 줄을 내린다. 이 줄을 당겨 짐을 올릴 수 있다. 더 많은 줄이 필요하고 올리는 속도가 더욱 느려진다.

6:1 도르래

4개의 도르래와 고정점 2개로 구성되며, 6:1 비율로 기계적 이점을 갖는다. 즉 90kg 짐을 당기는 데 15kg힘만 필요하다. 밧줄 한끝은 앞 고정점에 걸린 도르래에 묶는다. 밧줄은 여기서부터 출발해서 짐에 묶인 앞 도르래를 돌아 다시 원래 위치의 도르래를 통과해서 또다시 짐에 묶여 있는 앞 도르래를 통과한다. 밧줄을 위로 올려 다음 고정점에 고정된 도르래를 돌아 짐에 묶여 있는 뒷 도르래를 통과한 후 다시 위 고정점에 묶여 있는 뒷 도르래를 다시 통과한 후 지면으로 내린다. 이 밧줄을 당겨 짐을 끌어올릴 수 있다. 이때 2개의 도르래는 이중 도르래를 사용한다.

기존 도르래 시스템의 가장 큰 문제는 지나치게 긴 밧줄이 필요하고 짐을 들어올리

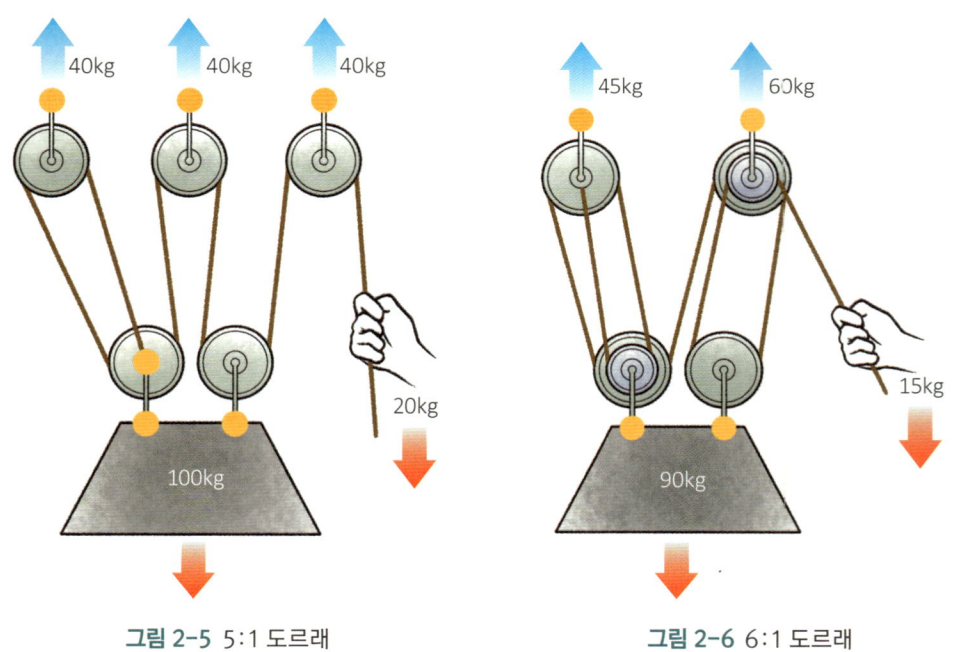

그림 2-5 5:1 도르래   그림 2-6 6:1 도르래

는 속도가 느리다는 점이다. 위 3:1 시스템에서 짐을 50m 올리기 위해서는 논리적으로 150m가 필요하다. 여기에 추가적인 밧줄의 길이를 고려할 때 200m 정도의 밧줄이 필요하다. 이러한 단점을 개선한 운송밧줄 시스템(일명 hauling)이 산악 등반에 많이 사용되고 있다.

운송밧줄 복합 시스템(Rope Hauling System)

운송밧줄 복합 시스템은 기존 도르래 구성에서 밧줄 상호간에 선을 연결하여 마찰력 또는 서로 당기는 힘을 이용하여 효율성을 높인 밧줄 도르래 구성이다. 상호 연결한 밧줄에 마찰력 또는 잠금 효과가 생기도록 여기에서는 프루지크(prusik)라는 비상 감아매기 매듭을 사용하거나 캠(Cam)이라는 장치를 사용한다. 캠은 회전운동을 수직운동으로 전환하는 밧줄 장치다. 안전(잠금) 캠은 밧줄을 놓쳤을 때 자동 잠금기능을 한다. 주로 등반용으로 개발되었기 때문에 안전성에 초점을 맞추고 있다. 또한 기존 도르래 구성에 비해 적은 밧줄로 짐을 끌어올리거나 당길 수 있다.

운송밧줄 복합 시스템은 3:1, 4:1, 6:1, 9:1, 11:1 과 같은 방식으로 이름 붙인다. 구성 부품으로는 방향전환을 위해 고정 도르래를 사용한다. 그 밖에 단일 도르래, 이중 도르래와 운송밧줄이 부하가 걸린 밧줄을 안정되게 잡도록 하는 장치로 운송 캠(haul cam)과 고정점에 도르래를 편리하게 걸기 위한 등반용 카라비너(스냅핑 D 고리)라는 고리를 사용한다.

운송밧줄 복합 시스템에 주로 사용되는 프루지크는 〈그림 2-8〉과 같다. 굵은 밧줄에 직경이 다른 줄로 이 매듭을 묶으면 당기는 힘이 작용할 때 마찰력에 의해 잠금 효과가 발생한다.

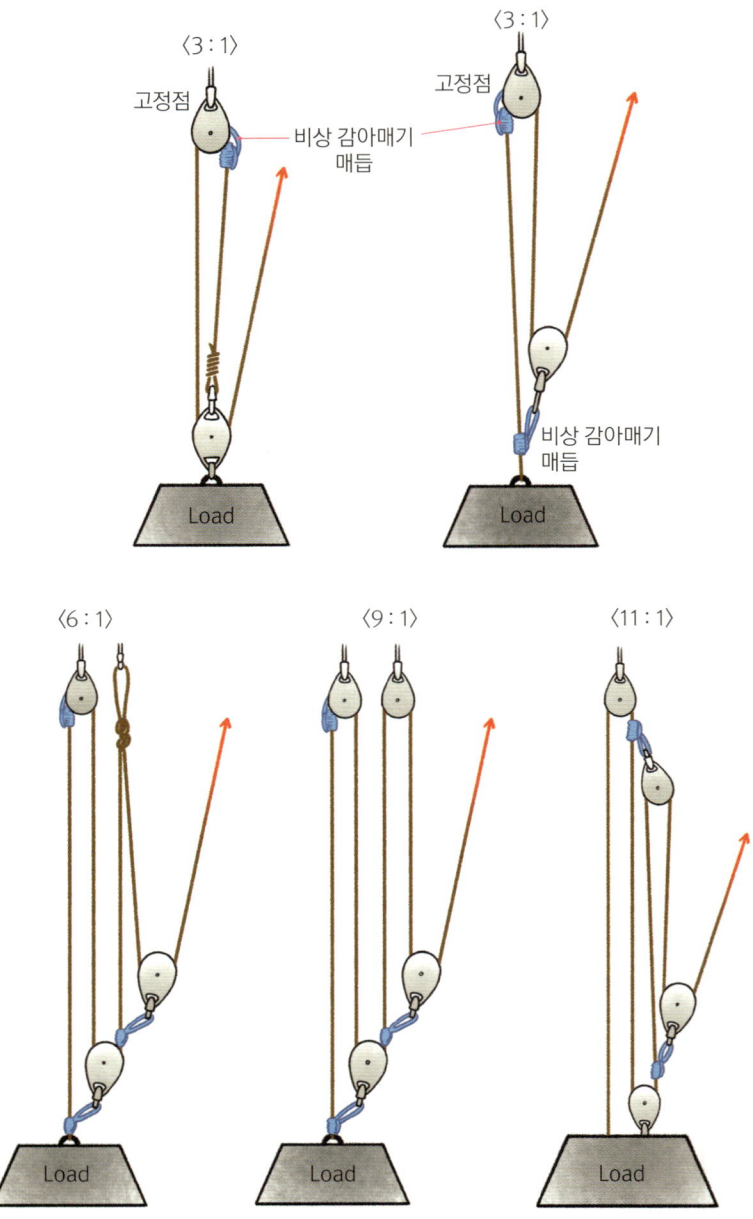

그림 2-7 다양한 운송밧줄 복합 시스템

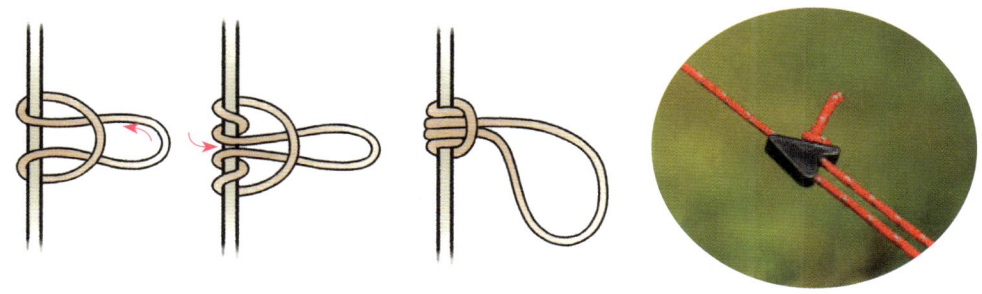

그림 2-8 다양한 프루지크

그림 2-9 운송 캠 @cableas

3. 천연페인트와 색토미장

열 대여섯 청년들이 오월 첫 주부터 기술을 배우겠다고 장흥으로 찾아왔다. 이름도 희한한 '들락날락학교' 학생들이다. 금산에 둥지를 튼 지역밀착형 청년자립대학 '아랑곳'이 진행하는 개방형 강좌다. 강좌 가운데 '시골집 고쳐 살기' 과목을 선택한 청년들이 내려왔다. 낡은 시골집을 고쳐서 청년 주거 문제를 해결할 목적으로 필요한 기술을 배우기 위해서다. 가뜩이나 직장 구하기 어려운 청년들이 자립하는 데 치솟는 부동산 가격이 가장 큰 걸림돌이다. 이런 처지에 적지 않은 청년들이 차라리 농촌으로 내려가 낡은 시골집을 찾아 직접 고쳐 살아볼 엄두를 내고 있다.

그림 3-1 석회미장을 한 후 비누를 바르고 자갈로 광택을 내고 있다. ⓒ김성원

장흥을 찾아온 청년들이 우선 장흥과 금산을 오가며 배우게 될 기술은 '벽체 미장과 천연페인팅', 그리고 '구들 놓기'다. 이번에는 닷새 동안 기본 흙미장과 색토미장, 석회 페인팅, 석회 밀크 카세인 페인팅 이론과 실습을 진행한다. 이후 청년들은 아랑곳 학교 벽면 일부를 미장하거나 어르신들이 살고 있는 낡은 시골집 벽체를 고치는 봉사를 하게 된다. 이 중에 몇몇은 벽에 흙이나 석회를 바르는 미장 기술을 좀더 익혀 직업으로 삼아 보려는 청년들도 있다.

과거엔 집 짓고 고치는 일은 기본 생활기술이자 자립기술이었다. 동네목수와 함께 이웃과 가족이 그 지역에서 나오는 흙과 돌, 나무, 농업 부산물로 집을 짓고 고쳤다. 딱히 돈이 없다 해도 형편이 되는대로 집을 짓고 살 기술은 아버지가 아들에게, 동네 어른이 청년에게 가르쳤다. 1960년대 농촌을 떠나 귀경했던 지금 칠팔십 세가 된 할아버지 세대들도 제 손으로 집을 지을 줄 알았다. 그 세대들이 서울로 올라와 검은 루핑과 판자, 시멘트 블록으로 지은 판잣집들이 모여 안양천 뚝방동네와 정릉 산동네, 도시 변두리 무허가 판자촌을 형성했다. 그 당시만 해도 그렇게라도 집을 장만하고 자립할 기틀을 마련할 수 있었다. 내 아버지도 마찬가지였다.

이제 도시는 더 이상 가난한 이들이 맨손으로 집 지을 빈터를 허락하지 않는다. 지금 사오십이 된 이들은 집을 매매를 통해 부를 축적할 수단으로 삼았고, 그들의 자녀들은 더 이상 집 짓는 기술을 알지 못하는 세대가 되었다. 집 짓는 기술은 건설업체의 전유물이 되어버린 듯하다. 청년 세대는 이제 감당치 못할 집값, 전셋값에 낙망하는 세대가 되었다. 그나마 농산어촌에는 아직까지 청년들이 적은 비용으로 땅을 구하고 집을 짓거나 고쳐 살 여지가 남아 있다. 이마저도 조만간 어려워질 것이다. 베이비붐 세대의 귀촌과 귀향 열풍이 일어나며 농촌지역도 부동산 가격이 꽤 오르고 있기 때문이다.

집을 구매하거나 전월세를 내느라 헉헉대며 고달픈 인생을 사느니 서둘러 농촌에서 제 손으로 집을 짓거나 빈집을 고쳐 살아보면 어떨까. 농촌에도 고생이 없다고는 할 수 없지만 농촌은 청년을 필요로 하고 청년이 자립하는 데 도시보다 여유가 있다. 만약 집을 짓거나 고치는 기술이 있다면 농촌에서 자립하는 데 걱정은 붙들어 매도 좋다.

미장이나 천연페인팅을 배워 평생 일거리가 되겠냐 싶을 수 있다. 요즘 지자체마다 한옥 체험장을 짓고, 한옥 호텔 붐이 일고 있는데 막상 흙일 할 토수가 부족하다. 귀농 귀촌하는 베이비부머들이 흙집을 짓는 사례도 늘고 있지만 막상 벽체 미장을 제대로 할 장인이 없다. 기후 변화로 점점 기온이 올라가고 습도가 높아져 곰팡이 슬기 쉬운 벽지나 화재 우려가 있는 화학 스타코(Stucco)를 대체할 다른 방법이 필요하다. 요즘은 천연페인팅이나 현대적 천연미장을 선택하는 이들이 조금씩 늘고 있다.

상황이 이렇게 바뀌는데 토수는 눈을 씻고 찾기조차 어렵고 그나마 남아 있는 미장 기술자나 페인트 기술자는 평균 육십 세 이상이다. 아무래도 청년들이 힘든 노동을 기피

그림 3-2 해남 미세마을에서 진행한 색토미장 워크숍 ⓒ김성원

하기 때문이다. 반면 일본은 흙미장이나 석회미장 수요가 제법 있어 지역 곳곳마다 미장협회가 있을 정도다. 미장협회에서 여는 교육과정이 지역마다 개설되고 있다. 최근엔 청소년과 청년들에게 미장을 가르치는 워크숍이 심심치 않게 열린다. 미장 공방에 견습생으로 들어가 도제수업을 받는 청년들도 늘어나고 있다. 이런 환경에서 일본 미장은 기술적 측면이나 예술적 표현에서 세계적 수준에 이르렀다.

유럽이나 북미엔 다채로운 색토미장, 석회미장, 석고미장, 천연페인트 제품을 생산하는 전문 기업이 활약하고 있다. 곳곳에서 장인들이 자신의 공방이나 미장 전문업체를 운영한다. 한국에서는 미장 일이 쉽지 않은 일이지만 수요에 비해 장인들이 부족하다. 특히 현대적 미감에 맞춰 벽체를 치장할 감각과 기술을 갖춘 젊은 장인이 부족하다. 당연히 앞으로 일본이나 유럽처럼 미장 장인에 대한 대우가 달라질 것이다.

집에서 만드는 밀크페인트

목공 DIY족이나 생태주택을 지으려는 많은 사람들이 밀크페인트를 찾고 있다. 밀크페인트가 대표적 친환경 페인트로 알려져 있기 때문이다. 막상 밀크페인트를 사용하자니 1L에 3~4만 원 정도로 일반 페인트에 비해 비싸다. 소품이나 가구에 칠할 적은 양이라면 크게 부담이 되지 않을 수 있다. 하지만 20~30평 주택의 실내 벽에 밀크페인트를 바르려 한다면 상황은 달라진다. 비용부담이 만만치 않다. 만약 밀크페인트 제품을 사지 않고 집에서 직접 만들어 쓰겠다면 비용을 걱정하지 않아도 좋다. 사실 밀크 카세인 페인트는 미국 쉐이커 교도들이 집에서 만들어 사용하던 전통적인 페인트이다. 우리라고 집에서 직접 밀크페인트를 만들어 사용하지 못할 리 없다.

그림 3-3 정릉시장사업단 천연페인팅 워크숍 @김성원

밀크 카세인

페인트는 알고 보면 간단하다. 색을 내는 안료와 접착제를 혼합해서 만든다. 밀가루풀이든, 찹쌀풀이든, 해초풀이든, 아교든, 화학 본드든 접착제에다 안료를 혼합하면 페인트를 만들 수 있다. 물론 어떤 재료를 사용했느냐에 따라 특성이 다르다.

밀크페인트는 우유에서 추출한 카세인(casein)을 주 재료로 사용한다. 카세인은 단백질 성분으로 접착성이 높다. 가짜 갈비를 만들 때 육류 접착제로도 사용된다. 이것으로 자연스럽고 부드러운 질감의 천연페인트를 만들 수 있다. 카세인 페인트는 내구성이 높을 뿐 아니라 여러 점에서 장점을 가지고 있다. 일단 칠하고 나면 쉽게 곰팡이가 슬지 않는다. 칠하고 남은 페인트도 자연에 영향을 주지 않고 버릴 수 있다.

카세인은 단백질의 일종이기 때문에 쉽게 퇴비로 만들 수 있다. 밀크 카세인은 치즈를 만들듯 따뜻하게 데운 우유에 식초나 레닛효소를 넣고 응고시킨 후 건조한 후 파쇄해서 만들 수도 있다. 하지만 낙농가가 아니라면 마트에서 우유를 사서 만들어야 하는데 비용이 만만치 않다. 차라리 유제품을 만드는 과정에서 부산물로 만들어진 카세인을 구매해 사용하는 것이 상대적으로 저렴하다.

카세인 붕사 페인트

카세인을 접착제로 사용해서 밀크페인트를 만드는 방법은 한두 가지가 아니다. 카세인에 어떤 재료를 혼합하느냐에 따라 특성이 다른 밀크페인트를 만들 수 있다. 앞에서 카세인은 접착성이 높다고 말했지만 사실 카세인 분말을 물에 풀어보면 그다지 점성을 느낄 수 없다. 산성인 카세인과 석회나 붕사(borax)와 같은 알카리성 재료를 혼합하면 접착성을 높일 수 있다. 붕사는 독성이 없고 약품이나 화장품의 재료로 사용된다. 단 붕산은 독성이 있으니 혼동하지 말아야 한다. 카세인 분말과 붕사를 이용하면 다량으로 천연 밀크 카세인 페인트를 만들 수 있다. 아래 소개한 양의 재료로 약 12평 벽면을 바를 수 있다.

- 카세인 분말 150g (한 컵 반)
- 차가운 물 1L
- 중탕해서 녹인 붕사 500g (반 컵)
- 뜨거운 물 250ml (한 컵)
- 백분 500g (두 컵과 ⅓컵)
- 물에 연고처럼 미리 개어 놓은 천연색소 150g (한 컵과 ¼컵)

미리 안료를 물에 연고처럼 만들어 놓는다. 카세인 분말을 그릇에 담아 차가운 물을 붓고서 하룻밤을 묵혀둔다. 하룻밤 물에 불려둔 카세인을 믹서기로 잘 분쇄해서 부드럽게 만든 후 붕사를 섞는다. 붕사는 뜨거운 물에 중탕해서 녹인 후 식혀서 사용한다. 카세인과 붕사를 섞은 반죽이 치약 연고처럼 될 때까지 휘젓는다. 여기에 백분이나 석고분말을 넣고 잘 섞은 후 한 시간 반 정도 숙성시킨다. 물에 잘 개어둔 안료를 넣고 골고루 다시 섞는다. 물을 섞어가며 마치 크림처럼 묽게 만든다. 너무 점성이 높으면 되려 칠이 벗겨지는 원인이 될 수 있다. 밀크페인트를 바르고 나면 한두 시간 뒤에 어느 정도 굳는데 이후 덧칠을 할 수 있다. 밀크 카세인 페인트는 물에 씻겨지지 않는 내수성이 있다. 보통 이 위에 아마인유 오일이나 왁스 코팅을 한다. 아마인유가 없다면 먹다 남은 포도씨유나 해바라기씨유를 바른다. 이러한 식물성 기름은 공기 중에서 딱딱해지는 기경성이기 때문에 도막을 형성해서 페인트칠을 보호한다.

석회 카세인 페인트

밀크페인트를 만들 때 카세인과 반응시켜 접착성을 높이고자 할 때 붕사 대신 석회를 사용할 수 있다. 이렇게 만든 석회 카세인 페인트는 발수성이 높아 물에 강하고 내구성이 높다. 외벽과 내벽에 모두 사용할 수 있다. 석회 카세인 페인트는 마르면 매우 밝은 백색을 띤다. 안료를 혼합하면 백색이 혼합된 파스텔톤 색상을 얻을 수 있다.

카세인은 하룻밤 물에 담궜다가 믹서기로 갈아서 사용한다. 단 카세인은 물에 불리면 부피가 늘어나기 때문에 충분히 큰 용기에 넣어두어야 한다. 석회는 플라스틱 통에 미리 물을 반쯤 담고 여기에 소석회를 넣고 휘저어 마치 묽은 생크림처럼 만들어둔다. 원하는 색상의 안료를 소량의 물에 넣고 휘저어 치약처럼 만든다. 카세인과 석회반죽을 섞어서 생크림처럼 만든다. 여기에 물을 조금씩 넣으며 점성과 농도를 조절한다.

다시 살짝 끓인 아마인유를 미량 혼합하는데 만약 아마인유가 없다면 포도씨유나 해바라기씨유를 사용할 수 있다. 모두 공기 중에서 딱딱해지는 기경성 오일이다. 마지막으로 미리 개어놓았던 안료를 원하는 색상을 얻을 때까지 혼합한다. 석회 카세인 페인트는 부드러운 붓으로 3~5회 덧칠한다. 너무 건조하거나 더운 날씨 또는 너무 추운 날씨에는 칠하지 않는다. 아래 재료의 분량은 부피 비율이다.

그림 3-4 목재에 밀크 페인팅 @Picmia

- 카세인 0.1
- 물에 하룻밤 불려놓은 석회반죽 1~3
- 물 1~2L
- 끓인 아마인유 0.05
- 물에 개어 놓은 안료 적당량

밀크 카세인 풀

밀크 카세인과 붕사, 물을 이용해서 다용도 풀을 만들 수 있다. 카세인 풀은 이미 다 마른 석회벽에 분진이 생기지 않도록 코팅할 때 주로 사용한다. 또한 붕사를 혼합한 카세인 풀은 곰팡이를 막아준다. 만약 붕사를 구하기 어렵다면 카세인에 석회를 반응시켜서 만들 수도 있다. 이렇게 만든 카세인 풀에 안료를 그대로 섞어서 투명한 색상의 페인트를 만들 수도 있다.

- 물 5L
- 미리 물에 불려 놓은 카세인 150g
- 물 1L에 넣고 끓인 후 식힌 붕사 50g

수없이 많은 천연페인트 제조법을 모두 소개할 수는 없다. 단, 페인트의 핵심은 풀과 안료의 혼합이라는 점만은 기억해두자. 그리고 산업화되기 이전에 많은 사람들이 집에서 페인트를 만들었다는 점도 잊지 말기 바란다.

4. 소금카페와 전통음식 보관법

일본 이토시마에는 소금공방 카페가 있다. 소금공방과 카페가 결합된 형태다. 갯벌 위에 넓게 펼쳐진 염전과는 전혀 다른 이국적 모습이다. 세상은 넓고 소금 만드는 방법은 다양하다.

그림 4-1 일본 이토시마의 소금공방과 소금카페 @mataichi

유하반(流下盤) 소금제법

소금공방이라 표현했지만 제법 정취가 있는 곳이었다. 소금공방은 소금을 햇볕에 증발시키는 유하반이란 소금물을 건조시키는 바닥과 대나무를 거꾸로 걸어둔 소금덕장 그

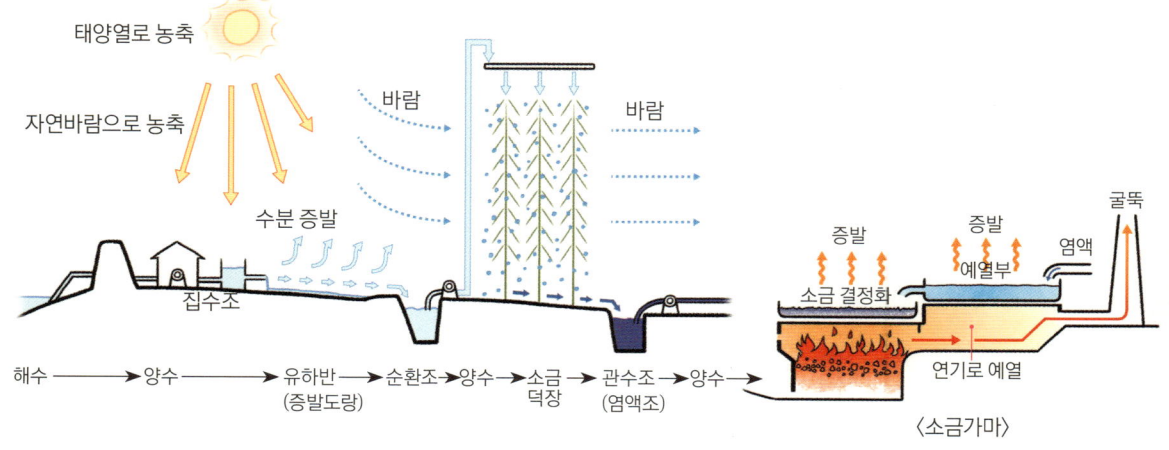

그림 4-2 유하반 소금제법

리고 소금가마로 구성되어 있다. 소금공방의 구조를 좀더 자세히 들여다보면 해수를 집수조로 끌어들인 후, 유하반이란 콘크리트 바닥에 구불구불하게 물길을 낸 도랑에 바닷물을 흐르게 해서 햇볕에 1차 증발시킨다. 유하반을 지나며 증발 농축된 바닷물은 순환조로 모인다.

순환조에 모인 농축된 바닷물은 대나무를 거꾸로 걸어둔 소금덕장 위로 양수되어 점적 분사된다. 바닷물은 대나무로 된 소금덕장을 서서히 타고 내려오며 바람에 의해 증발 농축된다. 소금덕장 바닥으로 흘러내려온 농축된 바닷물은 순환조로 다시 모이고 다시 덕장에 분사되기를 수일에 거쳐 반복된다. 참고로 순환조는 비가 올 때를 대비해서 지붕이 씌워져 있다.

2차 증발 농축된 바닷물은 최종적으로 관수조(염액조)로 모인다. 이 염액조에 모인 바닷물은 상당히 농축된 상태다. 여기에 모인 염액(소금물)은 소금가마의 예열조(보통 스테인리스 사각 솥)로 우선 옮겨진다. 예열조는 소금가마에서 나오는 연기의 폐열을 활용한다. 예열조에

그림 4-3 대나무 소금덕장 @Poyland

그림 4-4 유하반과 대나무 소금덕장 @4travel

서 수분을 날려 최종 고농축된 염액(소금물)은 소금가마에서 가열되며 결정이 만들어지기 시작한다. 염액 위에 뜨는 소금결정을 채로 걸러 나무통에 담는다. 나무통에서 다시 한 번 결정의 수분이 빠져나가면 최종적으로 소금이 만들어진다. 이렇게 만들어진 소금은 순도가 높고 깨끗하다. 주로 백화점 등에서 고급 소금으로 팔린다.

소금카페

소금공방 옆의 소금카페에서는 커피, 차, 소금사탕, 소금과자, 다양한 용도의 소금 등 소금이 들어간 여러 물품을 판다. 바다가 보이는 정취, 소금이 만들어지는 공방의 모습. 소금과 카페의 이 이상할 듯한 조합이 나름 멋진 공간을 연출한다. 갯벌소금의 오염 논란

그림 4-5 온실 안의 염액조 @inaka-pipe

그림 4-6 농축된 염액을 마지막으로 소금가마에서 가열하여 소금결정을 얻는다. @miyakotenrei

이 있던 즈음… 갯벌이 필요 없는 이런 소금공장 겸 카페를 바닷가 마을 어디쯤 만들어 보면 어떨까 상상해본다.

냉장고는 안전한가

전통적으로 음식보존재로 사용하는 소금에 대해 살피다 보니 자연스럽게 음식물 저장에 대해 관심을 갖게 된다. 냉장고는 과연 안전할까? 냉장고 특유의 차갑고 눅눅하고 퀴퀴한 냄새는 무엇 때문일까? 되려 냉장고 안에서 꽤 많은 음식물이 부패한다. 냉장고에서 미생물 오염이 심하다는 점은 널리 알려진 사실이다. 냉장 보관 기간이 길어질수록 음식물의 영양과 신선도는 현저히 낮아진다. 냉장 보관이 대중화되면서 음식물 폐기 비율은 오히려 증가했다. 2012년 7월 (사)자원순환사회연대가 발표한 자료에 따르면 냉장고에 보관했던 채소류 12.5%, 과일류 5.7%, 냉동식품류 4.1%가 그냥 버려진다.

게다가 냉장고는 전기 소비가 큰 대표적인 주방 가전이다. 밤이면 냉장고 컴프레서의 진동음은 한밤의 모기처럼 성가시다. 무엇보다 냉장고는 주방의 풍경을 죄다 사라지게 만든 주범이다. 주방 가전이란 게 없던 시절 소박했던 주방엔 그래도 풍경도 있었고, 주방 특유의 기분 좋은 냄새도 있었다. 냉장고를 대신할 대안은 무엇일까?

냉장고 없던 시절

대다수 집엔 여전히 냉장고가 윙윙 소음을 내며 돌아간다. 여름은 덥고 습기가 많아 쉽게 음식물이 부패하기 때문이다. 여름 어느 곳인들 다를까. 달리 음식물을 보관할 방법을 찾지 못하는 아내의 곤란에 냉동고를 하나 더 장만하고 만다. 대부분이 이런 처지다. 생활은 종종 전기절약이니 환경보호를 주장하는 의식을 배반한다. 냉장고에 대한 불편함을 내색하면 아내는 단박에 혀를 끌끌거리며 이렇게 말한다. "주방일 하는 여잘 생각해야지. 대안을 찾아야지. 대안을! 요즘 같은 여름에 냉장고 없이 어떻게 살아!" 아내 말이 백 번 옳단 생각이 든다.

하지만 고개가 갸우뚱해진다. 그럼 냉장고 없을 때는 어떻게 살았을까? 국산 냉장고 1호는 금성사의 '눈표 냉장고 GR-120'이다. 이 냉장고가 등장한 때가 1965년이다. 당시 냉장고는 600가구당 한 대 정도만 보급되어 있었다. 냉장고 가격이 비싸서 대다수 서민들은 냉장고 없이 여름을 지냈다. 도대체 어떻게 냉장고 없이 음식을 보관했을까?

가난했던 시절이라 어머니들은 식재료나 음식을 넉넉히 쟁여 놓을 형편이 아니었다. 대다수 서민이 그랬을 것이다. 어머니들은 부패하기 쉬운 생선이나 육류는 식사를 준비하기 한두 시간 전 인근 장에 직접 나가 사오거나, 동네 어물전이나 정육점에 나가 사오셨다. 대개 중단기 보관하는 식재료나 음식의 종류는 지금보다 훨씬 적었다. 장기 보관하는 음식은 김치나 장류, 장아찌류와 건어물과 곡류 등 몇 가지 종류로 제한되었다. 서울 변두리이긴 해도 크고 작은 항아리로 가득한 장독대가 집집마다 있었다.

텃밭이 냉장고

 귀농 이후 마당에 텃밭이 생기니 봄여름 식사 직전에 채소는 바로바로 따먹을 수 있다. 좀처럼 채소를 냉장고에 보관하는 일은 드물다. 채소는 냉장고에 보관한다 해도 쉽게 물러지고 만다. 철 맞춰 먹거리를 먹다 보니 입맛도 제철따라 변했다. 기후 탓이기도 하고 냉장고에 길든 습관 때문에 여전히 단기 저장을 위해 냉장고를 사용하고 있다. 하지만 제철음식을 먹게 되면서 냉장고에 장기 저장하는 식재료나 음식의 종류는 확실히 줄어들었다. 텃밭이 냉장고인 셈이다.

전통음식 저장법

 2013년 6월 5일 세계환경의 날, UNEP(유엔환경계획)는 특별한 공모를 실시했다. UNEP는 9억 명이 굶주림에 허덕이는 오늘날 세계에서 매년 전체 음식 생산량의 30% 이상, 무게로 13억 톤에 달하는 음식물이 쓰레기로 버려지는 현실에 대한 윤리적·경제적·환경적 문제를 제기했다. 문제 제기와 함께 UNEP는 음식물 쓰레기 절감을 위해 전 세계적으로 전통음식 저장법을 공모했다.
 전 세계적으로 전통적인 식재료의 보관법은 놀랍도록 다양하다. 소금에 절이는 염장, 각종 발효, 볕과 바람에 육류·어물·과일·나물 등을 말리는 건조, 생선이나 고기에 나무 연기로 익히는 훈연 등등. 설탕 절임도 대중적 보관법이다. 과일이나 산나물을 설탕과 혼합하여 발효 추출액으로 만드는 효소도 일종의 설탕 절임이라 할 수 있다. 산성액 보관법은 소금이나 간장, 식초 혼합액 또는 식초를 사용한다. 식초 대신 레몬즙, 신 포도주를 보관수로 사용할 수 있다. 장아찌나 피클이 이에 해당한다.

술에 담그는 것도 널리 이용되는 보관법이다. 식물성 기름이나 동물성 지방도 습기나 공기 접촉을 차단해서 음식물의 부패를 막는 데 널리 사용되었다. 허브나 살짝 삶은 채소를 올리브 기름에 저장할 수 있다. 일종의 올리브유 절임이라 할까. 잿물도 식재료의 보관에 이용된다. 노르웨이 생선 요리인 일루트피스키도 잿물을 사용한다. 올리브를 보관하는 데도 예전에는 잿물을 이용했다. 잿물은 염기성이 강하기 때문에 다루는 데 조심해야 한다.

무 같은 뿌리 작물은 땅에 묻어두거나 잘 건조된 양파나 양배추, 그 밖의 음식이나 과일은 지하 저장고나 음식 저장용 토굴에 저장한다. 이러한 매장법은 세계적으로 널리 이용되는 방법이다. 젤리나 묵도 산소 농도를 감소시켜서 세균의 성장을 억제하는 음식 보존 방법이다. 동물성 젤라틴이나, 한천, 칡 등이 주로 이용된다. 젤리나 묵을 만든 후 다시 건조하면 더 오래 보관할 수 있다.

가열 진공병입도 자주 이용되는 음식 보관법이다. 식재료가 담긴 유리병을 중탕 가열한 후 뚜껑을 밀봉해서 진공 상태를 유지하거나, 식으면 굳는 동물성 기름(또는 버터)을 가열한 후 덮어서 공기 접촉을 차단한다. 전통 보존법은 아니지만 간단한 가정용 진공포장기를 이용하여 진공 보관하는 방법도 시도해볼 만하다.

전통적으로 곡물은 잘 밀봉된 통에 담아 바람이 잘 통하는 그늘에 두었다. 현대에 와서는 입구가 작은 플라스틱 통이나 페트병에 담아두면 벌레가 생기지 않는다. 맹감잎, 연잎, 차즈기, 들깻잎 등 방부성이 높은 식물의 잎으로 음식을 감싸면 쉽게 음식이 상하는 것을 방지할 수 있다. 애초부터 방부성 높은 식물을 요리할 때부터 첨가할 수도 있다.

전통음식 보존과 향토음식

전통음식 보존법은 풍토를 반영한다. 한글로 쓴 최초의 요리서인 『음식디미방』에는 한반도의 기후와 식재료의 특성을 반영한 전통 요리와 음식, 식재료 보존법이 나온다. 이 책에는 게나 조기를 왕겨 옹기에 넣어 보관하는 등 다양한 보존법을 소개한다. 한국전통지식포털(koreantk.com)은 『음식디미방』을 포함해 그 밖의 고서에 나와 있는 다양한 전통음식 보존법이나 조리법을 공개하고 있다.

전 세계엔 독특한 토착음식 보존법이 즐비하다. 남미의 '추뇨(chuno)'는 잉카 제국 이전부터 즐겨 먹었던 음식이다. 감자를 밤에는 밖에서 차게 두고 낮에는 햇빛 아래 뜨겁게 놔두는 과정을 5일간 반복한 후, 이 과정을 통해 부드러워진 감자의 수분을 제거하기 위해 짚으로 싸서 발로 밟는다. 그러면 몇 달 혹은 몇 년 동안 추뇨를 먹을 수 있다.

일본이나 한국에서는 된장에 오이나 가지 등을 박아두고 먹는다. '천년의 계란'이라 불릴 정도로 보존성이 높은 중국의 '피단'은 강한 염기성을 이용하는 보존 음식이다. 계란을 흙, 재, 석회, 왕겨를 섞어 담은 옹기에 몇 주에서 몇 달 동안 묻어두면 짙은 밤색 젤리 형태로 바뀌면서 독특한 식감과 높은 보존성을 갖는다. 식재료나 음식의 특성을 무시한 획일적 냉장 보관은 산업적 획일화에 닿아 있다.

냉장·냉동 보관은 대개 음식물의 질과 풍미를 저하시킨다. 이에 반해 전통음식 보존법은 그 자체가 요리의 시작이다. 식재료와 음식물의 특성을 고려한 대다수 전통 보존법은 독특한 풍미와 맛을 만들어낸다. 각 지역의 기후에 맞춰 식재료와 음식을 보존하는 방법에서 발전한 향토음식은 지역 풍토와 토착의 풍미를 담고 있다.

주방의 풍경

　잘 보관된 곡물, 잘 말린 건어물과 묵나물, 병입된 각종 절임의 색상과 항아리들, 갖가지 주방 기구들이 음식 냄새와 어울려 펼쳐내는 주방의 풍경은 현대에 와서 모두 주방가전으로 대체되거나 냉장고 속으로 사라져버렸다. 주부들은 타샤 튜더의 책을 보며 복고적 주방과 이를 모방한 레스토랑과 카페의 인테리어에 환호한다. 풍경이 있는 주방에 대한 근원적이며 본능적 갈망이 있기 때문이다.

　그럼에도 삶의 편리를 좇아 구매한 현대 가전으로 가득 찬 주방을 쉽게 포기하지 못한다. 우리는 편리를 선택함으로써 잃어버린 심미적이고 정서적인 주방과 식재료의 특성을 반영하여 보존하고 조리하는 오래된 지혜를 복원해야 한다. 물론 도시, 특히 아파트 생활자라면 쉽지 않은 일임에 분명하다.

　그렇다고 불가능한 일도 아니다. 베란다는 좋은 건조 보관 공간이 될 수 있다. 스티로폼으로 단열한 나무 박스 안에 흙을 담고 장독을 묻을 수도 있다. 아파트 화단이나 정원 일부에 공동 장독대를 만들 수도 있다. 아파트 공동 지하실은 잘만 가꾸면 훌륭한 지하 식품저장고로 활용할 수 있다.

　도시 텃밭은 음식 보존에 대한 새로운 상상력을 불어넣어 줄 것이 분명하다. 아파트 주방에서도 충분히 가능한 전통음식 보존법은 많다. 이미 전 세계 전통음식 보존법을 실천하는 사람들이 속속 등장하고 있다. 가능한 방법들을 실천하다 보면 적어도 냉장고를 점점 더 키우거나 늘리기보단 작은 냉장고에도 만족하게 될 것이다.

　"적정기술 냉장고는 없어요?" 종종 이런 질문을 받는다. 개발된 사례가 있지만 아쉽게도 습하고 무더운 한반도의 여름 기후에 그 많은 음식물을 보관할 적정기술 냉장고란 아직까지는 없다. 기술적 해결책으론 한계가 있다. 생활방식과 조리문화가 바뀌어야 한다.

텃밭을 가꾸고, 불필요하게 저장하는 음식이나 식재료의 가짓수나 양을 줄여야 한다.

제철음식은 식재료의 장기 보존 필요를 줄인다. 음식문화가 글로벌화된 만큼 전 세계의 전통음식 보존법과 보존성 높은 조리법을 생활 속으로 불러오는 게 우선이다. 농촌에 살고 있다면 항아리를 땅에 묻고 식품을 보관할 토굴부터 만들면 어떨까. 토방이 있다면 시렁도 만들어보자. 이렇게 하다 보면 주방은 점점 오래된 풍경을 되찾을 것이다.

5. 식물성 오일램프

오래된 올리브유를 어떻게 할까? 요리하기엔 찌든 냄새가 난다. 그냥 버리기도 아깝다. 집에 심지를 만들 면실도 있고, 멋진 빈 병이 있다면 허브 오일램프를 만들어보면 어떨까. 비싼 향초 대신 버려지는 올리브유로 오일램프를 만들어보자.

올리브유 램프 만들기

그림 5-1 재활용 오일램프 @Connox

오일램프를 만들기 위해 우선 알아둘 것이 있다. 램프 오일로 등유나 파라핀유가 주로 사용된다. 하지만 등유는 그을음이 심하다. 초의 재료가 되는 파라핀유는 500ml에 2~3천 원 정도지만 그을음이 적은 고급 제품은 가격도 비싸고 구하기도 쉽지 않다. 석유계 오일을 사용하기 전 서양에서는 옛날부터 올리브유를 램프에 사용했다. 우리 조상들은 등잔불에 동백유 등 식물성 오일을 사용했다. 식물성 오일은 그을음이 적고 초에 비해 적은 양으로 오래 사용할 수 있어 경제적이다. 대부분 식물성 기름은 발화점이 높다. 올리브유는 발화점이 370°C로, 쏟아져도 쉽게 불이 붙지 않는다. 또한 발화점이 낮은 등유나 파라핀유에 비해 안전하다.

램프 용기

식물성 오일은 점성이 높다. 심지로 쉽게 오일이 빨려올라가지 않는다. 이 때문에 식물성 오일을 사용하는 램프 용기는 가능하면 낮아야 한다. 동화에서 보던 아라비아 램프도 낮은 접시형이다. 호롱불 등잔도 깊지 않았다.

심지

식물성 오일은 점성이 높기 때문에 올리브유 램프는 파라핀유 램프보다 굵은 심지를 사용해야 한다. 애기 손가락 굵기가 적당하다. 순면 100% 노끈을 심지로 사용한다. 면실이 있다면 여러 겹 꼬아 만들 수 있다. 순면 수건을 말아서 사용할 수도 있다. 면 심지가 너무 빨리 타서 불이 꺼지곤 하는데 예전에는 아주 진한 소금물에 순면 노끈을 담가두었다가 말려서 심지로 사용했다. 소금기가 심지를 감싸서 천천히 타게 만든다.

이천 원 정도면 심지가 빠지지 않게 잡아주는 황동 심지꽂이와 면 심지 20cm를 살 수 있다. 하지만 주둥이가 있는 금속 오일병 마개를 심지꽂이로 사용할 수 있다. 병뚜껑에 못 구멍을 내고 심지 끝 일부를 남겨둔 다음에 알루미늄 호일로 살짝 감싸면 된다. 반지 모양 자기 고리를 심지꽂이로 사용하는 경우도 있다.

뜨겁게 가열된 심지꽂이는 심지가 오일을 빨아올려 좀더 쉽게 유증기가 발생되도록 온도를 유지해준다. 동시에 심지가 너무 빨리 타지 않도록 공기를 차단하는 역할도 한다. 불꽃 크기는 심지의 노출 길이와 굵기에 의해 영향을 받는다. 심지를 심지꽂이에서 너무 많이 빼면 불꽃이 커지지만 그을음이 날 수 있고 심지가 빨리 탄다. 켤 때와 끌 때를 빼고는 그을음과 냄새는 거의 나오지 않는다.

허브 향 추가

향초를 대신한 오일램프에 향을 추가하는 방법도 간단하다. 올리브 오일에 식재료로 사용하는 정향이나 말린 계피, 민트, 라벤더, 로즈마리 등 허브를 넣거나 먹다 남은 오렌지, 귤껍질, 생강을 잘라서 넣는다. 물론 허브 에센스 오일이 있다면 몇 방울 추가해도 된다. 어느새 집 안에 향긋한 향이 번진다.

텃밭 허브로 에센스 오일 만들기

"전설에 따르면 파라오의 무덤 속 항아리를 여는 순간 그 미묘하고도 강력한 향기가 퍼져나와 잠시라도 그 향기를 맡는 모든 사람들을 파라다이스로 데려다주는 세상에서 가장 매혹적인 향수가 있다고 하더군요. 저는 세상의 모든 향기를 알고 있습니다. 저는 꼭 향기를 소유할 수 있는 법을 배워야 합니다. 다시는 그렇게 아름다운 향기를 잃고 싶지 않습니다."

파트리크 쥐스킨트가 쓴 베스트셀러 『향수』를 영화화한 〈향수〉의 주인공이자 천재적 후각의 소유자 '장 바티스트 그르누이'가 말한 대사다. 농촌에서 향수가 무슨 필요가 있을까 생각하겠지만 향기를 좋아하지 않는 이들이 있을까. 농촌에도 허브를 키우는 이들은 적지 않다. 텃밭에 키우는 허브를 이용해서 간단히 허브 에센스 오일을 추출하고 허브 오일램프도 만들 수 있다.

민트, 레몬밤, 로즈마리 같은 허브 외에도 매화나 녹차꽃 등 다양한 꽃은 플로럴 에센스 오일의 재료다. 오렌지나 유자 또는 감귤 껍질은 시트러스계 오일의 좋은 재료다. 다양한 오일을 혼합해서 특별한 효과가 있는 혼합 허브 에센스 오일도 만들 수 있다. 전 세계

많은 사람들이 요리와 휴식, 건강을 지키기 위해 허브 오일을 사용한다.

에센스 오일을 허브에서 추출하는 방법은 크게 네 가지로 나눌 수 있다. 증기 증류 추출 / 용매 추출 / CO_2 추출 / 유기 추출. 이 중 증기 증류 추출은 가장 오래된 저렴한 방식이다. 추출 과정에서 다른 방법들에 비해 환경오염을 일으키지 않는다. 한 번쯤 허브 오일을 자신의 손으로 만들어보고 싶은 이들이 적지 않다. 하지만 대부분 증류기 때문에 좌절한다. 큰돈 주고 동 증류기를 사기엔 부담스럽기 때문이다. 하지만 사실 증류기의 원리나 구조는 간단하다. 원리와 구조를 알면 자신의 손으로 만들 수 있을뿐더러 다양한 재료를 활용해 '잇몸으로 이를 대신'하는 지혜를 발휘할 수도 있다.

증류기의 구조와 원리

그림 5-2 허브 에센스 오일 증류기의 기본 구조

허브 오일 증류기 원리는 간단하다. 끓는 물에 허브를 넣고 끓이면 증기와 기화된 허브 오일이 나온다. 이것을 냉각해서 허브 오일과 향액수를 추출할 수 있다. 냉각된 응축수를 모으면 오일은 상부에 모이고, 향액수는 수집통 하부에 모인다. 옛 오일 증류기는 소주고리와 구조가 크게 다르지 않았다. 근대로 오면서 냉각 응축률을 높이기 위해 열전도성이 높은 동관을 냉각 코일로 사용하기 시작했다.

그림 5-3 동으로 만든 증류기
@francesorganicbeautysecrets

압력솥 증류기

압력솥을 이용해서 허브 오일을 증류할 수 있다. 압력솥으로 증류기를 만들 때, 준비물은 압력솥, 동관(직경 10mm, 길이 3m), 플라스틱 말통 2개, 실리콘, 플라스틱 수도꼭지 부품 2개이다. 재료가 준비되었다면 다음 순서에 따라 증류기를 만들 수 있다.

1. 압력솥의 안전 밸브에 열에 강한 호스 또는 동관(직경 10mm 전후, 길이 3m)을 끼운다.
2. 동관을 플라스틱 말통에 코일 형태로 말아 넣는다. 동관의 한끝을 플라스틱 통 밑에 뚫은 구멍으로 통과시킨다. 이때 동관을 끼운 구멍이 새지 않도록 실리콘으로 밀봉한다. 플라스틱 통에 얼음물을 가득 채운다. 이 통이 냉각통이다. 냉각이 잘될수록 오일 추출률은 높아진다. 계속 수돗물을 플라스틱 냉각통에 흘려 보내면 추출률이 높아진다.
3. 플라스틱 통을 통과한 동관 끝에 수집통을 받친다. 수집통 상부와 하부에 각각 플

그림 5-4 압력 솥 허브 오일 증류기

라스틱 수도꼭지를 단다. 위로는 허브 오일, 아래로는 향액수를 분리해서 받을 수 있다. 압력솥에 ¾ 정도 물과 허브를 잔뜩 넣고 뚜껑을 닫은 후 끓이면 허브 오일을 추출할 수 있다. 텃밭 허브를 말려서 향신료나 대용차로 쓰는 데도 넘친다면 이제 허브 오일을 추출해보면 어떨까.

오일램프든 오일 에센스 추출 증류기든 무엇이든 관심 있는 것을 제 손으로 만들 때 지식도 늘고 사는 재미도 늘어난다.

나가는 말

이 책을 순서대로 다 읽고 나서 마지막으로 이 글을 읽는 독자도 있을 터이고, 책의 본문을 본격적으로 읽기 전에 먼저 이 부분을 읽는 독자도 있을 것이다. 어떤 독자에게든 내가 왜 이 책을 썼는지 좀더 분명하게 이야기하고 싶다.

나는 산업적 생산과 대중 소비로 왜곡된 삶의 방식에는 분명 문제가 있다고 생각한다. 개인의 삶과 사회적 필요를 충족시키기 위해 창조하고 만드는 개인과 공동체의 제작문화는 지난 200여 년 동안 급격하게 축소되어 왔다. 특히 자신의 머리와 마음과 손을 이용하고, 재료는 물론 공구와 교감하며 작업 전 과정에 참여하는 주체적 제작문화는 심리적 수준에서조차 거부되고 있다. 현대인들은 자신이 무엇인가 만들 수 있다는 자신감조차 잃어버리기 시작했다. 아니 그런 발상조차 못하는 사람들이 늘어났다.

필요한 것은 '어디서 살까'를 먼저 생각한다. 옛날에는 필요가 생기면 '어떻게 만들지'란 질문을 떠올리는 것이 당연했다. 그러나 지금은 그렇지 않다. 자신의 손으로 무엇인가를 만들려 마음먹으면 불쑥 두려움이나 막연함이 가로막는다는 이들이 적지 않다. 과거 수만 년 동안 삶의 필요를 위해 자신의 손으로 기물이나 도구를 만드는 것이 당연했던 인류는 이제 용기와 엄두를 내야 제작을 시작할 수 있는 상황에 이르렀다.

제작 행위는 만들고자 하는 대상물을 구상하고, 필요한 재료를 구하고, 적당한 공구를 준비하고, 재료를 가공하는 일련의 제작 과정을 포함한다. 이제 사람들은 이러한 제작 과정을 귀찮고 힘겹게 여긴다. 시골로 귀촌하기 전까지 책상머리 사무직이었던 나 역시 제작으로부터 먼 생활을 살아왔다.

시골로 내려와서는 여러 이유로 다양한 기술을 익히고 이것저것 만들어 사용하게 되었다. 그러다 보니 만들고 창조하는 제작문화를 회복하는 일이 그 어떤 일보다 중요함을 깨달았다. 내 경우 하나둘 기술을 익히고 제작하는 과정을 통해 기술의 원리와 구조 등에 대해 폭넓게 이해하게 되었다. 더불어 일과 생활에 대한 실제적 감각, 통찰력, 직접 경험을 통해서만 얻게 되는 지혜가 쌓이는 것도 느낄 수 있었다. 우리 삶에 필요한 여러 도구와 물건을 직접 만들어 사용하는 제작문화를 확산시킨다면 자연스럽게 사회 전체의 창의성, 직관, 통찰력은 높아질 것이다.

내가 내려와 살고 있는 시골이 자급적이고 창의적인 제작문화가 꽃피우는 곳이길 희망한다. 시골로 내려와 살려는 사람들, 어쩌면 나의 이웃이 될 그들 중 몇몇은 만들고 제작하는 이들이었으면 좋겠다. 시골에 살며 몇 가지 기술을 익혀두면 무엇보다 돈과 소비에 덜 의존하고 자립적으로 살아갈 수 있는 힘과 믿음도 생긴다. 이런 믿음은 새삼스러운 것도 별스러운 것도 아니다.

나는 이 책을 읽은 독자들에 의해 우리 시골 곳곳에도 농촌기술을 가르치는 사회적 기업이나 마을기업, 농촌 생활기술 공방이 좀더 늘어나기를 바란다. 그 결과 내가 살고 있는 시골이 바뀌고, 그리고 이 세상이 조금이라도 인간이 회복되는 곳으로 바뀌기를 바랄 뿐이다.

참조 목록

1부

2장 -
Tech Shop　techshop.ws
Fab Lab　fablabs.io
Fab Foundation　fabfoundation.org
Make Space　makespace.com

3장 -
김성원, 『근질거리는 나의 손』(소나무, 2015)

4장 -
영국왕립농업대학 농촌기술과정　rau.ac.uk/study/training-courses/rural-skills
도르셋 농촌기술센터　dorsetruralskills.co.uk
코츠월드 농촌기술　cotswoldsruralskills.org.uk
NUVEM　nuvem.tk

2부

1장 -
HGTV　hgtv.com/remodel/outdoors/how-to-install-french-drains
Houselogic　houselogic.com/organize-maintain/home-maintenance-tips/exterior-french-drain-system
Ask the Builder　askthebuilder.com/a-simple-trench-drain
김성원, 『이웃과 함께 짓는 흙부대집』(들녘, 2009)

2장 -
Larry Keefe, "The Cob Building of Devon 2, Repair and Maintenance" (DHBT, 1993)
Saviukumaja　saviukumaja.ee
Rebearth　rebearth.co.uk
真壁瓦工業有限会社　makabekawara.jp

3장 -
The Stone Trust　thestonetrust.org
AONB Planning Advice Cotswolds Conservation Board, *The Cotswold Dry Stone Wall Specification*
Stone Plus, *How To Build A Dry Stone Wall – Installation Guide* (2012)
Kirsti Horn ed., *Handbook for Building and Repair of Stone Walls – Sustainable Heritage Report No. 4* (Novia University of Applied Sciences, 2013)
Brian Post, *Dry Stone Walls of the United Kingdom* (Landscape Architecture Off Campus Program, 2005)
Dry Stone Walling Association of Great Britain, *A Brief Guide to The Inspection of Dry Stone Walling Work* (2008)

4장 -
Future Challengers　futurechallenges.org
Autodesk　sustainabilityworkshop.autodesk.com
Build It Solar　builditsolar.com
Arizona Solar Center　azsolarcenter.org
Inforse　inforse.org/asia/M_III_passive.htm

5장 -
Green Building Advisor　greenbuildingadvisor.com
Instructables　instructables.com/id/How-to-build-a-SOLAR-BOTTLE-BULB
Aileenapolo　aileenapolo.blogspot.kr/2011/03/solar-bottle-light.html
Green Home Ohio　greenhomeohio.com
US EERE　basc.pnnl.gov/images/air-seal-and-insulate-light-tube

3부

1장 -
Zhi Zhuang, Yuguo Li, Bin Chen, Jiye Guo, "Chinese kang as a domestic heating system in rural northern China-A review," *Energy and Buildings* 41 (2009)
点力文秘网　dianliwenmi.com/postimg_3704581.html

2장 -
Survivopedia　survivopedia.com/how-to-build-a-rocket-mass-heater
Taringa　taringa.net/post/ebooks-tutoriales/18962221/Te-enseno-a-hacer-una-Estufa-Rocket-papu-pasa-y-enterate.html
김성원, 『점화본능을 일깨우는 화덕의 귀환』(소나무, 2011)
김성원, 『화목난로의 시대』(소나무, 2014)

3장 -
김성원, 『점화본능을 일깨우는 화덕의 귀환』(소나무, 2011)
김성원, 『화목난로의 시대』(소나무, 2014)

4장 -
blog.goo.ne.jp/portaledge/e/b12bce3ab06cadac69efcf301af3e013
hwm7.gyao.ne.jp/hasu/anka.htm
blog.livedoor.jp/hidougu/archives/51414306.html

5장 -
GIRA, *ESTUFA PATSARI Modelo a base de Ladrillo Rojo* (2007)
김성원, 『점화본능을 일깨우는 화덕의 귀환』(소나무, 2011)
김성원, 『근질거리는 나의 손』(소나무, 2015)
Istove　www.instove.org/60-100-liter-cookstove

4부

1장 -

Solartribune   solartribune.com/solar-thermal-heating
Rimstar   rimstar.org/renewnrg/solar_air_heater_types_diy_homemade.htm
Build It Solar   builditsolar.com/Experimental/AirColTesting/DownSpoutCol/DownSpoutColProto.htm
흙부대생활기술네트워크   cafe.naver.com/earthbaghouse/31365
이재열, 『태양이 만든 난로 햇빛온풍기』(시골생활, 2012)

2장 -

Indoor Garden HQ   indoorgardenhq.com/2014/07/09/23/passive-solar-greenhouses-chinese-design
Low-Tech Magazine   www.lowtechmagazine.com/2015/12/reinventing-the-greenhouse.html
blog.sina.com.cn/s/blog_53885f7b0102uysv.html
Resilience   resilience.org/stories/2016-01-05/reinventing-the-greenhouse

3장 -

C. D. Basset, "Harnessing the Small Stream" (Popular Science Publishing, 1947)

4장 -

Shaun's Backyard   shaunsbackyard.com/746/biogas-digester

5장 -

blog.canpan.info/dandan-minoh/archive/191
Kudaishi   kudaishi.com/oldblog/modules/blog/index.php?cid=9
Plala   www11.plala.or.jp/gunmamcn/kamatukuri/kamatukuri1.html

5부

1장 -

GIY NOW   giynow.com/2016/02/22/rainwater-harvesting-how-do-i-take-advantage-of-the-free-water-that-falls-from-the-sky
Channel Rain Barrel, *User Guide - Guia del Usuario RS-0001 V1.2*

한무영 외, 「건축물에서 빗물 저장조용량 산정방법에 대한 고찰」, 『상하수도학회지』 18권 2호 (대한상하수도학회, 2004)

2장 –

WOT www.wot.utwente.nl/nl/demonstratieterrein/water/waterrammen/de-waterram-algemeen
Insturctables instructables.com/id/An-Improved-Simple-Hydraulic-Ram-Pump
John Calhoun, *Home Built Hydraulic Ram Pumps* (NW Independent Power Resources, 2003)

3장 –

Lady Apprentice ladyapprentice.com/2011/04/another-favorite-emas-pvc-water-well-hand-pump
Joseph Longenecker, *PVC Water Pumps* (ECHO Technical Note, 2010)
Wolfgang Buchner, *WATER FOR EVERYBODY – A Selection of Appropriate Technologies to be used for Drinkable Water* (2006)
Instructables instructables.com/id/How-To-Make-A-PVC-Water-Air-Vacuum-Pump

4장 –

Mario Bruzzone & Aaron Wieler, *Whose Washing Machine? – Reflecting on an Intercultural Design-Build Project in the Kathmandu Valley* (Prisoners Assistance Nepal/Wrench Nepal, 2010)

5장 –

UNDP in Yemen, *Manakha Fog Harvesting Pilot Project*
"Fog Harvesitng," *Sourcebook of Alternative Technologies for Freshwater Augumentation in Latin America and The Caribbean* (UNEP, 1997)
David L. Chandler, "How to get fresh water out of thin air," *MIT News*, August 30, 2013

6부

1장 –

Kooncefamily kooncefamily.wordpress.com/blog-posts/page/5
Yumpu yumpu.com/en/document/view/18154377/diy-compound-lever-large-biomass-briquette-press-fusenet
S. W. Head et al., *Small Scale Vegetable Oil Extraction* (NRI, 1995)

2장 –
Scout Pioneering   scoutpioneering.com/tag/ropewalk

3장 –
김성원, 『근질거리는 나의 손』(소나무, 2015)
Ben Adams et al., *Upcycled Bike Trailer* (2013)
Re~Cycled Bicycle Trailer – Construction Guide 1.0 (Re-Cycle, 2003)
Cyclelogistics – moving Europe forward (Intelligent Energy Europe, 2011)
Michael Ayre, *The design of Bicycle Trailers* (IT Publications, 1986)

4장 –
Simply Differenlty   simplydifferently.org/Star_Dome
Stardome   stardome.jp

5장 –
The Broom Brothers   thebroombrothers.com
Envers du Decor   enversdudecor.tumblr.com/post/94703365005
Kick n' Stitch Brooms   kicknstitchbrooms.com/museum.php

7부

1장 –
Peter Owen, *Knots* (Courage Books, 1993)
Walter B. Gibson, *Knots and How to Tie Them* (Wings Books, 1989)
J. D. Lenzen, *Decorative Fusion Knots* (Green Candy Press, 2011)
SH 21-76 US ARMY, *Ranger Handbook* (2006)
John Thurman, *Fun With Ropes and Spars* (The Boy Scouts Association, 1956)
Glenn Cockwell, "Build a Rope Bridge"
Boy Scout Rope Work   geguaranis.org.br/arquivos/adestramento/Rope_Work.pdf
J. J. Jensen, "History of Bridges – A philatelic review"
Scout Engineering   pioneeringprojects.org/resources/ebooks/sceng.pdf
Boy Scouts of America Troop 780   bsatroop780.org/skills/Pioneering.html

2장 –

On Point Preparedness　onpointpreparedness.net/life-saving-skills-pulleys-for-rope-rescue-stuck-cars
Alzar School　alzarschool.org/rescue-class-math-teacher
ropebook　ropebook.com/information/pulley-systems

3장 –

Lynn Edwards & Julia Lawless, *The Natrural Paint Book* (Rodale Press, 2002)
Kama Pigments　kamapigment.com
Earth Pigments　earthpigments.com

4장 –

이토시마 소금공방카페　mataichi.info
Poyland　poyoland.jugem.jp/?eid=607
Inaka-pipe　inaka-pipe.net/intern/interview11
한국전통지식포털　koreantk.com
Think·Eat·Save　thinkeatsave.org/index.php/be-informed/traditional-and-indigenous-food-preservation-methods
김성원, 『근질거리는 나의 손』(소나무, 2015)

5장 –

wikiHow　wikihow.com/Make-Essential-Oils
Purclean　purclean.org/what-are-essential-oils
Hgagarwood　hgagarwood.com/news/distillation-of-essential-oil